사랑하는 미현, 예지&레이너에게

데이터 사이언스 전공자를 위한

파이썬을 이용한 수리통계학

권세혁 지음

자유아카데미

머리말

데이터 과학 시대에서 통계학은 데이터 사이언스의 중심 학문으로, 통계 전공자는 데이터에 포함된 유의미한 패턴을 인식할 수 있는 통찰력을 가져야 한다. 이를 위하여 수리통계 관련 지식은 필수적이다.

지금까지 다양한 수리통계 서적들이 출간되었지만 기존의 서적들은 주로 정리와 수리적 증명 위주로 기술되어 있어 데이터 사이언스 전공자에게는 다소 적합하지 않다. 이러한 아쉬움을 보완하고자 이 책에서는 데이터 사이언스에 필요한 수리통계 이론 및 활용을 중심으로 다루었으며, 개념에 대한 학생들의 이해를 돕기 위하여 파이썬을 활용하였다.

책의 구성은 다음과 같다. 1장은 확률을 소개하였으며 2장에서는 확률변수를 다루었다. 3장에서는 이변량 확률변수를 공부할 수 있으며 4장은 추정을, 그리고 5장은 검정을 기술하였다. 본문 곳곳에 example과 exercise를 배치하여 공부한 내용을 바로 테스트할 수 있게 하였으며, 풀이는 부록에 정리하였으니 필요한 경우 참고하기를 바란다.

이 책은 저자의 개인 웹페이지(http://wolfpack.hnu.ac.kr)에 제공하여 오던 수리통계학 강의노트를 편집하여 발간한 것으로, 좋은 책으로 나올 수 있게 최선을 다했지만 미흡한 점이 있을 수 있다. 이 점은 양해를 바라며, 추후 나올 수 있는 수정사항 등에 대해서는 자유아카데미 홈페이지(www.freeaca.com) 자료실에 제공할 예정이다.

끝으로, 책이 나오기까지 격려해준 사랑하는 가족들에게 이 자리를 빌려 감사의 말을 전하고 싶다. 또한 출간을 허락해준 자유아카데미 출판사에도 감사드린다.

많은 사람들에게 도움이 되는 책이 되기를 기대한다.

2023년 12월

한남대학교 오정골 연구실에서

차례

제 1 장

확률

01 기본 개념

1 표본공간

통계학은 해결해야 할 문제나 관심 분야의 특성 및 상황 이해에 도움이 되는 척도와 측정을 찾는 것부터 시작된다. 키, 몸무게, 연 소득과 같이 측정도구가 있는 경우에는 측정이 어렵지 않으나 '현재 자신의 업무에 만족하는 정도'에 대한 정확하고 객관적인 척도를 발견하는 것은 매우 어려운 일이다. 측정도구가 개발되면 통계학은 조사, 관측, 관찰을 통해 (표본) 데이터를 수집하고 기술통계 및 그래픽 방법을 사용하여 결과를 요약한다. 이러한 요약으로 관심 집단 전체(모집단)에 대한 상황을 분석하는데 이를 통계적 추론이라 한다.

통계학에서 다루는 데이터는 동일 조건하에서도 결과(측정값)는 매번 다르지만 이런 가변성에도 불구하고 패턴을 찾으려고 한다. 하지만 '노이즈(이를 통계학에서는 오차, 백색잡음이라 함)'로 인해 모든 데이터는 패턴을 벗어나게 된다. 데이터 변동성에도 불구하고 여전히 패턴은 존재(보이지 않는다면 찾지 못했을 뿐)하므로 통계학은 그 패턴을 설명하는 최선의 방법(오류 최소화)을 찾고 그 정도를 범위(신뢰구간)로 표현한다. 범위의 폭을 줄이려면 더 많은 데이터를 수집하여야 한다.

데이터의 가변성은 불확실성을 포함하므로 이를 이해하려면 적절한 확률 및 수학적 모델에 대한 이해가 필요하다. 여기서는 통계적 방법의 기반이 되는 확률과 수학적 지식을 다루고자 한다. 통계는 결과를 확실하게 예측할 수 없는 실험(이를 확률실험이라 함)을 통하여 데이터를 수집하는데, 이러한 실험을 무작위 실험이라 한다. 각 실험은 실험을 수행하기 전에는 확실하게 결정할 수 없는 결과로 끝난다. 그러나 실험은 가능한 모든 결과의 집합을 설명하고 나열할 수 있으며, 이 모든 결과의 집합을 표본공간 또는 더 간단히 공간 S라 한다.

example

앞면의 숫자가 5 이상이 나올 때까지 주사위를 던지는 실험에서 던진 횟수를 x라 하자. 이 실험의 표본공간은 $S=\{x;1,2,3,...\}$이다.

example

학생들의 흡연여부를 조사하면 표본공간은 $S=\{$흡연, 비흡연$\}$이다.

example

대한민국 개인의 연 소득을 조사하고 y라 놓자. 최저 생계비 지원을 통하여 개인 최저 소득이 500백만 원이라면 표본공간은 $S=\{y;\ 500\leq y\}$(단위: 만 원)이다.

2 확률변수

확률실험의 결과인 측정값을 확률변수(random variable)라 정의하고 X, Y, Z…와 같이 알파벳 대문자로 나타낸다. 실험의 결과는 형태에 따라 이산형 혹은 연속형으로 나타날 수 있는 서로 다른 결과 개수에 따라 무한 혹은 유한으로 나눌 수 있다. 실험을 반복하다 보면 일부 값이 다른 값에 비해 자주 나타나는 현상을 발견한다. 예를 들어 실험이 반복되면 각 결과값의 대응하는 발생 가능성(확률, 이론적이든 실증적이든)을 얻을 수 있다.

실험을 n번 하였고 관심사건 A의 결과가 f번 발생하였다면 f 값을 사건 A의 빈도(frequency), $\frac{f}{n}$ 값을 사건 A의 상대빈도(relative frequency)라 한다. 실험을 무한히 반복하여 얻는 상대빈도 값을 사건 A의 확률 $P(A)=p$라 한다. 이산형 실험 데이터는 빈도표에 의해 요약될 수 있다. 주사위를 10번 던져 나온 숫자를 적었더니 다음과 같다. (1, 3, 4, 2, 2, 5, 6, 1, 6, 2). 이에 대한 빈도표, 상대 빈도표는 다음과 같다.

X	1	2	3	4	5	6
빈도	2	3	1	1	1	2
상대 빈도	0.2	0.3	0.1	0.1	0.1	0.2

빈도표를 바차트 형태로 나타내면 빈도 히스토그램, 상대빈도를 바차트로 나타내면 상대빈도 히스토그램 혹은 (실증적[empirical]) 확률분포함수라 한다. 숫자 2는 mode(최빈값)이다. 실험의 회수를 무한히 하면 상대빈도 $p(x) = \lim_{n \to \infty} \frac{f}{n}$는 확률이 된다.

python

```
import matplotlib.pyplot as plt
x=[1, 3, 4, 2, 2, 5, 6, 1, 6, 2]
plt.hist(x)
```

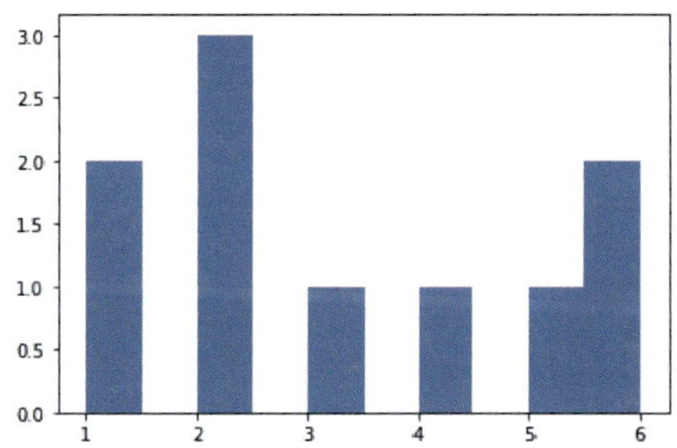

```
plt.hist(x,density=True)
```

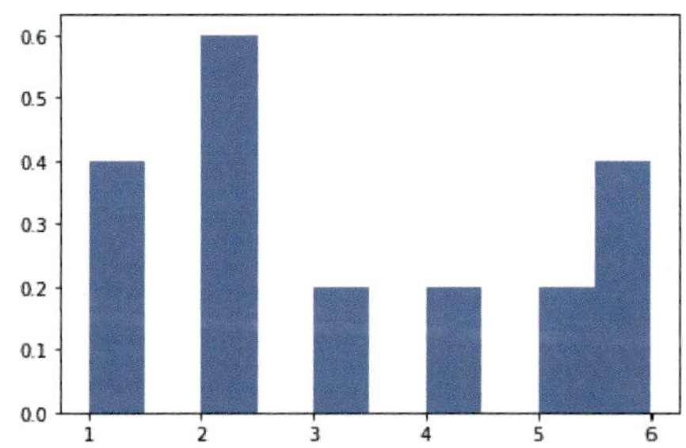

이처럼 상대빈도는 무작위 실험에 의해 얻어진 데이터를 요약한 통계값(이를 통계학에서는 통계량이라 함)을 얻는 데 사용되나 확률은 관심 현상에 대한 수학적 모델을 찾거나 관심 모수에 대한 추론에 활용된다.

example

동전을 10번 던져 앞면이 1번, 뒷면이 9번 나왔다고 하자. 앞면이 나올 상대빈도는 1/10이다. 만약 동전이 공정하다면 앞면이 나올 확률이 0.5이므로 10번 던져 1번이 나온 이 동전은 공정한가? 추론하게 한다. (풀이: 부록 1)

심슨의 역설(Simpson's paradox)

2개 시즌 전체를 보면 선수 B의 타율이 높지만 시즌별로 보면 모든 시즌에서 선수 A의 타율이 더 높다. 이는 타석 수가 많은 시즌에 선수 B의 안타수가 A보다 많았기 때문이다. 이처럼 전체 결과와 세부적 결과가 상반될 때 이를 심슨의 역설이라 한다.

(출처 : Hogg & Tanis, 8th, 2010)

시즌	선수 A			선수 B		
	AB	안타	평균	AB	안타	평균
1	500	126	0.252	300	75	0.250
2	300	90	0.300	500	145	0.290
합계	800	216	0.270	800	220	0.275

02 집합

1 표본공간과 집합

결과를 예측할 수 없는 확률실험(random sample)의 결과를 모두 모아 놓은 것을 표본공간(sample space) 혹은 전체집합이라 하고 기호는 S로 나타낸다. 실험의 서로 다른 결과는 원소라 하고 e_i로 나타내며 $S=\{e_1, e_2, \ldots\}$로 표현한다. 집합은 관심 있는 원소(결과)들의 모임을 의미하며 $A, B, C, \ldots$ 등으로 나타내고 $A \subset S$, A는 S의 부분집합이다.

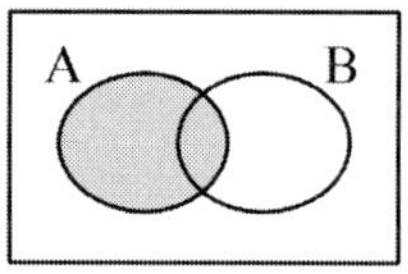

A

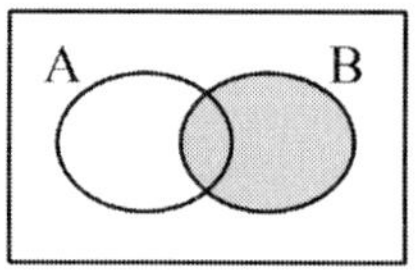

B

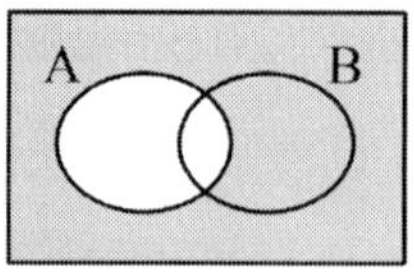

A^C
Complement of A

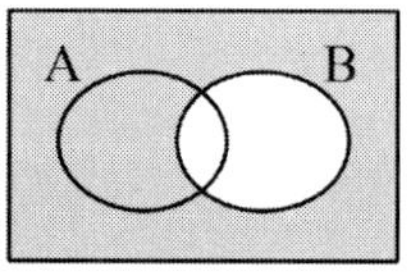

B^C

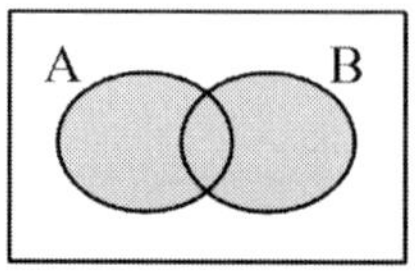

$A \cup B$

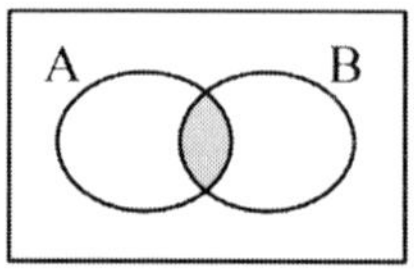

$A \cap B$

definition

① 집합 A의 모든 원소를 셀 수 있다면 가산(countable) 집합이다.

② 만약 집합 A의 모든 원소가 집합 B에 포함되어 있다면 A는 B의 부분(subset) 집합이다.

③ $\varnothing$는 공집합(null or empty set)을 의미하며 원소가 하나도 없는 집합이다.

④ $A \subset B$: 집합 A의 모든 원소가 집합 B에 있는 경우 집합 A는 집합 B의 부분집합이다.

⑤ $A \cup B$: 집합 A 혹은 집합 B에 있는 모든 원소의 모임으로 A와 B의 합(union)집합이다.

⑥ $A \cap B$ or AB: 집합 A와 집합 B에 공통적으로 있는 원소들의 모임으로 A와 B의 곱(intersection)집합이다.

⑦ A^Cor $\overline{A}$: 집합 A의 여집합(complement)으로 집합 A에 있는 원소를 제외한 모든 표본공간 원소의 모임이다. ⇔ NOT

⑧ 벤다이어그램(venn diagram)은 서로 다른 집합들 사이의 관계를 표현하는 다이어그램으로 전체집합과 그 부분집합의 관계, 또 부분집합과 부분집합의 합집합 및 교집합, 그리고 부분집합의 전체집합에 관한 여집합 등을 폐곡선이나 원으로 나타낸 그림이다.

집합의 합과 곱

집합 A, 집합 B에 모두 있는 원소들의 모임을 집합 A, B의 곱(intersection)집합이라 하고, 기호로는 $A \cap B = AB$을 사용한다. ⇔ AND, BOTH

집합 A 혹은 집합 B에 있는 원소들의 모임을 집합 A, B의 합(union)이라 하고, 기호로는 $A \cup B$을 사용한다. ⇔ OR, AT LEAST ONE

example

집합 $A = \{1,2,...,10\}$, 집합 $B = \{1,3,5,7,9\}$, 집합 $C = \{2,4,6,8,10\}$라 정의하자.

(1) 집합 B와 집합 C는 집합 A의 부분집합이다.

(2) $B \cap C = \varnothing$

(3) $B \cup C = A$

example

주사위를 한 번씩 두 번 던져 나타난 결과의 합을 적는다. 모든 가능한 쌍을 표본공간이라 정의하자. 집합 A={두 번째 주사위 눈금이 짝수}, B={두 주사위 눈금의 합이 짝수}, C={두 주사위 눈금 중 적어도 하나가 홀수}라 정의할 때 다음을 구하라.

B^C, $A \cup B$, $A \cap B^C$, $A^C \cap C$

$A = \{3,4,5,6,7,8,9,10,11\}$, $B = \{2,4,6,8,10,12\}$, $C = \{2,3,4,5,6,7,8,9,10,11\}$

풀이

$S = \{2,3,4,5,6,7,8,9,10,11,12\}$, $A^C = \{2,12\}$, $B^C = \{3,5,7,9,11\}$,

$A \cup B = \{2,3,4,5,6,7,8,9,10,11,12\} = S$, $A \cap B^c = \{3,5,7,9,11\}$,

$A^C \cap C = \{2\}$

2 집합 법칙

분배법칙(distribution law)

① $A \cap (B \cup C) = (A \cap B) \cup (A \cap C)$

② $A \cup (B \cap C) = (A \cup B) \cap (A \cup C)$

결합법칙(associative law)

① $A \cup (B \cup C) = (A \cup B) \cup C$

② $A \cap (B \cap C) = (A \cap B) \cap C$

드모르간의 법칙(Demorgan's law)

① $(A \cup B)^C = A^C \cap B^C$

② $(A \cap B)^C = A^C \cup B^C$

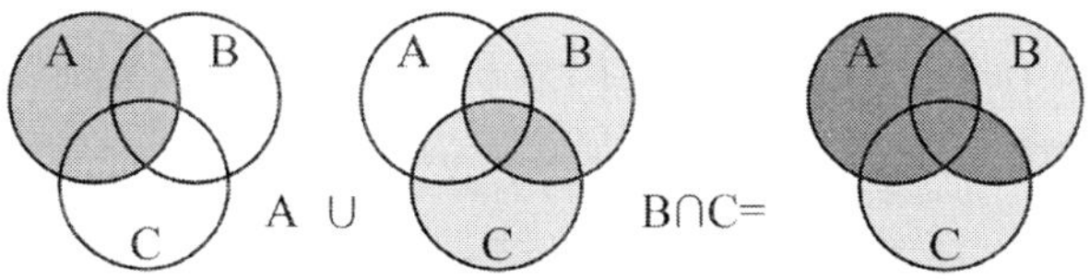

Venn Diagram illustrating A∪(B∩C)

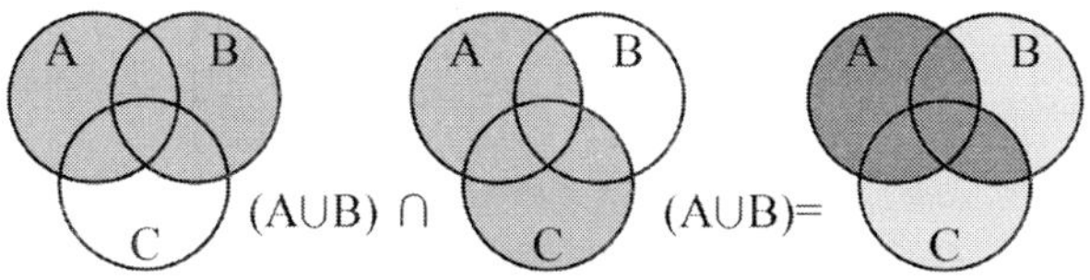

Venn Diagram for (A∪B)∩(A∪C)

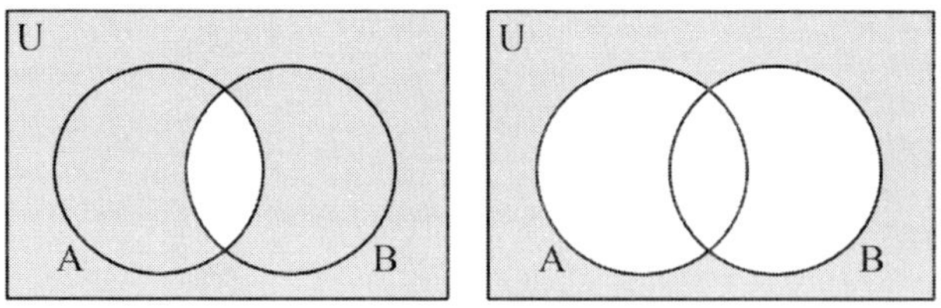

(A∩B)′= A′∪B′ (A∪B)′= A′∩B′

3 상호배반

definition

만약 두 사건 A, B에 대하여 $A \cap B = \varnothing$ (공통 원소가 없음)이면 두 사건은 상호배반(mutually exclusive) 사건이다.

definition

만약 서로 다른 $i \neq j$에 대하여 $A_i \cap A_j = \varnothing$ 이면 $A_1, A_2, \ldots A_k$ 사건은 상호배반 사건이다.

definition

만약 $A_1, A_2, \ldots A_k$는 상호배반이고 $A_1 \cup A_2, \cup \ldots A_k = S$이면 상호배반이며 전체 포괄(mutually exclusive and exhaustive) 사건이다.

본 교재에서 사건과 집합은 동일 개념으로 혼용한다. 하나의 원소로 구성된 사건을 단순사건이라 하고 원소와 단순사건은 동일하게 사용한다.

03 확률집합함수

확률변수는 통계학에서 매우 중요하다. 확률변수에 대한 이해 없이 데이터 구조를 파악하거나 적절한 분석방법을 적용하기란 불가능하다. 확률변수는 데이터가 가질 수 있는 값이 input X, output이 실수인 함수이다. 확률은 관심 사건이 일어날 가능성(chance or likelihood)을 숫자로 표현한 것으로 확률은 0(일어날 가능성 없음)과 1(항상 일어남) 사이의 값(0% TO 100%)으로 측정된다.

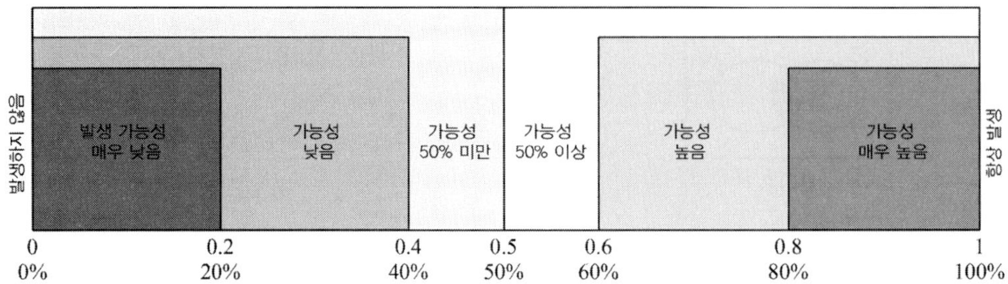

1 확률 개념

게임 이론에서는 오랜 기간 확률계산에 많은 관심을 보여 왔으나 정확한 수학적 개념으로 정립된 지는 얼마 되지 않았다. 확률은 미래 일어날 사건이나 불확실성에 대한 믿음에 대한 측정으로 0에서 1 사이의 값으로 측정되며 일어날 가능성이 희박하면 0, 높으면 1에 가까운 값으로 표현한다. 확률은 실험 결과들의 상대빈도(확률)와 분포를 이용하여 주어진 사건의 가능한 결과를 연구하는 수학이다. 확률이 계산되는 사건의 분석을 통계학이라 한다. 데이터가 얻어지는 과정이나 연구를 실험이라 하면 실험의 결과(값)는 예측할 수 없다. 확률에서 실험이란 확률실험을 의미하며 결과를 예측할 수 없는 실험을 의미한다.

확률실험(random experiment)

확률실험은 실험을 시행하기 전에는 결과를 예측할 수 없는 실험을 의미한다.

예: 주사위 던지는 실험, 환자의 혈압, 다리가 무너지기 전까지 견디는 하중, 수리통계 시험성적

단순사건

사건은 확률이 정의된 원소들의 모임이다. 단순사건(simple event)은 나누어질 수 없는 사건을 의미하며 표본공간의 원소와 같은 개념이다. 즉 확률이 정의된 원소를 단순사건이라 생각하면 된다. 주사위를 던지는 실험에서 단순사건은 {1}, {2}, ..., {6}이다.

이산형 표본공간

표본공간의 원소가 유한개이거나 셀 수 있는 경우 이를 이산형 표본공간이라 한다. 주사위 두 개를 던져 나온 합, 동전을 무한 번 던지는 실험, 제품에 포함된 불량의 개수, 시험에서 맞은 개수 등이 이산형 표본공간이다.

이산형 확률모형 규칙

- Rule1: 집합(사건) A 확률 $P(A)$는 집합 내의 각 원소의 합과 같다.
- Rule2: 확률실험의 모든 단순사건 확률의 합은 1이다.
- Rule3: 단순사건(원소) 확률은 1/(원소의 개수)이다. equally likely

확률과 추론

동전을 10번 던져 10번 모두 앞면이 나왔다. 이 동전이 공정하다는 가설이 적절한가? '동전이 공정하다'는 가설 하에서는 10개 모두 앞면이 나올 가능성이 $(\frac{1}{2})^{10}$으로 매우 희박하다. 그러므로 실험 결과(표본)가 이 가설을 기각하게 된다.

2 확률 측정

빈도학자(frequentist): Long-term 상대빈도

확률실험을 n번 시행했을 때 집합 A의 상대빈도는 $\frac{\# of\, e_i\, in A}{n}$(집합 A의 원소 개수/표본공간 원소 개수)이다. 확률실험을 무한 반복했을 경우 상대빈도를 확률이라 정의한다.

$$P(A) = \lim_{n \to \infty} \frac{\#' of\, e_i\, in A}{n}.$$

고전적 정의(Pierre-Simon Laplace, French, 1749-1827)

확률실험에서 나타날 수 있는 모든 결과들의 모임인 표본공간의 서로 다른 원소 개수 $n(S)$, 집합 A의 원소 개수를 $n(S)$라 하면 $P(A) = \frac{n(A)}{n(S)}$이다. 표본공간 내의 원소들의 발생 가능성은 모두 동일하다는 가정이 필요하다.

베이지안(Bayesians)

모수를 추정하기 위하여 관측된 표본 데이터의 의해 확률밀도함수를 갱신하는 방법으로 확률변수 X의 확률분포함수 $\pi(x)$을 데이터에 의해 사후 확률분포함수 $\pi(x|data)$을 구한다.

3 확률의 공리

표본공간을 S, 집합을 A라 하면 다음을 만족하는 P를 확률집합함수라 한다.

① 모든 집합 $A \subset S$에 대하여 $P(A) \geq 0$이다. 확률은 0보다 크거나 같다.

② $P(S) = 1$이다. 표본공간 확률은 1이다.

③ 만약 $A_i \cap A_j = \varnothing$ 이면 $P(A_i \cup A_j) = P(A_i) + P(A_j)$이다. 상호배반인 두 사건 합집합의 확률은 두 사건 확률의 합과 같다. $A_1, A_2, \ldots A_k$가 상호배반이면 $P(U_{i=1}^{k} A_i) = \sum_{i=1}^{k} P(A_i)$이다.

example

표본공간의 5개의 단순사건 e_1, e_2, e_3, e_4, e_5으로 구성되어 있다.
$P(e_1) = P(e_2) = 0.15, P(e_3) = 0.4,\ P(e_4) = 2P(e_5)$라고 할 때 $P(e_5)$를 구하라.

(풀이: 부록 2)

4 확률 정리

definition

$A \subset S$이면 $P(A^c) = 1 - P(A)$ 여집합의 확률은 (1-원집합확률)이다.

* $S = A \cup A^c$, $A \cap A^c = \varnothing$ 이므로 공리 ②와 ③에 의해 $1 = P(A) + P(A^c)$이므로 성립한다.

definition

$P(\varnothing) = 0$. 공집합 확률은 0이다.

* $A = \varnothing$ 이면 $A^C = S$이므로 위의 정리에 의해 성립한다.

definition

$A_1 \subset A_2$이면 $P(A_1) \le P(A_2)$. 원소가 적은 부분집합 확률은 적다.

* $A_2 = A_1 \cup (A_1^C \cap A_2)$이고 $A_1 \cap (A_1^C \cap A_2) = \varnothing$ 이므로 공리 ③에 의해 $P(A_2) = P(A_1) + P(A_1^C \cap A_2)$이다. 그리고 공리 ①에 의해 $P(A_1^C \cap A_2) \ge 0$ 이므로 성립한다.

definition

$A \subset S$이면 $0 \le P(A) \le 1$. 집합의 확률은 0과 1 사이이다.

* $\varnothing \subset A \subset S$ 이므로 위의 정리에 의해 성립한다.

definition

$A_1, A_2 \subset S$이면 $P(A_1 \cup A_2) = P(A_1) + P(A_2) - P(A_1 \cap A_2)$.

example

(1) 동전을 2개 던지는 실험($\{H, T\}$)에서 나올 수 있는 모든 결과(원소)를 나열하라. 즉, 표본공간 S를 구하라.

풀이

$S = \{HH, HT, TH, TT\}$.

(2) 각 원소(단순사건)에 확률을 할당하라.

풀이

$P(\{HH\}) = P(\{TH\}) = P(\{HT\}) = P(\{TT\}) = \frac{1}{4}$

(3) 사건 A는 앞면이 정확하게 한 개 나오는 사건($A = \{HT, TH\}$)이고 사건 B는 앞면이 적어도 한 개 이상 나오는 사건($B = \{HH, HT, TH\}$)을 정의할 때 다음 확률을 구하라.

풀이

$A \cup B = \{HH, HT, TH\}$, $A \cap B = \{HT, TH\}$, $A^C \cap B = \{HH\}$

$P(A \cup B) = \frac{3}{4}$, $P(A \cap B) = \frac{2}{4}$, $P(A^c \cap B) = \frac{1}{4}$

5 확률모형

유한 확률모형 규칙

① 사건 E의 확률 $P(E)$는 사건 E를 구성하는 단순사건 확률의 합과 같다.

② 확률실험의 모든 단순사건 확률의 합은 1이다.

③ uniform probability model(균등 확률모형)에서 단순사건 확률은 $\frac{1}{M}$이고 사건 E의 확률은 $P(E) = \frac{K}{M}$이다. K는 사건 E의 원소 개수이고 M은 표본공간의 원소 개수이다.

6 확률계산 방법

(1) 표본공간과 원소를 정의한다. $S=\{e_1,e_2,\ldots,e_N\}$

(2) 각 원소에 확률의 공리와 발생 가능성 동일을 이용하여 확률을 할당한다. $P(e_k)=\frac{1}{N}$

(3) 집합을 정의한다. 즉 집합에 합당한 원소를 나열한다. $A=\{e_1,e_2,\ldots,e_k\}$

(4) 집합을 구성하는 원소의 확률을 더하여 집합의 확률을 구한다. $P(A)=\sum_{i=1}^{k}P(e_i)$

example

공정한 동전 3개를 던지는 실험에서 앞면의 개수가 정확하게 2개인 사건 A에 대한 확률을 계산하라.

풀이

$S=\{HHH, HHT, HTH, \ldots, TTT\}$, $A=\{HHT, HTH, THH\}$이므로 $P(A)=\frac{3}{8}$ 이다.

example

테니스 선수 A가 B보다 실력이 월등하여 이길 확률이 2/3이다. 두 선수가 게임을 두 번 할 경우 선수 A가 적어도 한 번은 이길 확률을 계산하라.

풀이

P(A 선수가 2번 중 한 번 이상 이기는 사건)=1 − P(B 선수가 2번 모두 이기는 사건)=

$1-\left(\frac{2}{3}\right)\left(\frac{2}{3}\right)=\frac{5}{9}$

example

4명의 지원자 중 1명이 여자이고 3명이 남자이다. 2명이 합격된다고 할 때 그 중 한 자리가 여자 지원자로 채워질 확률을 계산하라.

풀이

$S=\{FM1, FM2, FM3, M1M2, M1M3, M2M3\}$. 6개 원소를 가지므로 각각의 확률은 1/6이다. 그러므로 $P(\{FM1, FM2, FM3\})=\frac{1}{2}$가 된다.

exercise

4명의 지원자 중 1명이 여자이고 3명이 남자이다. 2명이 합격된다고 했을 그 중 한 자리가 여자 지원자로 채워질 확률을 계산하라. (풀이: 부록 3)

7 확률계산 도구

mn: M개의 서로 다른 원소와 N개의 서로 다른 원소의 결합 가짓수

- 첫 자리 숫자가 0이 가능한 4자리 숫자로 만들 수 있는 비밀번호 개수는?

  10*10*10*10=10,000.

  만약 숫자를 중복하지 않는다면 10*9*8*7=5,040개이다.

$nPr=\frac{n!}{(n-r)!}$: permutation 순열

n개의 서로 다른 개체 중 r개를 선택하여 순서대로 나열하는 할 때 발생 가능한 가짓수

(의미) n개에 의해 만들어지는 경우의 수는 $n!$이고 r개 선택하고 남은 $(n-r)$개로 만들 수 있는 경우의 수를 나눈 값이다.

- 첫 자리 숫자가 0이 가능한 4자리 숫자로 중복되지 않게 만들 수 있는 비밀번호 개수는?

  ${}_{10}P_4=\frac{10!}{6!}=10\times 9\times 8\times 7=5040$.

$_nC_r = \frac{n!}{(n-r)!r!}$: combination 조합

n개의 서로 다른 개체 중 r개를 선택할 때 발생 가능한 가짓수(의미) 순서대로 나열하지 않으므로 $r!$으로 나눈 값이다. $_nC_r = {_nC_{n-r}}$이 성립한다.

- 0~9개 숫자에서 4개 숫자로 선택할 경우의 수는?

  $_{10}C_4 = \frac{10!}{6!4!} = \frac{10\times9\times8\times7}{4\times3\times2\times1} = 210.$

- 여자 3명, 남자 5명이 있다. 임원을 3명 선발할 때 여자에서 1명, 남자에서 2명 뽑을 경우의 수는?

  $\frac{_3C_1 \times {_5C_2}}{_8C_3}$

이항 전개식 : $(a+b)^n = {_nC_0}a^nb^0 + {_nC_1}a^{n-1}b^1 + \ldots + {_nC_n}a^0b^n$

$(a+b)^2 = a^2 + 2ab + b^2$

$(a+b)^3 = a^3 + 3a^2b + 3ab^2 + b^3$

파스칼 삼각형

파스칼의 삼각형은 수학에서 이항계수(서로 다른 몇 개의 물건 중에서 순서 없이 물건을 선택할 수 있는 경우의 수)를 삼각형 모양의 기하학적 형태로 배열한 것이다. 이름은 블레즈 파스칼이 붙였으나 연구 자체는 이미 수 세기 전에 다른 사람들에게서 이루어졌다. 파스칼의 삼각형에는 수학적으로 흥미 있는 현상들이 많이 숨어 있다.

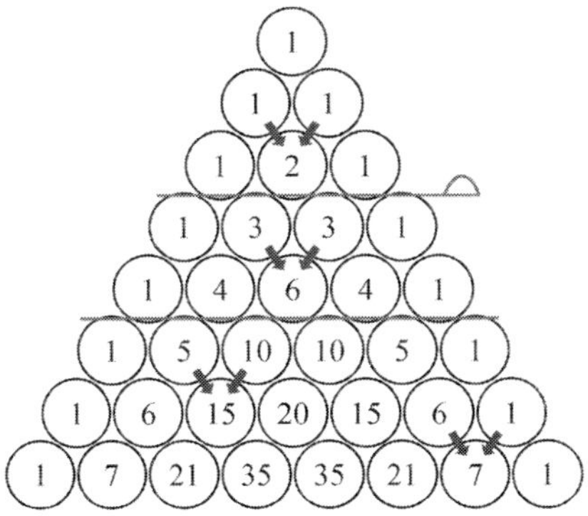

example

$(a+b)^4 = a^4 + 4a^3b + 6a^2b^2 + 4ab^3 + b^4$

example

실력이 동등한 두 테니스 선수(A, B)가 5판 3승 게임 중 A가 2승, B가 1승을 한 상황에서 비가 내려 경기가 중단되었다. 현재 상황에서 우승 상금을 나누기로 하였다면 어떻게 분할하면 되는가?

풀이

경기가 계속되었을 때의 결과가 $\{A, BA, BB\}$ 라면 승자가 결정된다. 앞의 두 사건이 선수 A가 우승, 나머지 사건은 선수 B가 우승이다. 그러므로 선수 A 우승 확률은 3/4, 선수 B의 우승 확률은 1/4이므로 3:1로 나누면 된다.

$$P(A) = \frac{1}{2},\ P(BA) = \frac{1}{2}\frac{1}{2} = \frac{1}{4},\ P(BB) = \frac{1}{2}\frac{1}{2} = \frac{1}{4}$$

exercise

(1) 20명의 학생을 무작위 추출하였을 때 생일이 서로 다를 확률을 계산하라.

(2) 비밀번호가 4자리 숫자로 되어 있다. 첫 자리 숫자로 0이 가능하고 동일한 숫자를 사용할 수 없다고 가정할 경우 가능한 비밀번호의 수는? 만약 앞자리를 0으로 사용할 수 없다면?

(3) 1~5까지의 정수 중 2개의 숫자를 뽑을 경우의 수는? 3개의 숫자를 뽑을 경우의 수는?

(4) 9명의 스케이트 선수가 대회에 출전하였다. 3명은 서울, 3명은 대전, 3명은 부산 출신이다. 선수들의 능력은 동일하다고 하자. 대회 결과 대전 지역 출신 선수가 1, 2, 3등을 할 확률을 계산하라.

(5) 주사위 앞면이 1, 2, 3, 4, 5, 6이다. 5번 던졌을 때 1, 2, 3, 4, 5 각각 한 번씩 나올 확률을 계산하라. 순서는 상관없다.

(6) 주머니에 든 10개 구슬 중 하나는 당첨 구슬이다. 10명이 차례대로 하나의 구슬을 뽑을 때 언제 뽑는 것이 당첨 확률이 가장 높은가? (풀이: 부록 4)

04 조건부 확률과 독립

1 조건부 확률

사건 B가 주어졌을 때(일어났을 때) 사건 A의 확률은 $P(A|B)=\frac{P(AB)}{P(B)}$, 단 $P(B)>0$로 정의하고 이를 조건부 확률(conditional probability)이라 한다. 만약 사건 B가 표본공간 S라면 이를 (무조건) 확률이라 정의한다. $P(S)=1$이므로 $P(A|S)=\frac{P(AS)}{P(S)}=P(A)$이다.

example

주사위 눈금이 3이 나올 확률은 1/6이다. 만약 눈금이 홀수가 나왔다는 사실을 알고 있다면(주어졌다면) 눈금이 3일 확률은 1/3이다.

definition

다음 조건을 만족하면 두 사건 A, B는 독립(independent)이라 한다.

① $P(A\cap B)=P(A)P(B)$

② $P(A|B)=P(A)$

③ $P(B|A)=P(B)$

definition

다음 조건을 만족하면 사건 $E_1, E_2, \ldots, E_k$는 mutually independent(서로 독립)이라 한다.

$$P(E_1 E_2 \ldots E_k) = P(E_1)P(E_2)\ldots P(E_k)$$

definition

다음 조건을 만족하면 사건 E_i, E_j는 pairwise independent(상호 독립)이라 한다.

$$P(E_i E_j) = P(E_i)P(E_j)$$

example

재범 가능성이 학력에 따라 다를 것이라는 가정하에 100명에 대한 자료 수집하였으며, 다음 데이터를 얻었다.

	재범	범죄 않음
대졸	10	30
고졸	27	33

사건 A={대졸}, 사건 B={재범}으로 정의할 때 다음을 계산하라.

풀이

① 임의의 한 사람을 선택했을 때 대졸일 확률은?

$$P(A) = \frac{10+30}{100} = 0.4$$

② 재범일 확률은?

$$P(B) = \frac{10+27}{100} = 0.37$$

③ 재범이면서 대졸일 확률은?

$$P(AB) = \frac{10}{100} = 0.1$$

④ 재범이거나 대졸일 확률은?

$$P(A \cup B) = P(A) + P(B) - P(AB) = 0.4 + 0.37 - 0.1 = 0.67$$

⑤ 고졸일 확률은?

$$P(A^c) = 1 - P(A) = 1 - 0.7 = 0.3$$

⑥ $P(\overline{A \cup B}) = 1 - P(A \cup B) = 1 - 0.67 = 0.33$

example

커피 브랜드 X, Y, Z 세 종류가 있다. 커피 맛에 따라 소비자가 순위를 매긴다고 해 보자. 사건 A={브랜드 X가 브랜드 Y보다 선호}, 사건 B={브랜드 X가 최고의 등급}, 사건 C={브랜드 X가 2번째 등급}, 그리고 사건 D={브랜드 X가 3번째 등급}이라고 정의하자. 사건 A, B는 서로 독립인가?

풀이

X	Y	Z
1	2	3
1	3	2
2	1	3
2	3	1
3	1	2
3	2	1

표본공간 총 경우의 수는 6가지, 3*2*1=6이다.

$P(A)=1/2$, $P(B)=1/3$이고 $P(AB)=1/6$이므로 A와 B는 독립이다.

exercise

(1) 두 사건 A, B에 대해 $P(A)=0.5$, $P(B)=0.3$, $P(AB)=0.1$이다. 다음을 구하라.

① $P(A|B)$　② $P(B|A)$

③ $P(A|A\cup B)$　④ $P(A|A\cap B)$　⑤ $P(A\cap B|A\cup B)$

(2) 사건 A, B는 상호배반이다. 서로 독립인가? 증명하라.

(3) 만약 $P(A)>0$, $P(B)>0$, $P(A)<P(A|B)$이면 $P(B)<P(B|A)$임을 증명하라.

(4) 만약 $A\subset B$이면 사건 A, B는 독립인가?

(5) 두 사건 A, B는 서로 독립이다. 사건 A, B^C는 서로 독립인가? 사건 A^C, B^C은 독립인가?

(풀이: 부록 5)

2 확률 법칙

곱의 법칙(multiplicative law)

$P(AB) = P(A)P(B|A) = P(B)P(A|B)$

증명

조건부 확률 정의 $P(A|B) = \dfrac{P(AB)}{P(B)}$에 의해 성립한다.

*) 사건 A, B가 서로 독립이면 $P(AB) = P(A)P(B)$이다.

결합법칙(additive law)

$P(A \cup B) = P(A) + P(B) - P(A \cap B)$

증명

$P(A \cup B) = P(A) + P(B|(AB))$은 상호배반이므로 성립한다. $E_1 = B|AB$, $E_2 = AB$라 놓으면 E_1, E_2 상호배반이고 $E_1 \cup E_2 = B$이므로 $P(B|(AB)) = P(B) - P(AB)$이다.

*) $P(\overline{A}) = 1 - P(A)$(증명: $P(S) = P(A \cup \overline{A})$이고 A와 $\overline{A}$는 상호배반이다.

example

$P(A) = P(AB) + P(AB^c)$임을 증명하라.

증명

사건 A는 두 개의 상호배반 사건 AB, AB^c으로 분할되므로 확률의 공리 ③에 의해 성립한다.

example

전기가 A에서 B로 흐르고 중계기가 작동할 확률은 0.9이며 서로 독립적으로 작동한다. 각 상황에서 전기가 흐를 확률을 계산하라.

(1)

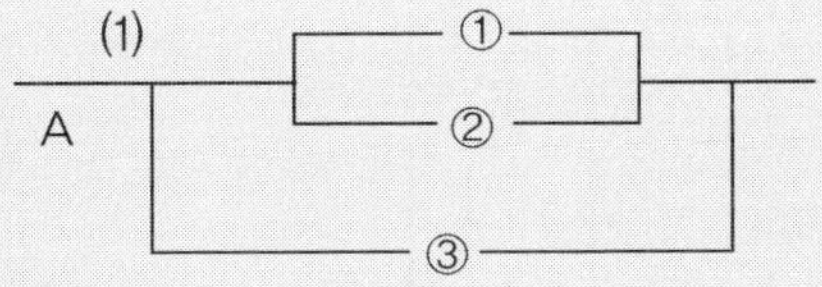

(2)

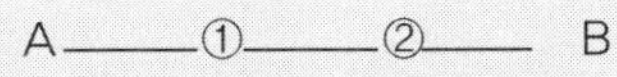

(3)

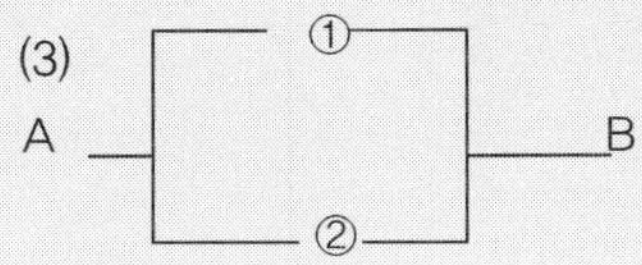

풀이

사건 A={① 작동}, B={② 작동}, C={③ 작동}을 정의하자.

(1) 전기가 흐를 확률은 $P((A\cup B)\cup C)=1-P((A\cup B)^c\cap C^c)=1-0.1^2(0.1)$ 이다.

(2) 전기가 흐를 확률은 $P(A\cap B)=P(A)P(B)=0.9^2$이다.

(3) 전기가 흐를 확률은 $P(A\cup B)=1-P(A^c\cap B^c)=1-0.1^2$이다.

exercise

$P(C)>0$이면 $P(A\cup B \mid C)=P(A|C))+P(B|C))-P(A\cap B|C))$임을 증명하라.

(풀이: 부록 6)

05 베이즈 규칙(Bayes rule)

1 사건 분할

하나의 사건은 다른 사건의 합과 곱으로 분할될 수 있다. 다음은 사건 A가 사건 B에 의해 나누어지는 것을 보여주는 벤다이어그램이다.

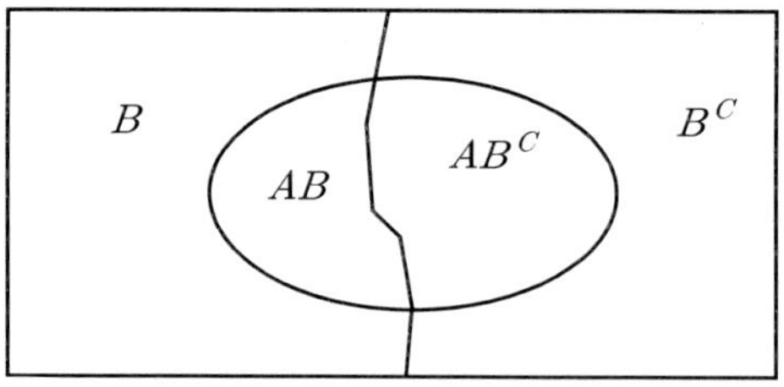

사건 B는 표본공간 S를 2개의 영역으로 나누는 역할을 한다. 사건 A는 두 개의 곱 $(A \cap B, A \cap B^c)$으로 상호배타적으로 분할된다.

$$A = (A \cap B) + (A \cap B^c)$$

example

유권자의 40%는 여성, 60%는 남성이다. 여성 가운데 70%는 법안에 찬성하고 남성은 40%만 찬성한다. 유권자를 임의로 뽑았을 때 그 사람이 법안에 찬성할 확률은?

풀이

사건 A={유권자 남성}, 사건 B={법안 찬성}을 정의하자.
주어진 상황:

$$P(A) = 0.6,\ P(A^C) = 0.4,\ P(B|A) = 0.4,\ P(B|A^C) = 0.7$$

$$P(B) = P(B \cap A) + P(B \cap A^C) = P(B|A)P(A) + P(B|A^C)P(A^C)$$
$$= 0.4 \times 0.6 + 0.7 \times 0.4 = 0.52$$

example

제품 A의 불량률을 p라고 가정하자. 제품을 무작위 검사하였을 때 r번째 검사에서 첫 번째 불량이 나올 확률을 계산하라.

풀이

r번째 첫 불량이 나오는 사건은 $(r-1)$번째까지 정품이어야 하므로 $(1-p)^{r-1}$이고 r번째는 불량이어야 하므로 답은 $(1-p)^{r-1}p$이다.

example

레이더 3개가 설치된 지역이 있다. 각 레이더는 서로 독립적으로 작동하며 비행 물체를 인식하지 못할 확률은 0.02이다.

(1) 만약 비행 물체가 그 지역에 들어왔다면, 레이더에 인식되지 않을 확률을 계산하라.

(2) 만약 비행 물체가 그 지역에 들어왔다면, 모든 레이더에 인식될 확률을 계산하라.

풀이

(1) 비행 물체가 레이더에 인식되지 않을 확률은 모든 레이더가 인식하지 못해야 하므로 $(0.02)^3$이다.

(2) 모든 레이더가 인식할 확률은 $(0.98)^3$이다.

exercise

두 개 주사위를 동시에 던져 합을 구하는 실험을 생각하자. 합이 7이 나오기 전에 합 3을 먼저 얻을 확률을 구하라. (풀이: 부록 7)

exercise

거짓말 탐지기가 있다. 사람이 진실을 말하는데 거짓말을 하고 있다고 판단할 확률은 10%이고, 거짓말을 하는데 거짓말하고 있다고 판단할 확률은 95%이다. 두 사람이 있는데 한 사람은 범죄자이고 한 사람은 무죄이다.

(1) 거짓말 탐지기가 두 사람 모두 범죄자라 판단할 확률을 구하라.

(2) 거짓말 탐지기가 잘못 판단할 확률을 구하라. (풀이: 부록 8)

2 전확률 법칙

$S=\cup_{i=1}^{k}B_i$, $B_iB_j=\varnothing$ for $i\neq j$, $P(B_i)>0$, 즉 $B_1, B_2, \ldots, B_k$ 상호배타적 합이 표본공간인(mutually exclusive and collectively exhausted) 사건이라 하자. 임의의 사건 A에 대하여 다음이 성립하는데 이를 전확률 법칙(law of total probability)이라 한다.

$$P(A)=\sum_{i=1}^{k}P(AB_i)=\sum_{i=1}^{k}P(B_i)P(A|B_i)$$

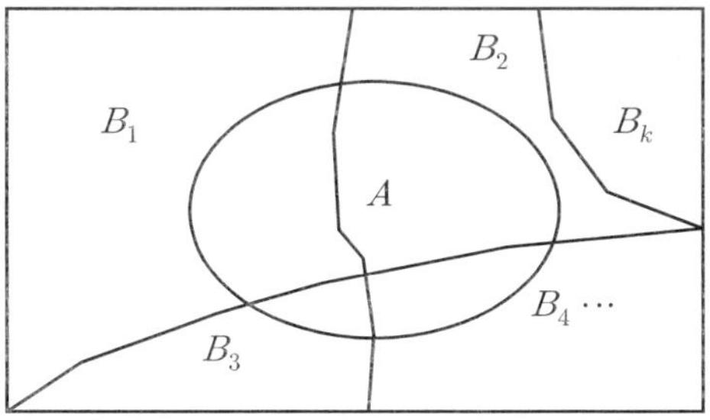

3 베이지 규칙(Bayes rule)

베이즈 확률

영국 철학자 Thomas Bayes의 이름에서 유래된 것으로 사건 H(가설)의 확률을 새로운 사건 D(데이터)에 의해 조건부 확률을 계산하는 개념이다.

$$P(H \mid D)=\frac{P(D|H)P(H)}{P(D)}$$

$B_1, B_2, \ldots, B_k$ 상호 배타적 합이 표본공간인 사건인 경우 다음이 성립하는데 이를 베이지 규칙이라 한다.

$$P(B_j \mid A) = \frac{P(B_j A)}{P(A)} = \frac{P(B_j)P(A|B_j)}{\sum_{i=1}^{k} P(B_i)P(A|B_i)}$$

example

A 회사 종업원의 40%는 여자, 60%는 남자이다. 남자 종업원이 불량을 낼 확률은 10%, 여자는 5%이다. 이 회사의 불량률은 얼마인가?

풀이

사건 D={ 불량 }, 사건 A={ 여자 종업원 }

주어진 상황:

$P(A) = 0.4,\ P(A^C) = 0.6,\ P(D|A) = 0.05,\ P(D|A^C) = 0.1$

$$P(D) = P(DA) + P(DA^C) = P(D|A)P(A) + P(D|A^C)P(A^C)$$
$$= 0.05 \times 0.4 + 0.1 \times 0.6 = 0.08$$

example

노란 주머니에는 빨간 구슬이 3개, 파란 구슬이 7개 있고 초록 주머니에는 빨간 구슬 8개, 파란 구슬 2개가 있다. 주사위를 굴려 5 이상의 수가 나오면 노란 주머니에서, 4 이하의 수가 나오면 초록 주머니에서 구슬을 뽑는다고 하자. 뽑은 구슬이 빨간색이었다면 그 구슬이 노란 주머니에서 나왔을 확률은?

풀이 tree diagram

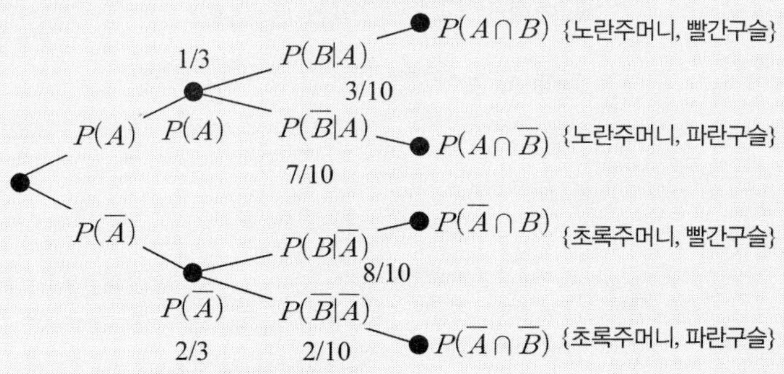

exercise

열차, 버스, 비행기라는 3가지 여행 방법이 있다. 여행자의 60%는 버스, 30%는 열차, 나머지 10%는 비행기를 이용한다. 버스 이용객 중 60%는 혼자 여행하는 반면 철도 여행객 50%, 비행기 여행객 90%는 혼자 여행한다. 여행자를 무작위 추출하였을 때,

(1) 혼자 여행할 확률을 구하라.

(2) 혼자 여행할 때 기차를 이용할 확률을 구하라. (풀이: 부록 9)

exercise

조사에 의하면 서해안의 석유매장 확률은 30%이다. 석유가 실제 매장되어 있다면 시추 시 석유 발견 가능성은 70%이고 석유가 매장되어 있지 않다면 시추 시 석유 발견 가능성은 10%이다. 한 장소를 시추하였더니 석유가 나왔다. 그럼 실제 이 장소에 석유가 있을 확률을 구하라. (풀이: 부록 10)

특이도 민감도

- 민감도(sensitivity): 양성(감염)을 양성으로 진단할 확률
- 특이도(specificity): 음성(정상)을 음성으로 진단할 확률
- 양성 예측률(positive predicted value): 양성 진단자 중 참 양성 확률
- 음성 예측률(negative predicted value): 음성 진단자 중 참 음성 확률
- 감염률(prevalence): 전체 검사자 중 양성 비율
- 검사 정확도(accuracy): 전체 검사자 중 진단이 정확한 비율

모집단(P+N)	예측 판단		
	양성(positive) 대립가설	음성(negative) 귀무가설	
양성(positive) 대립가설	참양성(TP) 옳은 판단	거짓음성(FN) 2종오류	민감도 $\frac{TP}{TP+FN}$
음성(negative) 귀무가설	거짓양성(FP) 1종오류	참음성(TN) 옳은 판단	특이도 $\frac{TN}{TN+FP}$
감염률 $\frac{P}{N+P}$	양성예측률(NPV) $\frac{TP}{TP+FP}$	음성예측률(NFV) $\frac{TP}{TP+FN}$	정확도 $\frac{TP+TN}{P+N}$

4 확률과 확률변수

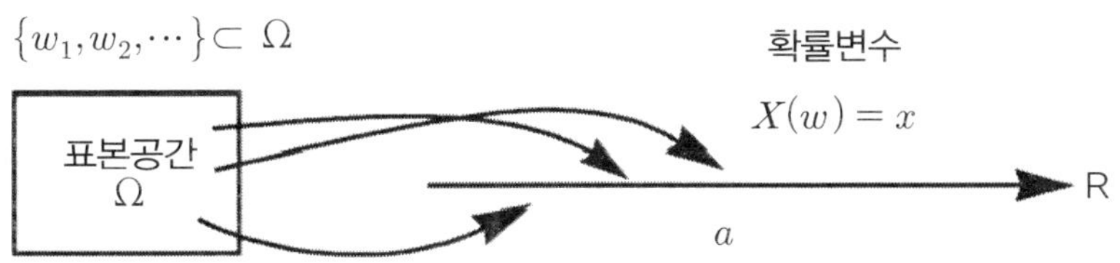

definition

확률변수(random variable) X는 정의역이 표본공간, 공역이 실수인 함수이다.

$$X: S \to R$$

확률변수 X의 공간은 실수 $R = \{x : x = X(w), w \in S\}$이다.

확률(집합)함수: $P(X \in A) = P_X(A) = P(C),\ C = \{w; w \in S, X(w) = A\}$

example

동전을 던지는 실험에서 확률변수 X를 나타난 결과라 정의하자. X의 확률집합함수는?

풀이

$S = \{H, T\}$

$P(X \in \{H\}) = P_X(\{H\}) = \frac{1}{2}$, $P(X \in \{T\}) = P_X(\{T\}) = \frac{1}{2}$

06 수학 기초

1 합과 곱 기호

합 기호: $\Sigma_{i=1}^{n} x_i = x_1 + x_2 + \cdots + x_n$

곱 기호: $\Pi_{i=1}^{n} x_i = x_1 \times x_2 \times \ldots \times x_n$

example

$x_i = (2i+1)$, $i = 0, 1, 2, \ldots 10$을 정의하자.

(1) $\Sigma_{i=0}^{2} x_i = \Sigma_{i=0}^{2} (2i+1) = 2\Sigma_{i=0}^{2} i + \Sigma_{i=0}^{2} 1 = 2 \times 3 + 3 = 9$

(2) $\Pi_{i=0}^{2} x_i = 1 \times 3 \times 5 = 15$

example

통계학 수강생 5명의 중간고사 점수는 (70, 75, 80, 90, 85)이다.

중간고사 점수: $(x_1 = 70,\ x_2 = 75,\ x_3 = 80,\ x_4 = 90,\ x_5 = 85)$

평균: $\bar{x} = \dfrac{\sum_{i=1}^{5} x_i}{5} = \dfrac{70+75+80+90+85}{5} = 80$

2 시리즈

산술(arithmatic) 시리즈

시퀀스 $a_k = a_{(k-1)} + d$(k는 양의 정수, d는 상수)의 합을 산술 시리즈(등차수열)라 한다.

$$\sum_{k=1}^{n} a_k = (a_1 + a_2 + \cdots + a_n) = \frac{1}{2}n(2a_1 + (n-1)d$$

$$(a + (a+d) + (a+2d) + \cdots + (a+(n-1)d) = \frac{1}{2}n(2a + (n-1)d)$$

example

① $1+2+3+\cdots+n = \dfrac{n(n+1)}{2}$

② $1+3+5+\cdots+(2n-1) = n^2$

③ $1^2+2^2+3^2+\cdots+n^2 = \dfrac{n(n+1)(2n+1)}{6}$

④ $1^3+2^3+3^3+\cdots+n^3 = \dfrac{n^2(n+1)^2}{4}$

⑤ $1-\dfrac{1}{2}+\dfrac{1}{3}-\dfrac{1}{4}+\dfrac{1}{5}+\cdots = \ln 2$

⑥ $1-\dfrac{1}{3}+\dfrac{1}{5}-\dfrac{1}{7}+\dfrac{1}{9}+\cdots = \dfrac{\pi}{4}$

⑦ $\dfrac{1}{1^2}+\dfrac{1}{2^2}+\dfrac{1}{3^2}+\dfrac{1}{4^2}+\cdots = \dfrac{\pi^2}{6}$

기하(geometric) 시리즈

시퀀스 $a_k = r^{k-1}a_{k-1}$(k는 양의 정수, r은 상수)의 합을 기하 시리즈(등비수열)라 한다.

$$\sum_{k=1}^{n} a_k = (a_1 + a_2 + \cdots + a_n) = \frac{a(1-r^n)}{(1-r)}$$

$$a + ar + ar^2 + \cdots + ar^{n-1} = \frac{a(1-r)^n}{(1-r)}$$

만약 $n=\infty$, $-1<r<1$이면

$$a + ar + ar^2 + ar^3 + \cdots = \frac{a}{(1-r)}$$

example

① $1 + 0.5 + 0.25 + 0.125 + \cdots = \frac{1}{(1-0.5)} = 2$

② $\frac{1}{2} + \frac{1}{4} + \frac{1}{8} + \cdots = \frac{1/2}{(1-1/2)} = 1$

테일러(Taylor) 시리즈

함수 $f(x)$을 임의의 값에서의 미분값의 무한 연속 형태로 표현하는 방법을 테일러 시리즈라 정의한다. a는 임의의 상수이다.

$$f(x) = f(a) + \frac{f'(a)}{1!}(x-a) + \frac{f''(a)}{2!}(x-a)^2 + \cdots$$

상수 $a=0$인 경우에 이를 매크로린(Maclaurin) 시리즈라 한다.

$$f(x) = f(0) + \frac{f'(0)}{1!}x + \frac{f''(0)}{2!}x^2 + \cdots$$

example

$\sqrt[3]{8.2} = 2.01653$의 근삿값을 테일러 시리즈를 이용하여 계산하라.

풀이

$f(x) = \sqrt[3]{x}$, $a = 8$이라 놓자. 왜냐하면 $\sqrt[3]{8} = 2$로 쉽게 구할 수 있기 때문이다.

$f(x)$ 1차 미분, 2차 미분:

$$f'(x) = \frac{1}{3}x^{-\frac{2}{3}},\ f''(x) = \frac{1}{3}\left(-\frac{2}{3}\right)x^{-\frac{5}{3}}, \cdots$$

$$f(8) = 2,\ f'(8) = \frac{1}{3}\left(\frac{1}{2^2}\right) = \frac{1}{12},\ f''(8) = \frac{1}{3}\left(-\frac{2}{3}\right)\left(\frac{1}{2^5}\right) = -\frac{1}{72}$$

그러므로 $\sqrt[3]{8.2} = 2 + \frac{1}{12}*0.2 - \frac{1}{72}*0.2^2 = 2 + 0.01667 - 0.0005 = 2.01662$

3 미분

미분 주요 규칙

① $f(x) = c$, 상수 c: $f'(x) = \frac{df}{dx} = 0$. 상수의 미분은 0이다.

② $f(x) = cx^n$, 상수 c, n은 실수: $f'(x) = cnx^{n-1}$

③ x의 함수 $u(x)$, $v(x)$ 곱의 미분: $\frac{d(uv)}{dx} = u\frac{dv}{dx} + v\frac{du}{dx} \Leftrightarrow (uv)' = u'v + uv'$

④ x의 함수 $u(x)$, $v(x)$ 비 미분: $\frac{d(u/v)}{dx} = \frac{u'v - uv'}{v^2}$

⑤ 연쇄법칙(chain rule) $f(u(x))$ 미분: $f'(u(x)) = \frac{df}{dx}\frac{du}{dx}$

⑥ 로그함수 $f(x) = \log_a x$ 미분: $f'(x) = \frac{1}{x}\frac{1}{\ln(a)}$(특수한 경우) $(\ln x)' = \frac{1}{x}$

⑦ 지수함수 $f(x) = a^x$ 미분: $f'(x) = a^x \ln(a)$(특수한 경우) $(e^x)' = e^x$

example

- $f(x)=\sqrt{x} \Rightarrow f'(x)=\frac{1}{2}x^{-1/2}=\frac{1}{2\sqrt{x}}$
- 연쇄법칙: $f(x)=(1-\sqrt{x})^3 \Rightarrow f'(x)=3(1-\sqrt{x})^2\frac{1}{2\sqrt{x}}$
- 곱의 미분: $f(x)=\sqrt{x}(1-x^2) \Rightarrow f'(x)=\frac{1}{2\sqrt{x}}(1-x^2)+\sqrt{x}(-2x)$
- 분수 미분 : $f(x)=\frac{x}{1+x^2} \Rightarrow f'(x)=\frac{(1+x^2)-x(2x)}{(1+x^2)^2}=\frac{1-x^2}{(1+x^2)^2}$
- 곱의 법칙 이용: $f(x)=x(1+x^2)^{-1}=(1+x^2)^{-1}+x(-1)(1+x^2)^{-2}(2x)$
  $=\frac{1-x^2}{(1+x^2)^2}$
- 로그함수 미분: $f(x)=2\ln(3x^2-1) \Rightarrow f'(x)=2\frac{1}{(3x^2-1)}6x=\frac{12x}{(3x^2-1)}$
- 지수함수 미분: $f(x)=e^{(x+\sqrt{x})} \Rightarrow f'(x)=e^{(x+\sqrt{x})}(1+\frac{1}{2\sqrt{x}})$

미분 이용

(1) 정의

- 만약 $x_2>x_1$일 때, $f(x_2)>f(x_1)$이면 $f(x)$는 증가(increasing)함수이다.
- 만약 $x_2>x_1$일 때, $f(x_2)\geq f(x_1)$이면 $f(x)$는 비감소(non-decreasing)함수이다.
- 만약 $x_2>x_1$일 때, $f(x_2)<f(x_1)$이면 $f(x)$는 감소(decreasing)함수이다.
- 만약 $x_2>x_1$일 때, $f(x_2)\geq f(x_1)$이면 $f(x)$는 비증가(non-increasing)함수이다.

(2) 1차 미분 정리

함수 f가 일정 구간 안의 모든 점에서 미분 가능하고 구간 내 임의의 점 c에서 1차 미분이 0이면, ($f'(c)=0$) 함수 f는 점 c에서 (지역) 최댓값, 최솟값, 혹은 변곡점을 갖는다.

(3) 1차 미분과 증가/감소함수 관계

함수 f에 대하여 $f'<0$이면 증가함수이고 $f'>0$이면 감소함수이다.

(4) 2차 미분

1차 미분(함수 기울기)의 변화율이므로 기울기가 감소하면 f''은 음의 값이고 기울기가 증가하면 f''은 양이다.

(5) 오목성(concavity)

만약 f'이 감소하면 함수 f는 concave down ($f'' < 0$), f'이 증가하면 함수 f는 concave up($f'' > 0$)이라 한다. 만약 concavity가 변하는 점이 있으면 이를 변곡점이라 하고 변곡점에서는 $f''(c) = 0$이 된다.

(6) 최대, 최소, 변곡점 판별

만약 $f'(c) = 0$이고 $f''(c) < 0$이면 $f(x)$는 c에서 최댓값을 갖는다.

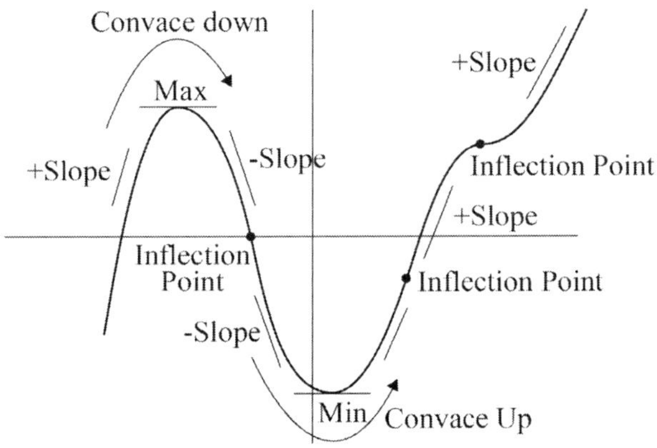

example

분산 $E(X-b)^2$을 최소화하는 b를 구하라.

풀이

$f(b) = E(X-b)^2 = E(X-2bX-b^2) = E(X) - 2bE(X) + b^2$

함수 $f(b)$을 b에 대하여 미분하고 이를 0이라 놓자.

$f'(b) = -2E(X) + 2b = 0 \Rightarrow b = E(X)$

$f''(b) = 2 > 0$이므로 함수 $f(b)$는 $b = E(X)$에서 최솟값을 갖는다.

4 적분

부정적분과 정적분 관계

(1) 부정적분

만약 함수 $f(x)$의 모든 정의역에서 $F'(x) = f(x)$이라면 함수 $F(x)$는 $f(x)$의 역미분(anti-derivative)이라 한다. 이처럼 적분은 미분의 역으로 적분의 결과를 미분하면 원의 함수가 된다.

$$\int f(x)dx = F(x) + c$$

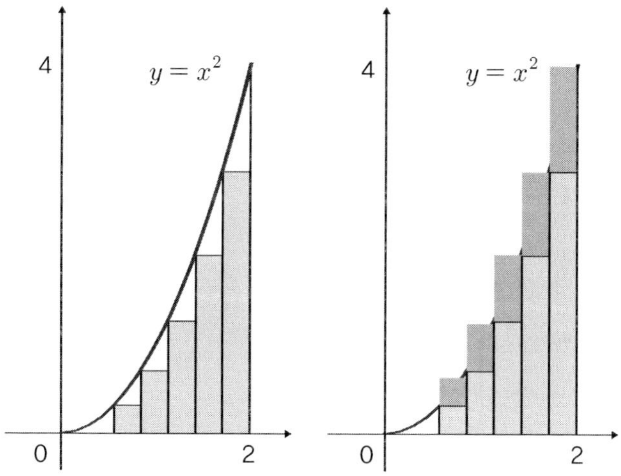

(2) 정적분

구간 $[a,b]$의 함수 $f(x)$ 아래 면적은 어떻게 구할까? 구간 $[a,b]$를 아래와 같이 여러 구간으로 나눈 후 얻은 직사각형의 면적의 합을 함수의 면적으로 생각할 수 있다. 함수와 x축으로 이루어진 공간의 면적을 정적분이라 한다. 정적분(실제 면적)은 왼쪽보다는 크고 오른쪽보다는 작을 것이다.

(3) 적분

17세기경에 Newton-Leibniz는 다음 관계식으로 정적분과 부정적분을 연결하였고 이를 적분이라 하였다.

$$\int_a^b f(x)dx = F(b) - F(a)$$

정적분 주요 규칙 및 방법

$f(x)$, $g(x)$는 x의 함수, a, b, k는 상수이고 $a < b$라 하자.

① $\int_a^a f(x)dx = 0$(한 값에서 적분은 0이므로 연속확률변수의 임의 값 확률은 0이다).

② $\int_a^b cdx = c(b-a)$

③ $\int_a^b f(x)dx = -\int_b^a f(x)dx$(구간의 순서가 바뀌면 적분값의 부호 반대)

④ $\int_a^b kf(x)dx = k\int_a^b f(x)dx$

⑤ $\int_a^b f(x) \pm g(x)dx = \int_a^b f(x)dx + \int_a^b g(x)dx$

⑥ 만약 구간 $[a,b]$에서 $f(x) \geq 0$이면 $\int_a^b f(x)dx \geq 0$

⑦ 만약 구간 $[a,b]$에서 $f(x) \geq g(x)$이면 $\int_a^b f(x)dx \geq \int_a^b g(x)dx$

⑧ 치환법칙: $\int f(g(x))g'(x) = (u = g(x),\ du = g'(x)dx) = \int f(u)du$

$= F(g(x)) + c$(미분의 연쇄법칙 역미분)

⑨ 부분적분: $\int d(uv) = \int udv + \int vdu \Leftrightarrow \int udv = uv + \int vdu,\ u = f(x),$

$dv = g(x)dx$

⑩ $\int x^n dx = \dfrac{1}{n+1}x^{(n+1)} + c$, 단 $n = -1$이면 $\int x^{-1}dx = \ln(x) + c$

⑪ 지수함수: $\int a^x dx = \dfrac{1}{\ln(a)}a^x + c$ (특수한 형태) $\int e^x dx = e^x + c$

example

- $\int_0^1 \sqrt{x} + x^2 dx = \frac{2}{3}x^{3/2} + \frac{1}{3}x^3|_0^1 = \frac{2}{3} + \frac{1}{3} - 0 = 1$
- (치환적분) $\int(x^2+2x-3)^2(x+1)dx = u = (x^2+2x-3)$,
  $du = (2x+2)dx = 2(x+1)dx = \frac{1}{6}(x^2+2x-3)^3 + c$
- (치환적분) $\int_1^2 \frac{2^{\ln(x)}}{x} dx = (u = 2^{\ln(x)},\ du = 2^{\ln(x)}\left(\frac{1}{x}\right)\ln(2)dx) = \frac{1}{\ln(2)} 2^{\ln(x)}|_1^2$
  $= \frac{1}{\ln(2)}(2^{\ln(2)} - 2^{\ln(2)})$
- (부분적분) $\int_0^1 \ln(x)dx = (u = \ln(x),\ dv = dx$
  $\rightarrow du = \frac{1}{x}dx,\ \int dv = \int dx \leftrightarrow v = x)$
  $= x\ln(x)|_0^1 - \int_0^1 x\frac{1}{x}dx = \ln(1) - 1$
- (부분적분) $\int_0^1 x^2 e^x dx = (u = x^2,\ dv = e^x dx$
  $\rightarrow du = 2xdx,\ \int dv = \int e^x dx \leftrightarrow v = e^x)$
  $= x^2 e^x|_0^1 - \int_0^1 2xe^x dx = (u = x,\ dv = e^x dx \rightarrow du = dx,\ v = e^x)$
  $= x^2e^x - 2xe^x + 2e^x|_0^1 = e - 2$

표적분(tabular integral)

부분적분을 쉽게 하는 방법으로 다음의 표적분을 이용하면 된다. $\int f(x)g(x)dx$. 미분하면 차수가 줄어 계속 반복 미분하면 0이 되는 함수를 $f(x)$, 적분이 계속 가능한 함수를 $g(x)$으로 설정한다.

순서	미분함수 $f(x)$ (1)	적분함수 $g(x)$
1	$f'(x)$ (2)	$\int g(x)dx$ (a)
2	$f''(x)$ (3)	$\int\int g(x)dx$ (b)
…	…	…
k	0	$\int\int.\int g(x)dx$ (k)

$$\int f(x)g(x)dx = (1)*(a) - (2)*(b) + (3)*(c) + \cdots$$

만약 표적분을 한 번만 적용하면 $\int f(x)g(x)dx = (1)*(a) - \int(2)*(a)dx$가 된다.

example

$\int_0^1 x^2 e^x dx$을 표적분을 이용하여 적분하라.

순서	미분함수 x^2	적분함수 e^x
1	$2x$	e^x
2	2	e^x
3	0	e^x

$$\int_0^1 x^2 e^x dx = x^2 e^x - 2xe^x + 2e^x|_0^1 = e - 2$$

example

$\int_0^1 \ln(x)dx$을 표적분하라. 계속되는 미분으로 $f(x)$가 0이 되지 않는 예제이다.

순서	미분함수 $\ln(x)$	적분함수 1
1	$\frac{1}{x}$	x
2	더 이상 미분해도 0이 안 됨	

$$\int_0^1 \ln(x)dx = \ln(x)x|_0^1 - \int_0^1 \frac{1}{x} x dx = \ln(1) - 1$$

07 행렬

1 행렬 기초

definition

행과 열로 배열된 숫자, 기호 또는 표현식의 직사각형 배열을 행렬(matrix)이라 한다. 행의 개수가 m, 열의 개수가 n인 행렬의 차수는 $m \times n$이다.

$$A_{m \times n} = \begin{bmatrix} a_{11} & \cdots & a_{1n} \\ \vdots & \ddots & \vdots \\ a_{m1} & \cdots & a_{mn} \end{bmatrix} = \{a_{ij}\}$$

- 행렬의 각 셀을 원소라 한다.
- 열의 차수가 $n=1$인 행렬을 (열)벡터, 행의 차수가 $m=1$인 벡터를 행벡터라 한다.
- 행과 열의 차수가 $m=n=1$인 행렬을 스칼라라 한다.
- 열 벡터: $\underline{a} = \begin{bmatrix} a_1 \\ a_2 \\ \vdots \\ a_n \end{bmatrix}$
- 행렬을 열 벡터로 표현: $A_{m \times n} = [\underline{a}_1, \underline{a}_2, \ldots, \underline{a}_n]$

definition

다음은 특수한 행렬이다.

- 정방(square)행렬: 행 차수와 열 차수가 동일한 행렬 (예) $A_{2 \times 2} = \begin{bmatrix} 2 & 1 \\ 3 & -1 \end{bmatrix}$
- 대각(diagonal)행렬: 정방행렬 중 대각 원소를 제외한 원소가 모두 0인 행렬 (예) $D_{2 \times 2} = \begin{bmatrix} 2 & 0 \\ 0 & -1 \end{bmatrix}$

- 항등(identity)행렬: 대각행렬 중 대각 원소 모두가 1인 행렬 (예) $I_{2\times 2} = \begin{bmatrix} 1 & 0 \\ 0 & 1 \end{bmatrix}$
- 영(null)행렬: 모든 원소가 0인 행렬 (예) $O_{2\times 2} = \begin{bmatrix} 0 & 0 \\ 0 & 0 \end{bmatrix}$
- 일(one)행렬: 모든 원소가 1인 행렬 (예) $1_{2\times 2} = \begin{bmatrix} 1 & 1 \\ 1 & 1 \end{bmatrix}$

definition

행과 열의 차수가 동일하고 대응하는 위치의 모든 원소값이 동일할 경우 두 행렬은 동일하다.

definition

대각행렬의 대각 합을 대각합(trace)이라 한다. 대각합은 스칼라이다.

(예) $D_{2\times 2} = \begin{bmatrix} 2 & 0 \\ 0 & -1 \end{bmatrix}$, $tr(D) = 2 + (-1) = 1$

2 기본연산

전치(transpose)

행의 원소를 열로 보내고 열의 원소를 행으로 보내어 만들어진 행렬을 전치행렬이라 하며, 이 과정을 전치라 한다.

$$A'_{n\times m} = \begin{bmatrix} a_{11} & \cdots & a_{m1} \\ \vdots & \ddots & \vdots \\ a_{1n} & \cdots & a_{mm} \end{bmatrix}$$

$$(\text{예})\ A_{2\times 3} = \begin{bmatrix} 2 & 1 & -1 \\ 3 & -1 & 0 \end{bmatrix} \Rightarrow A'_{3\times 2} = \begin{bmatrix} 2 & 3 \\ 1 & -1 \\ -1 & 0 \end{bmatrix}$$

대칭행렬

원 행렬과 전치행렬이 동일한 행렬을 대칭(symmetric)행렬이라 한다.

$$A_{m\times m} = A'_{m\times m}$$

- 대칭행렬이려면 정방행렬이어야 한다.
- 통계학에서 가장 널리 사용되는 공분산행렬, 상관계수행렬은 대칭행렬이다.

합과 차

행렬의 합(차)을 구하는 경우 두 행렬의 차수는 동일해야 하며 conformable for addition/subtraction, 즉 합(차) 연산 적합, 각 행렬에서 대응하는 원소들의 합(차)을 그 위치에 적으면 된다.

$$A_{m\times n} = \begin{bmatrix} a_{11} & a_{12} & \cdots & a_{1n} \\ a_{21} & a_{22} & \cdots & a_{2n} \\ \cdots & \cdots & \cdots & \cdots \\ a_{m1} & a_{m2} & \cdots & a_{mn} \end{bmatrix},\ B_{m\times n} = \begin{bmatrix} b_{11} & b_{12} & \cdots & b_{1n} \\ b_{21} & b_{22} & \cdots & b_{2n} \\ \cdots & \cdots & \cdots & \cdots \\ b_{m1} & b_{m2} & \cdots & b_{mn} \end{bmatrix}$$

$$(A\pm B)_{m\times n} = \begin{bmatrix} a_{11}\pm b_{11} & a_{12}\pm b_{12} & \cdots & a_{1n}\pm b_{1n} \\ a_{21}\pm b_{21} & a_{22}\pm b_{22} & \cdots & a_{2n}\pm b_{2n} \\ \cdots & \cdots & \cdots & \cdots \\ a_{m1}\pm b_{m1} & a_{m2}\pm b_{m2} & \cdots & a_{mn}\pm b_{mn} \end{bmatrix} \ /\ (A\pm B)_{m\times n} = \{a_{ij}\pm b_{ij}\}$$

example

$$A = \begin{bmatrix} 1 & 3 & 5 \\ 7 & 3 & 1 \end{bmatrix},\ B = \begin{bmatrix} 1 & 0 & 1 \\ -1 & 1 & 0 \end{bmatrix} \Rightarrow A+B = \begin{bmatrix} 2 & 3 & 6 \\ 6 & 4 & 1 \end{bmatrix}$$

$$A = \begin{bmatrix} 1 & 3 & 5 \\ 7 & 3 & 1 \end{bmatrix},\ B = \begin{bmatrix} 1 & 0 & 1 \\ -1 & 1 & 0 \end{bmatrix} \Rightarrow A-B = \begin{bmatrix} 0 & 3 & 4 \\ 8 & 2 & 1 \end{bmatrix}$$

성질

- $(A\pm B)' = A' \pm B'$
- $tr(A+B) = tr(A) + tr(B)$

◆ 곱 연산(multiplication)

두 벡터를 곱하기 위하여 (열벡터)×(행벡터), (행벡터)×(열벡터)만 가능하다. 이는 곱의 행렬에서 곱의 적합 조건은 앞 행렬(벡터)의 열의 차수와 뒤 행렬 행의 차수가 동일해야 한다. 곱의 결과는 (앞 행렬의 행 차수)×(뒤 행렬의 열의 차수)인 행렬(벡터, 스칼라)이다.

[i번째 행]×[j번째 열]=[(i, j) 원소]

(1) 행벡터×행벡터, 열벡터×열벡터

곱을 구할 수 없다. non-conformable for multiplication

(2) 행벡터×열벡터

벡터의 곱은 앞 벡터의 열의 원소와 대응하는 뒤 벡터의 행의 원소의 곱을 더한 값을 적으면 된다. 곱이 가능하기 위해서는 앞 행의 차수와 열의 차수는 같아야 하며 차수 $(1 \times n)$행벡터와 차수 $(n \times 1)$열벡터 곱은 스칼라이다.

$$\underline{a}'_{1 \times n} = [a_1\, a_2 \cdots a_n],\;\; \underline{x}_{n \times 1} = \begin{bmatrix} x_1 \\ x_2 \\ \cdots \\ x_n \end{bmatrix}$$

$$\underline{a}'\underline{x} = a_1 x_1 + a_2 x_2 + \cdots + a_n x_n = \sum_{i=1}^{n} a_i x_i$$

(3) 열벡터×행벡터

열벡터 열 원소와 행벡터의 행 원소의 곱을 (앞의 열벡터 원소 위치) 행, (뒤의 행벡터 원소 위치) 열로 하여 행렬을 만든다. 앞의 열벡터와 차수와 뒤 열벡터 차수는 같을 필요가 없다. 결과는 열벡터 차수가 행 차수, 행벡터의 차수가 열 차수인 행렬이다.

$$\underline{x}_{n\times 1} = \begin{bmatrix} x_1 \\ x_2 \\ \cdots \\ x_n \end{bmatrix} \underline{a}'_{1\times m} = [a_1\ a_2 \cdots a_m]$$

$$\underline{x}\,\underline{a}' = \begin{bmatrix} x_1a_1 & x_2a_1 & \cdots & x_2a_m \\ x_2a_1 & x_2a_2 & \cdots & x_2a_m \\ \cdots & \cdots & \cdots & \cdots \\ x_na_1 & x_na_1 & \cdots & x_na_m \end{bmatrix}_{n\times m}$$

(4) 행렬 X 행렬

행렬을 곱하기 위해서는 앞 행렬의 열 차수와 뒤 행렬의 행의 차수와 일치해야 곱 연산이 가능하며 결과의 차수는 앞 행렬의 행 차수, 뒤 행렬의 열 차수를 갖는다.

$$A_{m\times n}B_{n\times p} = (AB)_{m\times p}$$

$$A = \{a_{ij}\},\ B = \{b_{ij}\} \Rightarrow AB = \left\{\sum_{k=1}^{n} a_{ik}b_{kj}\right\}$$

$$\begin{bmatrix} 1\ 2\ 3 \\ 4\ 5\ 6 \end{bmatrix} \times \begin{bmatrix} 10 & 11 \\ 20 & 21 \\ 30 & 31 \end{bmatrix}$$

$$= \begin{bmatrix} 1\times 10 + 2\times 20 + 3\times 30 & 1\times 11 + 2\times 21 + 3\times 31 \\ 4\times 10 + 5\times 20 + 6\times 30 & 4\times 11 + 5\times 21 + 6\times 31 \end{bmatrix}$$

$$= \begin{bmatrix} 10+40+90 & 11+42+93 \\ 40+100+180 & 44+105+186 \end{bmatrix} = \begin{bmatrix} 140 & 146 \\ 320 & 335 \end{bmatrix}$$

(5) 성질

- 일반적으로 $AB \neq BA$이다. 연산이 가능해도 성립하지 않는다.
- $(AB)' = B'A'$
- $tr(AB) = tr(BA)$. 연산이 가능해야 한다.

(6) 행렬 연산 법칙

- 결합법칙: $(A+B)+C = A+(B+C)$ $\quad (AB)C = A(BC)$

- 배분법칙: $A(B+C)=AB+AC$
- 교환법칙: $(A+B)=(B+A)$

(7) 멱등행렬(idempotent)

자신의 행렬 곱이 자신이 되는 행렬을 멱등행렬이라 한다.

$$M^2=M^3=...=M$$

자신의 곱이 연산 가능해야 하므로 멱등행렬이려면 정방행렬이어야 한다.

(8) 통계학 활용

- 단순회귀모형: $\begin{bmatrix} y_1 \\ y_2 \\ \cdots \\ y_n \end{bmatrix} = \begin{bmatrix} 1 & x_1 \\ 1 & x_2 \\ \cdots & \cdots \\ 1 & x_n \end{bmatrix} \begin{bmatrix} a \\ b \end{bmatrix} + \begin{bmatrix} e_1 \\ e_2 \\ \cdots \\ e_n \end{bmatrix} \Rightarrow \underline{y}=X\underline{b}+\underline{e}$
- 목표변수 평균 구하기: $\bar{y}=\frac{\sum y_i}{n}$, 차수 n인 1 행벡터 $\underline{1}'_n=[11...1] \Rightarrow \bar{y}=\frac{1}{n}(\underline{1}'\underline{y})$
- $(X'X)_{2\times 2}=\begin{bmatrix} n & \sum x_i \\ \sum x_i & n \end{bmatrix}$: 대칭행렬이다.

역행렬(inverse matrix)

행렬의 역수 개념이다. 3에 어떤 수를 곱하면 1이 될까? 답은 1/3(역수)이다. 마찬가지로 행렬 A에 무엇을 곱하면 항등행렬 I가 될까? 이를 역행렬이라 한다.

$$AA^{-1}=A^{-1}A=I$$

(1) 행렬식(determinant)

행렬식은 정방행렬에서만 계산되며 결과는 스칼라이다. 기호는 $\det(A)$ 혹은 $|A|$으로 표현한다. 다음은 행렬식 계산 방법이다.

$A_{2\times 2}=\begin{bmatrix} a & b \\ c & d \end{bmatrix} \Rightarrow \det(A)=ad-bc \quad A=\begin{bmatrix} 1 & 3 \\ 2 & 4 \end{bmatrix},\ |A|=-2$

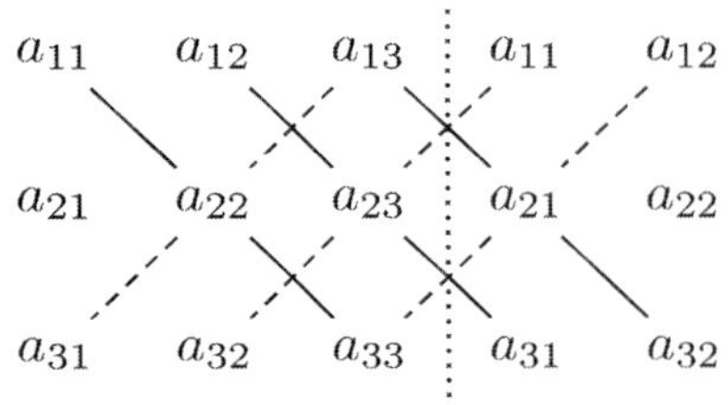

실선은 +, 점선은 −이다.

$$A = \begin{bmatrix} 1 & 2 & 3 \\ 4 & 5 & 7 \\ 8 & 9 & 10 \end{bmatrix} \begin{matrix} 1 & 2 \\ 4 & 5 \\ 8 & 9 \end{matrix} \Rightarrow \det(A) = 7$$

(2) 성질

- $|A'| = |A|$
- $|AB| = |BA|$
- $|AB| = |A||B|$
- 한 행(열)에 k배 한 후 다른 행에 더하여도 행렬식은 변하지 않는다.
- 한 행이 다른 행의 선형결합으로 표현된다면 행렬식은 0이다.

(3) 소행렬(minor)

i행, j열은 제외한 행렬을 소행렬(M_{ij})이라 하고 소행렬의 행렬식을 소행렬식($|M_{ij}|$)이라 한다. 일반적으로 소행렬은 소행렬식을 의미한다.

$$A_{3\times 3} = \begin{bmatrix} a_{11} & a_{12} & a_{13} \\ a_{21} & a_{22} & a_{23} \\ a_{31} & a_{32} & a_{33} \end{bmatrix} \Rightarrow M_{2\times 1} = \begin{bmatrix} a_{12} & a_{13} \\ a_{32} & a_{33} \end{bmatrix}$$

(4) 여인수(cofactor)

$C_{ij} = (-1)^{i+j}|M_{ij}|$을 여인수라 한다. 여인수를 이용하여 다음과 같이 행렬식을 구할 수 있다.

$$|A_{n\times n}| = \sum_{i=1}^{n} a_{ij}(-1)^{i+j}|M_{ij}|$$

$$|A_{n\times n}| = \sum_{j=1}^{n} a_{ij}(-1)^{i+j}|M_{ij}|$$

여인수 행렬 / 수반행렬(adjoint): 수반행렬은 여인수 행렬의 전치행렬이다.

$$C_{ij} = \begin{bmatrix} C_{11} & C_{12} & C_{13} \\ C_{21} & C_{22} & C_{23} \\ C_{31} & C_{32} & C_{33} \end{bmatrix} \Rightarrow adj(A) = \begin{bmatrix} C_{11} & C_{21} & C_{31} \\ C_{12} & C_{22} & C_{32} \\ C_{13} & C_{23} & C_{33} \end{bmatrix}$$

(5) 역행렬 구하기

정방행렬 A에 대하여 $AB = BA = I$을 만족하는 행렬 B를 A의 역행렬이라 하며 A^{-1}로 표현한다.

$$A^{-1} = \frac{1}{|A|} adj(A)$$

(6) 성질

- 역행렬은 유일하고 $(A^{-1})^{-1} = A$이 성립한다.
- $(AB)^{-1} = B^{-1}A^{-1}$
- $(A')^{-1} = (A^{-1})'$
- $|A^{-1}| = \frac{1}{|A|}$

(7) 직교행렬(orthogonal matrix)

행벡터와 열벡터가 직교인 행렬로 $Q'Q = QQ' = I$을 만족하는 행렬을 직교행렬이라 한다.

직교행렬의 경우 Q'은 Q의 역행렬이다.

(8) 계수(rank)

차수가 n인 정방행렬 $A_{n\times n}$의 열벡터에 대하여 $k_1\underline{a}_1 + k_2\underline{a}_2 + \ldots + k_n\underline{a}_n = \underline{0}$ 방정식

이 모든 상수 k_j가 0일 때만 만족하는 경우 열벡터($\underline{a}_j$)는 선형독립(linearly independent)이라 한다. 만약 적어도 0이 아닌 상수가 하나라도 존재하면 종속이라 한다.

정방행렬 $A_{n \times n}$에 대하여 선형 독립인 행의 개수와 열의 개수 중 작은 것을 행렬의 계수라 한다. 행렬의 차수와 계수가 동일하면 이를 full-rank라 한다.

(9) 행렬 $A_{n \times n}$에 대하여 각 열은 동일하다.

역행렬 A^{-1}은 존재한다.	역행렬 A^{-1}은 존재하지 않는다.
행렬식은 0이 아니다. $\det(A) \neq 0$	행렬식은 0이다. $\det(A) = 0$
full rank이다. $rank(A) = n$	full rank 아니다. $rank(A) < n$
행렬 A는 non-singular이다.	행렬 A는 singular이다.
$AX = \underline{b}$ 해가 존재한다.	$AX = \underline{b}$ 해가 존재하지 않는다.

python

#행렬 정의 import numpy as np A=np.array([[1,2,3],[4,5,7], [8,9,10]]) B=np.array([[1, 2, 3],[4,5,6]]) C=np.array([[10,11],[20,21], [30,31]]) A[:,1], B[1,0], C[2,:]	(array([2, 5, 9]), 4, array([30, 31]))
#shape-행열차수, ndim-차원개수 size-셀(원소) 개수 A.shape,A.ndim,A.size	((3, 3), 2, 9)
#전치 A.T	array([[1, 4, 8], [2, 5, 9], [3, 7, 10]])
#더하기 빼기 A-2*A	array([[-1, -2, -3], [-4, -5, -7], [-8, -9, -10]])
#더하기 빼기 B+C	ValueError: operands could not be broadcast together with shapes (2,3) (3,2) 차수가 일치하지 않아 연산을 할 수 없다.

#곱하기
A@B.T, B@C
	(array([[14, 32],
	        [35, 83],
	        [56, 137]]),
	array([[140, 146],
	        [320, 335]]))

#행렬 계수와 행렬식 import numpy.linalg as la la.matrix_rank(A),la.det(A)	(3, 6.999999999999998)

#역행렬
la.inv(A)
	array([[-1.85714286, 1. , -0.14285714],
	       [2.28571429, -2. , 0.71428571],
	       [-0.57142857, 1. , -0.42857143]])

# 역행렬(A)@A = 항등행렬 	
la.inv(A)@A
	array([[1.00000000e+00, 1.88737914e-15,
	1.99840144e-15],
	       [-8.88178420e-16, 1.00000000e+00,
	-1.33226763e-15],
	       [0.00000000e+00, -2.22044605e-16,
	1.00000000e+00]])

#항등행렬
np.eye(3)
	array([[1., 0., 0.],
	       [0., 1., 0.],
	       [0., 0., 1.]])

#one matrix, null matrix, 동일값 행렬
np.ones((2,3)),
np.zeros((2,3)),
np.full((2,3),3)
	(array([[1., 1., 1.],
	        [1., 1., 1.]]),
	array([[0., 0., 0.],
	        [0., 0., 0.]]))

#대각행렬
np.diag((1,3))
	array([[1, 0],
	       [0, 3]])

3 고유치, 고유벡터

- 대칭행렬 $A_{n \times n}$에 대하여 고유치 λ, 고유벡터 $\underline{\nu}$는 다음 방정식이 성립한다.

  $A\underline{\nu} = \lambda\underline{\nu}$

- $\det(A - \lambda I) = 0$을 만족하는 λ를 고유치라 한다.
- 고유치는 행렬 A의 차수만큼 존재한다. $\lambda_1, \lambda_2, \ldots, \lambda_n$
- $A\underline{\nu}_i = \lambda_i \underline{\nu}_i$을 만족하는 벡터($\underline{\nu}$)를 고유벡터라 한다.

- $\det(A-\lambda I)=0$(singlular)가 성립하므로 고유벡터는 무수히 많이 존재한다.
- 고유벡터 중 Norm($\underline{\nu}'\underline{\nu}=1$)이 1인 고유벡터를 주성분분석에서 사용한다.

고유치 분해(eigenvalue decomposition)

정방행렬 $A_{n\times n}A$의 고유치(λ_i)를 대각원소로 하는 대각행렬 Λ, 고유벡터($\underline{\nu}_i$)로 이루어진 직교(orthogonal)행렬을 Q라 하면 행렬 A는 다음과 같이 고유치 분해된다. $A=Q\Lambda Q^{-1}$

주성분분석은 다음과 같이 이루어진다.

$$\text{데이터 행렬: } X_{n\times p}=\begin{bmatrix} x_{11} & x_{12} & \cdots & x_{1p} \\ x_{21} & x_{22} & \cdots & x_{2p} \\ \cdots & \cdots & \cdots & \cdots \\ x_{n1} & x_{n2} & \cdots & x_{np} \end{bmatrix} (\text{변수 개수 } p)$$

$\underline{y}=P\underline{x}$: 원 변수의 선형결합(선형계수 행렬은 고유벡터)으로 주성분변수를 만든다.

X의 공분산행렬(측정 단위가 다른 경우 상관계수 행렬)로부터 고유치와 고유벡터(Norm=1인 정규고유벡터)를 구하여 서로 독립인 차원으로 변환한다.

공분산행렬에 대한 고유치, 고유벡터: $COV_{p\times p}\underline{v}=\lambda\underline{v}$

공분산 행렬은 양의 정부호 행렬이므로 변수의 차수만큼의 고유치, 그에 대응하는 고유벡터가 존재한다.

고유벡터는 원변수를 직교 축을 갖는 주성분 변수로 변환한다. 그러므로 차수는 줄어들지 않으나 모든 차원에서 관측값은 직교(독립)이다.

주요 2~3개 차원만으로 p차원의 원변수 변동(정보)을 축약한다. 이를 주성분분석이라 한다.

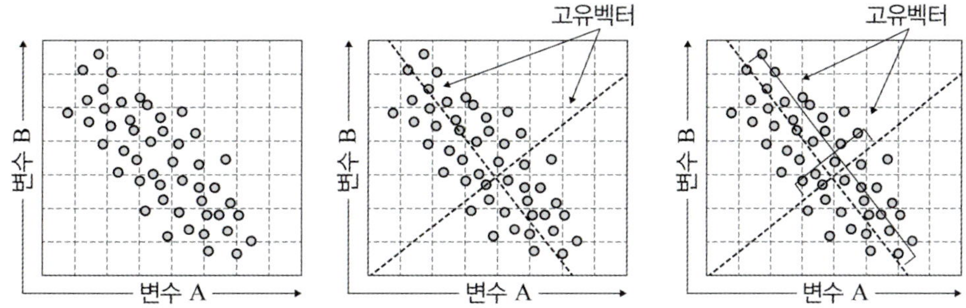

(1) 특이값 분해(singular value decomposition)

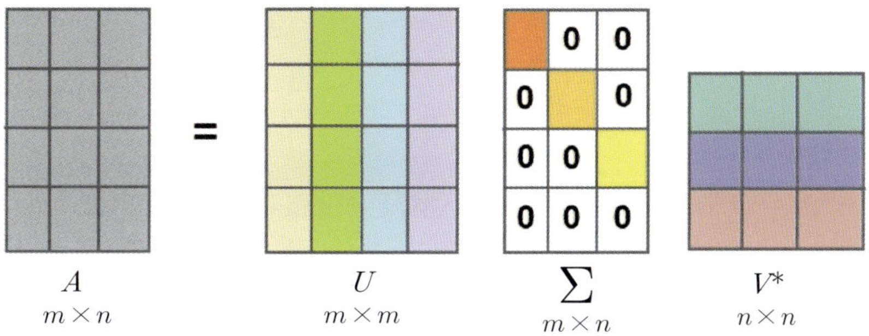

직교행렬 $U(UU' = I)$: AA'의 고유벡터

직교행렬 $V'(V'V = I)$: $A'A$의 고유벡터

대각행렬 $\sum$의 대각원소: AA', $A'A$의 고유치분해 대각원소의 제곱근 값을 대각원소로 한다.

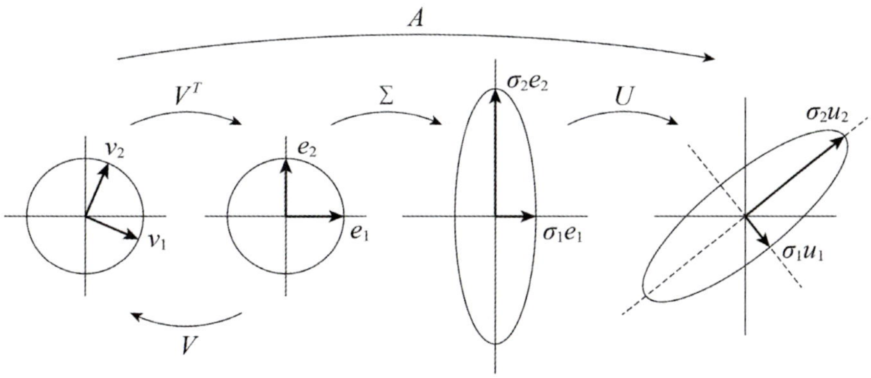

Cholesky factorization

대칭행렬 A가 양의 정부호 행렬일 경우 사용되는 분해방법이다.

$A = LL^T$, L: 대각원소가 양인 하단 삼각행렬

[활용] 최소제곱추정과 같은 최적해를 구할 때 사용하면 빠른 연산이 가능하다.

$A\underline{x} = \underline{b}$(연립방정식) $\underline{x} = A^{-1}\underline{b}$ $\Rightarrow$ $LL^T\underline{x} = \underline{b}$ 이것을 풀면 연산이 더 간편하다.

$\underline{x} = (LL^T)^{-1}\underline{b} = (L^{-1})'L^{-1}\underline{b}$

벡터 크기 측정: NORM

$\underline{x}_{n\times 1} = \begin{bmatrix} x_1 \\ x_2 \\ \cdots \\ x_n \end{bmatrix}$ 의 NORM $L_p = (\sum_i^n |x_i|)^{\frac{1}{p}}$

L1 norm: $L_1 = \sum_i^n |x_i|$ 절댓값의 합으로 맨해튼(Manhattan) 놈이라고도 한다. 지도의 거리 측정에 사용된다.

L2 norm: $L_2 = (\sum_i^n x_i^2)^{\frac{1}{2}}$ 제곱합의 제곱근으로 유클리디안 놈이라 한다. 통계학에서 가장 많이 사용된다. 회귀계수 추정치를 구하는 최소제곱추정치를 구할 때 사용된다.

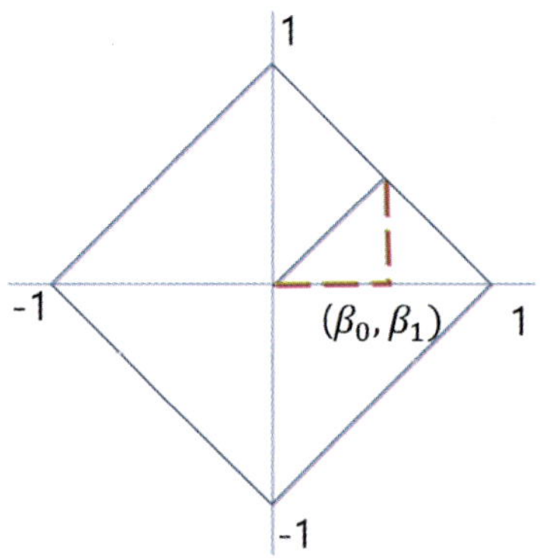

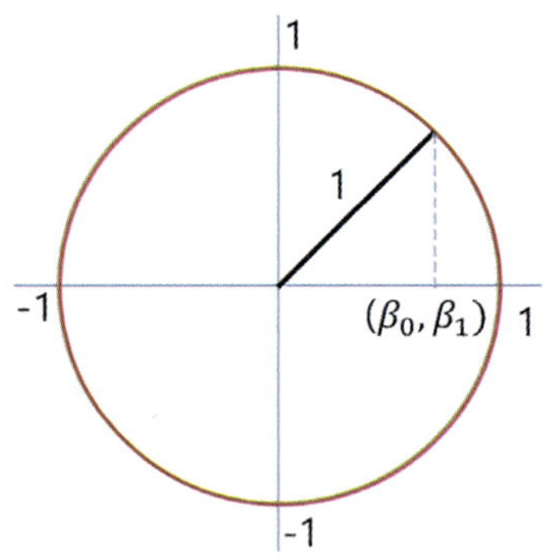

python

#고유치, 고유벡터 import numpy as np A=np.array([[1,2,3], [4,5,7], [8,9,10]]) import numpy.linalg as la val,vec=la.eig(A) val,vec	(array([17.71571559, -1.44163052, -0.27408507]), array([[-0.21078452, -0.49872133, 0.47929184], [-0.52147269, -0.47685414, -0.81047488], [-0.82682291, 0.7238005 , 0.33676373]]))
#고유치, 고유벡터 import numpy as np A=np.array([[1,-2,4], [-2,2,0],[4,0,-7]]) import numpy.linalg as la Dval,Pvec=la.eig(A) Dval,Pvec	(array([-8.71311048, 4.22404024, 0.48907024]), array([[0.39263208, 0.71875859, 0.57378231], [0.07329936, -0.64635395, 0.75950891], [-0.91677001, 0.25614969, 0.30646384]]))

#L1 norm Mahattan
la.norm(A,axis=1,ord=1)
	array([6., 16., 27.])

#L2 norm Euclidean
la.norm(A,axis=1,ord=2)
	array([3.74165739, 9.48683298, 15.65247584])

#고유벡터 분해 import numpy as np A=np.array([[1,2,3], [4,5,7], [8,9,10]]) import numpy.linalg as la val,vec=la.eig(A) S=np.diag(val); P=vec P@S@la.inv(P)	array([[1., 2., 3.], [4., 5., 7.], [8., 9., 10.]])
#SVD decomposition u, s, vh = np.linalg.svd(A, full_matrices=True) u,s,vh	(array([[-0.19462586, -0.6193003 , -0.76064966], [-0.5071685 , -0.6002356 , 0.61846369], [-0.83958376, 0.50614657, -0.19726824]]), array([18.62202941, 1.46779937, 0.25609691]), array([[-0.48007495, -0.56284671, -0.67285334], [0.70100172, 0.21497525, -0.67998694], [0.52737523, -0.79811604, 0.29135228]]))

`#Cholesky decomposition`
`import numpy as np`
`A=np.array([[25,15,-5],`
`[15,18,0],  [-5,0,11]])`
`import numpy.linalg as la`
`np.linalg.cholesky(A)`
	`array([[ 5.,  0.,  0.],`
	`       [ 3.,  3.,  0.],`
	`       [-1.,  1.,  3.]])`

`#확인 LL'`
`np.linalg.cholesky(A)@np.linalg.`
`cholesky(A).T`
	`array([[25., 15., -5.],`
	`       [15., 18.,  0.],`
	`       [-5.,  0., 11.]])`

4 행렬 미분

미분 공식

(1) 벡터 미분

상수벡터: $\underline{a}_n = \begin{bmatrix} a_1 \\ a_2 \\ \cdots \\ a_n \end{bmatrix}$, 확률변수 벡터: $\underline{x}_n = \begin{bmatrix} x_1 \\ x_2 \\ \cdots \\ x_n \end{bmatrix}$, 확률변수 $x_i \sim (iid) f(x)$는 확률표본이다.

① $\dfrac{\partial\ (\underline{a}'\underline{x})}{\partial\ \underline{x}} = \underline{a}$

② $\dfrac{\partial\ (\underline{x}'\underline{a})}{\partial\ \underline{x}} = \underline{a}$

(2) 이차형식 정의

- 정방행렬: $A_{n \times n} = \begin{bmatrix} a_{11}\ a_{12} \cdots a_{1n} \\ a_{21}\ a_{22} \cdots a_{2n} \\ \cdots\ \cdots\ \cdots\ \cdots \\ a_{n1}\ a_{n2} \cdots a_{nn} \end{bmatrix}$
- 이차형식: $Q(x_1, x_2, \ldots, x_n) = \underline{x}' A \underline{x}$
- 이차형식의 경우 대칭행렬인 A는 적어도 한 개는 존재한다.

(3) 이차형식 종류

- 대칭행렬 A, 이차형식 $Q(x_1, x_2, \ldots, x_n) = \underline{x}' A \underline{x}$에 대하여
- 모든 $x \neq 0$에 대하여 $Q > 0$이면 양의 정부호(positive definite)
- 모든 $x \neq 0$에 대하여 $Q \geq 0$이면 양의 반부호(positive semidefinite)

(4) 이차형식 미분

$$\frac{\partial\ (\underline{x}' A \underline{x})}{\partial\ \underline{x}} = (A + A')\underline{x}\text{(만약 } A\text{가 대칭행렬이면) } 2A\underline{x}$$

(5) 주축정리(the principal axes theorem)

이차형식 $\underline{x}' A \underline{x}$을 교차항이 없는 이차형식 $\underline{y}' D \underline{y}$으로 변환하는 직교변환 $\underline{x} = P\underline{y}$이 존재한다. P를 주축행렬이라 하고 대칭행렬 A의 고유벡터로 이루어져 있다. 교차항이 없는 이차형식은 주축 변량에 대칭이다.

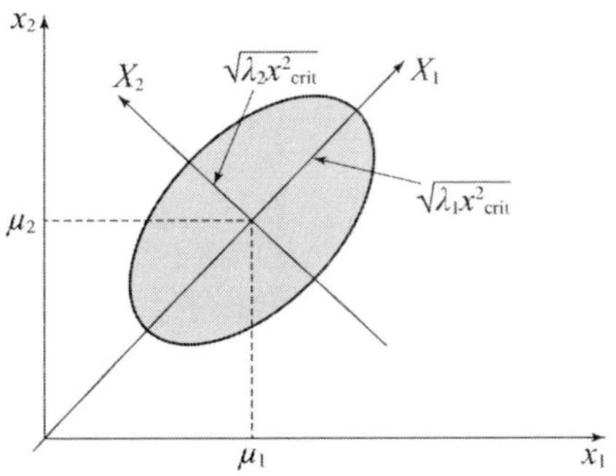

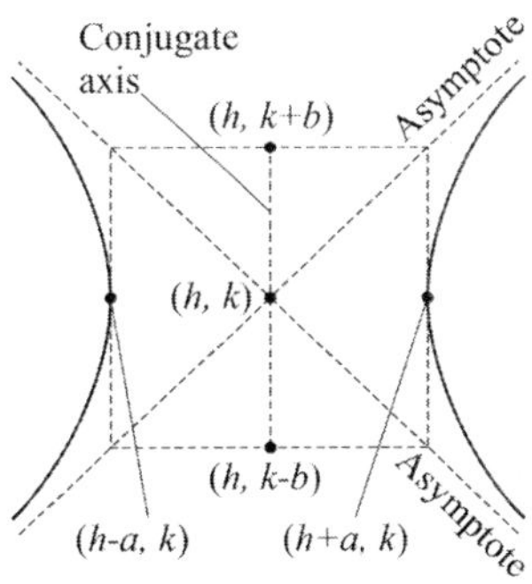

(6) 이차형식과 고유치 관계

- 이차형식 $Q = \underline{x}' A \underline{x}$이 양의 정부호이면 모든 고유치는 0보다 크다.
- 양의 정부호 행렬의 역행렬도 양의 정부호 행렬이다.
- 공분산 행렬은 양의 정부호 행렬이다.

(7) 이차형식 만들기

$$Q(x) = x_1^2 + 2x_2^2 - 7x_3^2 - 4x_1x_2 + 8x_1x_3$$

이차형식으로 만들면 다음과 같다. 제곱항은 그대로 대각원소로 하고 교차항은 1/2로 하여 각 셀에 배분한다.

$$Q(x) = [x_1\ x_2\ x_3]\begin{bmatrix} 1 & -2 & 4 \\ -2 & 2 & 0 \\ 4 & 0 & -7 \end{bmatrix}\begin{bmatrix} x_1 \\ x_2 \\ x_3 \end{bmatrix} = \underline{x}' A \underline{x}$$

$\underline{x} = P\underline{y}$, 주축행렬 P는 대칭행렬 A의 고유벡터이다.

A의 교유치를 대각원소로 하는 행렬 $D = diag(\lambda_1, \lambda_2, \lambda_3)$를 이용하여 교차항이 없는 이차형식으로 변형한다.

이렇게 되면 주축 변환된 이차형식의 변수 간에는 교차항이 없으므로 두 변수간에는 서로 독립이 된다.

$$Q(x) = \underline{x}' A \underline{x} \ \Rightarrow\ Q(y) = \underline{y}' D \underline{y} \ \ (\underline{x} = P\underline{y})$$

5 통계학 활용

통계학에서 행렬의 사용은 통계 계산을 처리하는 데 사용된다. 행렬로 이루어진 데이터로부터 스칼라 통계량을 계산하기 위하여 행렬 연산 작업이 이루어진다.

데이터 구조

목표변수 1개, p개 예측변수, 표본크기 n인 데이터를 가정하자.

목표변수 벡터: $\underline{y} = \begin{bmatrix} y_1 \\ y_2 \\ \cdots \\ y_n \end{bmatrix}$

예측변수 데이터 행렬/벡터: $X_{n \times p} = \begin{bmatrix} x_{11} & x_{12} & \cdots & x_{1p} \\ x_{21} & x_{22} & \cdots & x_{2p} \\ \cdots & \cdots & \cdots & \cdots \\ x_{n1} & x_{n2} & \cdots & x_{np} \end{bmatrix}$, (데이터 벡터) $\underline{x}_k = \begin{bmatrix} x_{1k} \\ x_{2k} \\ \cdots \\ x_{nk} \end{bmatrix}$

$X_{n\times p} = \left[\underline{x}_1\ \underline{x}_2 \cdots\ \underline{x}_p\right]$

확률변수 벡터, 평균벡터, 공분산행렬

$\underline{x}= \begin{bmatrix} x_1 \\ x_2 \\ \cdots \\ x_p \end{bmatrix}$, x_i는 확률변수이고 $E(x_i) = \mu_{i,}\ V(x_i) = \sigma_{ii}$

두 변수의 공분산: $COV(x_i, x_j) = \sigma_{ij}$

평균벡터: $E(\underline{x}) = \underline{\mu}= \begin{bmatrix} \mu_1 \\ \mu_2 \\ \cdots \\ \mu_p \end{bmatrix}$

공분산행렬: $COV(\underline{x}) = \sum= \begin{bmatrix} \sigma_{11}\ \sigma_{12} \cdots\ \sigma_{1p} \\ \sigma_{21}\ \sigma_{22} \cdots\ \sigma_{2p} \\ \cdots\ \ \cdots\ \cdots\ \cdots \\ \sigma_{p1}\ \sigma_{p2} \cdots\ \sigma_{pp} \end{bmatrix}$

상수벡터: $\underline{a}= \begin{bmatrix} a_1 \\ a_2 \\ \cdots \\ a_p \end{bmatrix}$

- $\underline{a}'\underline{x}$의 평균: $E(\underline{a}'\underline{x}) = \underline{a}'\underline{\mu}$, 분산 $V(\underline{a}'\underline{x}) = \underline{a}'\underline{\sum}\underline{a}$
- 평균, 공분산, 고유치, 고유벡터 계산
- 데이터 평균, 공분산 계산
- $E(X_{n\times p}) = (\underline{1}'X)/n$
- $COV(X) = (X - E(X))'(X - E(X))/(n-1)$

python

```
#iris 분꽃 데이터 불러오기
import pandas as pd
df=pd.read_csv('https://vincentarelbundock.github.io/Rdatasets/csv
/datasets/iris.csv')
```

```
#평균, 공분산 함수이용
df.iloc[:,1:5].mean(),df.iloc
[:,1:5].cov()
```

```
(Sepal.Length    5.843333
 Sepal.Width     3.057333
 Petal.Length    3.758000
 Petal.Width     1.199333
 dtype: float64,
              Sepal.Length  Sepal.Width  Petal.Length  Petal.Width
 Sepal.Length  0.685694     -0.042434     1.274315      0.516271
 Sepal.Width  -0.042434      0.189979    -0.329656     -0.121639
 Petal.Length  1.274315     -0.329656     3.116278      1.295609
 Petal.Width   0.516271     -0.121639     1.295609      0.581006
```

```
#평균 : 행렬 이용
import numpy as np
X=np.array(df.iloc[:,1:5])
m_vec=np.ones(X.shape[0]).T@X/
X.shape[0]
m_vec
```

```
array([5.84333333, 3.05733333, 3.758
    , 1.19933333])
```

```
#공분산 : 행렬 이용
cov_mat=(X-m_vec).T@(X-m_vec)/
(X.shape[0]-1)
cov_mat
```

```
array([[ 0.68569351, -0.042434  ,  1.27431544,
0.51627069],
       [-0.042434  ,  0.18997942, -0.32965638,
-0.12163937],
       [ 1.27431544, -0.32965638,  3.11627785,
1.2956094 ],
       [ 0.51627069, -0.12163937,  1.2956094 ,
0.58100626]])
```

```
#Sepal.Length 분산 지정하기
df.iloc[:,1].var(),
cov_mat[0,0]
```

```
(0.6856935123042505,
0.6856935123042507)
```

```
#고유치, 고유벡터 구하기
import numpy.linalg as la
eigval,eigvec=la.eig(A)
eigval,eigvec
```

```
(array([-8.71311048,  4.22404024,
0.48907024]),
 array([[ 0.39263208,  0.71875859,
0.57378231],
        [ 0.07329936, -0.64635395,
0.75950891],
        [-0.91677001,  0.25614969,
0.30646384]]))
```

회귀분석

모형: $\begin{bmatrix} y_1 \\ y_2 \\ \cdots \\ y_n \end{bmatrix} = \begin{bmatrix} 1 & x_{11} & x_{12} & \cdots & x_{1p} \\ 1 & x_{21} & x_{22} & \cdots & x_{2p} \\ \cdots & \cdots & \cdots & \cdots & \cdots \\ 1 & x_{n1} & x_{n2} & \cdots & x_{np} \end{bmatrix} \begin{bmatrix} a \\ b_1 \\ \cdots \\ b_p \end{bmatrix} + \begin{bmatrix} e_1 \\ e_2 \\ \cdots \\ e_n \end{bmatrix} \Rightarrow \underline{y} = X\underline{b} + \underline{e}$

가정: $\underline{e} \sim N(\underline{0}, \sigma^2 I)$

최소제곱법 추정: $\min_{a,b_1,b_2,\ldots,b_p} \sum e_i^2 = \min_{\underline{b}} \underline{e}'\underline{e}$

$Q(\underline{b}) = \underline{e}'\underline{e} = (\underline{y} - X\underline{b})'(\underline{y} - X\underline{b}) = \underline{y}'\underline{y} + \underline{b}X'X\underline{b} - 2\underline{y}'X\underline{b}$

$\frac{\partial Q}{\partial \underline{b}} = 2X'X\underline{b} - 2X'\underline{y} = 0 \Rightarrow \hat{\underline{b}} = (X'X)^{-1}X'\underline{y}$

python

```
#iris 분꽃 데이터 불러오기
import pandas as pd
df=pd.read_csv('https://vincentarelbundock.github.io/Rdatasets/csv/datasets/iris.csv')
y=df.iloc[:,1] #Sepal.Length
X=sm.add_constant(df.iloc[:,2:5])#Sepal.Width,Petal.Length,Petal.Width
import statsmodels.api as sm
fit=sm.OLS(y,X).fit()
print(fit.summary())
```

```
==============================================
                 coef    std err          t
----------------------------------------------
const          1.8560      0.251      7.401
Sepal.Width    0.6508      0.067      9.765
Petal.Length   0.7091      0.057     12.502
Petal.Width   -0.5565      0.128     -4.363
==============================================
```

```
#행렬이용
import numpy as np
y=np.array(df.iloc[:,1])
X=np.array(sm.add_constant(df.iloc[:,2:5]))
import numpy.linalg as la
la.inv(X.T@X)@X.T@y
```

```
array([ 1.85599749,  0.65083716,  0.70913196, -0.55648266])
```

연립방정식 해 구하기

$$\begin{cases} 2x-2y-z=5 \\ x+y-2z=1 \\ x-z=4 \end{cases}$$ 의 해는?

$$\begin{bmatrix} 2 & -2 & -1 \\ 1 & 1 & -2 \\ 1 & 0 & -1 \end{bmatrix} \begin{bmatrix} x \\ y \\ z \end{bmatrix} = \begin{bmatrix} 5 \\ 1 \\ 4 \end{bmatrix}$$

$A\underline{x}=\underline{b}$의 해는?

$\underline{x}=A^{-1}\underline{b}$

python

`import numpy as np`
`A=np.array([[2,-2,-1],[1,1,-2],`
`[1,0,-1]])`
`b=np.array([5,1,4])`
`import numpy.linalg as la`
`la.inv(A)@b #solution`
	`array([13.,  6.,  9.])`

`#확인` `A@la.inv(A)@b`	`array([5., 1., 4.])`

제 2 장

확률변수

01 확률변수

1 함수 정의

두 집합 X, Y 사이의 대응관계로 집합 X의 모든 원소들은 각각 집합 Y의 유일한 원소에 일대일 대응시키는 관계이다.

기호: $y = f(x)$, $f : x \to y$, Y는 X의 함수

집합 X는 함수 f의 정의역(domain)이고 집합 Y는 함수 f의 공역(range)이다.

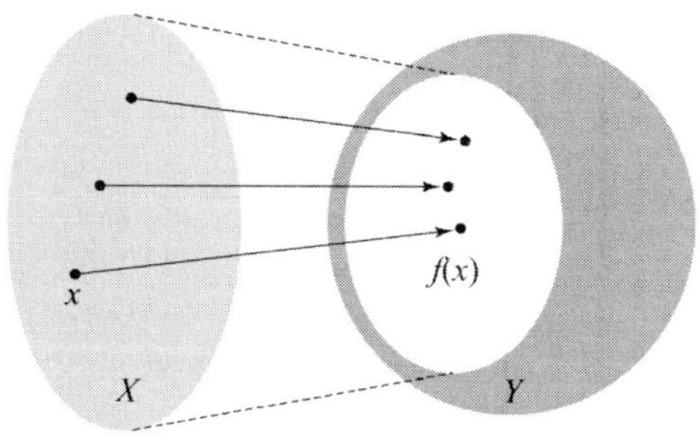

$f : X \to Y$

2 확률변수 정의

확률변수(random variable)는 무작위 실험 또는 확률 실험의 결과에 수치값을 할당하는 수학 함수로 확률 이론, 통계, 수학적 모델링 등 다양한 분야에서 불확실성을 표현하고 정량화하는 데 사용된다.

확률변수는 수학적 모델을 사용하여 랜덤 현상의 동작을 분석하고 설명할 수 있기 때문

에 확률 이론 및 통계의 기본이다. 또한 확률변수의 속성과 분포를 연구함으로써 확률적 예측을 하고 통계 분석을 수행하며 다양한 실제 상황에 대한 통찰력을 얻을 수 있다.

확률변수는 무작위 실험의 각 결과를 수치로 매핑하는 함수로 정의하고, 임의변수가 취할 수 있는 가능한 값의 집합을 표본공간이라고 하며 임의 확률실험의 가능한 모든 결과집합을 실험의 표본공간이라고 한다.

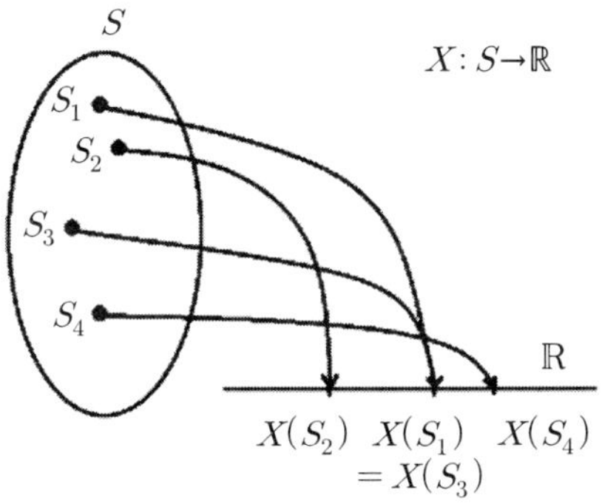

definition

확률변수는 확률실험 표본공간 S가 정의역이고 실수가 공역인 측정함수이다. 확률실험의 각 결과에 실수값을 할당하는 규칙(함수)이다.
기호: 알파벳 $X, Y, Z, \ldots,\ x = X(w),\ w \subset S$

3 확률변수 종류

수리 통계적 측면에서는 이산형과 연속형 확률변수로 나누고 데이터분석에서는 정량(quantitative)변수와 정성(qualitative)변수로 나뉜다. 모든 연속형 변수와 숫자값을 갖는 이산형 확률변수는 정량형이고 문자값(범주형)을 갖는 확률변수는 정성형이다.

이산형(discrete)

확률변수 X의 범위가 유한이거나 셀 수 있는 경우로, 셀 수 있는 고유한 값의 수만 가질 수 있다.

(예) 2개 주사위 눈금 합, 임의 지역 한 달 교통사고 건수

연속형(continuous)

확률변수 X의 범위가 무한히 많은 값을 갖는 경우로 정의된 임의의 구간의 모든 값을 가질 수 있다.

(예) 대전시 기업 종사자의 연봉, 대전 일일 강수량

4 개념

함수 f는 모집단 확률변수의 확률분포함수, θ는 모수(parameter)이다. 표본을 이용하여 알고자 하는 모집단 정보는 f, θ이다. f에 대한 추론은 적합성 검정, θ에 대한 정보는 신뢰구간 추정이나 통계적 가설검정에서 다룬다.

확률변수 X가 가질 수 있는(서로 다른) 값이 유한이거나 셀 수 있는 경우 이를 이산형 확률변수라 한다. 표본 데이터로부터 얻은 통계량(데이터로부터 통계적 추론을 위하여 계산된 요약 값)의 확률분포함수는 모집단 특성값(평균, 분산, 비율, 회귀계수 등), 모수에 대한 추론에 사용된다. 이산형 확률변수의 확률함수는 연속형 확률변수(정확한 함수식을 구하지 못하므로 데이터 분석 시 이론적 확률분포를 가정함)와 달리 계산 가능하나.

이산형과는 달리 연속형 확률변수의 확률분포함수를 정확한 함수식으로 표현하는 것은 불가능하다. 연속형 확률변수의 모집단 전체에 대한 데이터를 가지고 있어도 확률분포함수는 커널 추정치(히스토그램의 아주 작은 구간)를 사용하는데 함수식으로 표현하지는 못한다. 이를 해낸 사람이 가우스이다.

정규분포를 발견한 별들의 위치를 측정하면서 발생하는 오차가 어떤 분포를 갖는지 알

아보기 위하여 많은 측정값을 수집하여 이들 값의 평균과 분산을 계산했고 그 결과 오차 값들이 대칭적으로 분포하며 평균 주위에 집중되어 있음을 관찰했다. 수집한 오차값의 분포를 '최소 제곱법' 방법으로 정규분포를 유도하였다.

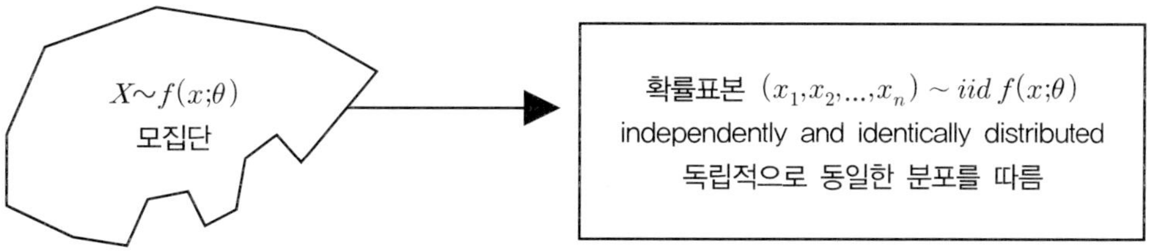

용어 정의

- 모집단(population): 관심의 대상이 되는 연구나 조사의 대상이 되는 전체 집단을 의미한다. 특정 특성이나 속성을 가진 모든 개체 또는 단위의 집합을 나타낸다. 예를 들어, 모든 사람들, 모든 학생들, 모든 도시들, 혹은 모든 제품들과 같은 개념적인 그룹이 모집단이 될 수 있다. 통계학의 주요 목표는 모집단에 대한 특성을 이해하고 추론하는 것이다. 모집단의 확률분포함수 f는 통계학이 알고자 하는 모든 정보를 갖고 있지만, 이산형 확률변수와 달리 연속형 확률변수의 f는 구하기 어려우므로 추론에서는 이론적 확률분포함수를 가정하고 모수 θ에 대한 추론(신뢰구간 추정, 가설검정)을 한다.
- 표본(sample): 모집단에 대한 정보를 얻기 위하여 모집단으로부터 추출한 일부 개체이다. 모집단이 너무 크거나 접근하기 어려운 경우 모집단 전체를 조사하기보다는 모집단으로부터 추출한 일부 데이터를 사용하여 모집단에 대한 추론(모수 신뢰구간 추정, 통계적 가설검정)을 수행한다. 표본은 모집단으로부터 무작위로 추출된 작은 집단이며 모집단의 특성을 추론하는 데 사용되므로 표본은 모집단의 특성을 대표할 수 있어야 한다. 통계학에서는 표본을 사용하여 모집단 모수를 추정하고, 이를 통해 모집단에 대한 결론을 도출하는 과정을 수행한다.
- 모수(parameter): 모집단의 특성을 나타내는 고정된 수치적 값으로 모집단 전체에

대한 특성을 요약하고 표현하는 데 사용된다. 기호로는 θ로 표현하며 모집단 평균, 분산(μ, σ^2)이 대표적인 모수이다. 모집단 모수는 통계적 추론이나 표본 추출을 통해 추정한다. 표본으로부터 얻은 추정치는 표본 통계량이고 모집단 모수와 유사한 값을 제공하지만 표본에 따라서 추정값이 달라진다.

- (표본)통계량(statistic): 모집단에서 추출한 표본 데이터를 기반으로 계산된 특성값으로 모집단 모수를 추정하거나 모집단에 대한 정보를 파악하는 데 사용된다. 기호는 $t(x_1, x_2, \ldots, x_n)$로 표본 데이터의 함수이며 표본 평균($\bar{x} = \frac{\sum x_i}{n}$), 표본 분산 ($s^2 = \frac{\sum (x_{i-\bar{x}})^2}{n-1}$)이 대표적인 예이다.
- 추론(inference)
  - 추정: 표본 데이터를 사용하여 모집단의 특성이나 모수에 대한 정보를 추론하는 과정으로 표본 데이터를 통해 모집단에 대한 결론을 도출하기 위해 사용된다. 모집단 모수의 단일값을 추정하는 방법인 점추정(표본 데이터를 기반으로 통계량 [예: 표본 평균, 표본 비율]을 계산하고, 이를 모집단 모수의 추정값으로 사용)과 모집단 모수의 범위를 추정하는 구간추정(표본 데이터를 기반으로 통계량을 계산하고, 이를 사용하여 모집단 모수가 존재할 가능성이 높은 구간을 계산)으로 나뉜다.
  - 가설검정: 모집단에 대한 특성이나 가설을 검정하는 과정을 의미하며 주어진 데이터를 사용하여 특정 통계적 가설(귀무가설, 대립가설)이 옳은지 여부를 통계적으로 판단하는 과정이다.
  - 모수에 대한 추론을 위하여 사용되는 표본 통계량이 추정에 사용되면 추정량, 가설검정에 사용되면 검정 통계량이라 한다. 표본 통계량이 표본 데이터의 함수이므로 추정량과 검정 통계량 모두 표본 데이터의 함수이다.

02 확률(밀도/분포)함수

1 정의

$(X = x)$, 표본공간 S의 모든 원소(결과)에 실수 x을 대응시킨 규칙을 확률변수라 한다. 확률변수의 치역을 영역 혹은 공간이라 한다.

definition

확률변수 X가 임의의 값 x를 가질 확률을 $p(x) = P(X = x)$(이산형 확률밀도함수), $f(x) = F'(x)$(연속형 확률분포함수)는 표본공간 원소 중 x값으로 대응된 원소의 확률의 합(연속형은 누적 확률분포함수의 미분)으로 정의한다. 연속형의 경우 하나의 단일 값에서는 확률값이 존재하지 않고 일정 구간의 확률만 존재한다.

기호: $p(x)$ 이산형, $f(x)$ 연속형

definition

확률변수 X의 확률밀도함수(probability density function, pdf)는 확률변수 X가 가지는 값 x와 그에 대응하는 확률 $p(x)$을 그래프, 수식, 표 형태로 나타낸 것이다. x의 범위가 정의역/공간, 대응하는 확률 $p(x)$이 치역/영역인 함수이다.

example

여자 3명, 남자 3명이 지원했다. 무작위로 2명을 선발할 때 선발될 남자의 수를 확률변수 X라 정의하자. 확률변수 X의 확률밀도함수를 구하라.

풀이

y	$p(y)$
0	1/5
1	3/5
2	1/5

$$p(x) = \frac{\binom{3}{x}\binom{3}{2-x}}{\binom{6}{2}}, \quad x = 0,1,2$$

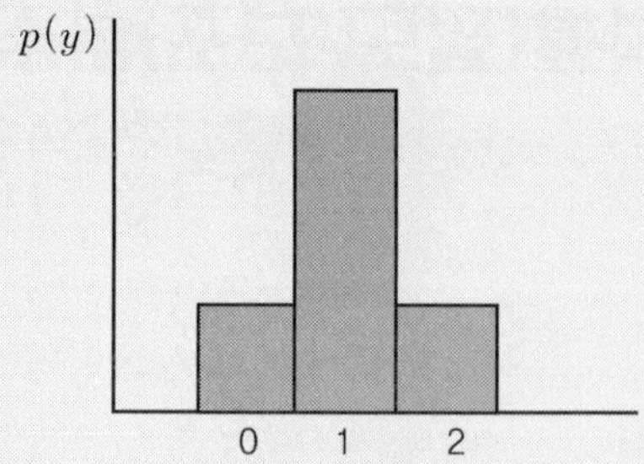

probability histogram bar graph

exercise

주머니에 구슬이 5개(1~5번까지 숫자가 적혀 있음) 있다. 2개를 임의로 뽑았을 때

(1) 확률변수 X을 **두 수 중 큰 수**라 정의할 때 확률밀도함수를 구하라.

(2) 확률변수 X을 **두 수의 합**이라 정의할 때 확률밀도함수를 구하라. (풀이: 부록 11)

2 확률밀도함수 정리

이산형 확률밀도함수는 다음 조건을 만족한다.

(1) $0 \le p(x) \le 1$, for all x, 확률은 0과 1 사이의 값이다.

(2) $\Sigma_x p(x) = 1$, 확률변수 전 영역의 확률 합은 1이다.

연속형 확률밀도함수는 다음 조건을 만족한다.

(1) $f(x) \ge 0$, for all x ⇔ 모든 확률은 0보다 크거나 같다.

(2) $\int_{-\infty}^{\infty} f(x)dx = 1$, 확률변수 전 영역의 확률 합은 1이다.

example

아래 함수가 확률밀도함수가 되기 위한 상수 c값을 구하라.

(1) $p(x) = cx,\ x = 1, 2, \ldots, 10$

(2) $p(x) = c\left(\frac{1}{4}\right)^x,\ x = 1, 2, 3, \ldots$

(3) $p(x) = \frac{x}{c},\ x = 1, 2, \ldots, n$

풀이

(1) $\sum_{x=1}^{10} cx = c(1+2+\cdots+10) = 55c = 1 \leftrightarrow c = \frac{1}{55}$

(2) $\sum_{x=1}^{\infty} c\left(\frac{1}{4}\right)^x = c\left(\frac{1}{4} + \left(\frac{1}{4}\right)^2 + \left(\frac{1}{4}\right)^3 \ldots\right) = c\left(\frac{1}{1-\frac{1}{4}}\right) = c\frac{4}{3} = 1 \leftrightarrow c = \frac{3}{4}$

(3) $\sum_{x=1}^{n} \frac{x}{c} = \frac{1}{c}(1+2+\cdots+n) = \frac{n(n+1)}{2c} = 1 \leftrightarrow c = \frac{2}{n(n+1)}$

exercise

중계기가 작동할 확률은 0.9이고 서로 독립적으로 작동한다. 전류가 흐를 때 작동하는 중계기 개수를 확률변수 X로 정의할 때 확률밀도함수를 구하라.

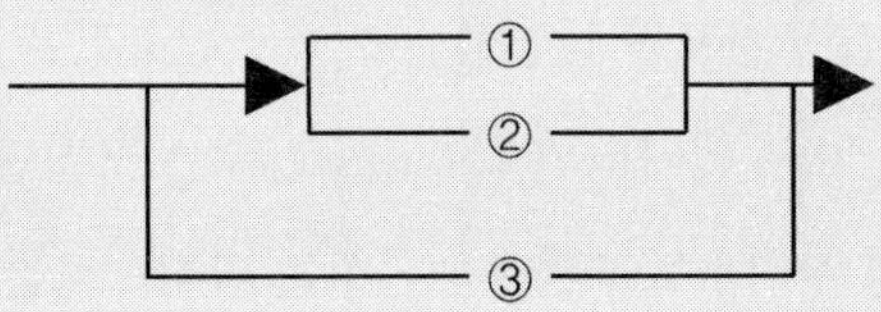

(풀이: 부록 12)

exercise

주사위 X는 숫자 0, 0, 0, 2, 2, 2, 주사위 Y는 0, 1, 4, 5, 8, 9를 가지고 있다. 확률변수 $W = X + Y$의 확률밀도함수를 구하라. (풀이: 부록 13)

3 확률분포함수 종류

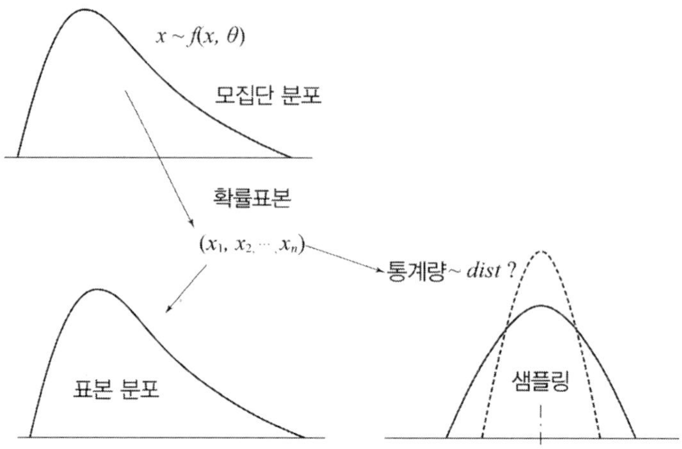

확률표본 정의

표본을 추출할 때 모집단의 개체가 표본으로 선택될 가능성이 동일하도록 하는 경우 이를 확률표본이라 한다. $f(x;\theta)$는 모집단 확률밀도함수이고 θ는 모수이다.

$$\text{확률표본: } (x_1, x_2, ..., x_n) \sim iid\, f(x;\theta)$$

확률표본의 분포는 모집단 분포와 동일한 분포이고 관측값은 서로 독립(independently and identically)이다. 즉, 표본 데이터의 확률밀도함수는 모집단의 확률밀도함수와 동일하다. 그러나 연속형인 경우 히스토그램에 의존하는 방식으로는 모집단의 정확한 확률분포함수를 추정하는 것이 불가능하다.

통계량

확률표본으로부터 계산된 요약값을 통계량이라 한다. 통계량 $t(x_1, x_2, ..., x_n)$은 추정에 사용되면 추정치, 검정에 사용되면 검정 통계량이라 하고 통계량의 확률분포함수를 샘플링 분포라 한다. 통계량의 확률밀도함수는 모집단의 분포와 상이하다. 통계량의 확률분포함수는 통계적 추론에 핵심적인 역할을 한다.

통계량의 확률분포함수가 알려진 통계적 방법을 모수적 방법이라 하고 모르는 경우에는 비모수적(nonparametric/distribution free) 방법이라 한다.

◆ 모집단 분포 $X \sim f(x;\theta)$

- 모집단 개체 관심 특성인 확률변수의 분포를 의미한다.
- 모집단에 대한 정보를 얻는다는 것은 ① 확률분포함수 $f(x)$ ② 모수 θ를 추론한다는 것을 의미한다.
- 확률분포함수 $f(x)$는 개별 개체의 관측값 정보이므로 관심이 적다. 일반적으로 추론 시 모집단 확률분포함수는 가정하게 된다.
- 모집단 분포에 관심이 있을 경우 실시하는 분석을 적합도검정(goodness of fits test)이라 한다. (예) 정규성검정
- 모수 θ는 모집단 개체 특성의 요약값이므로 추론을 한다는 것은 이 값에 대한 정보를 얻는 것이다.

◆ 표본분포(sample distribution) $X_i \sim f(x;\theta)$

- 확률표본(iid)이므로 모집단의 확률분포와 동일하다.
- 모집단 분포를 모르므로 표본분포도 알지 못하나 적합성 검정 이외는 표본분포도 표본 개체의 개별 값에 대한 정보이므로 관심의 대상이 아니다.

◆ 샘플링 분포(sampling dist)

- 확률표본으로부터 계산된 통계량 $t(x_1, x_2, ..., x_n)$의 확률분포함수를 의미한다.
- 모집단의 분포를 알지 못해도 통계량의 분포는 알 수 있다.
- (이산형) 흡연여부 모집단 분포는 모수 $\theta = p$(흡연율)인 베르누이 분포이므로 표본조사 (표본크기 n) 결과 흡연자 수는 이항분포 ~$B(n,p)$을 따른다. 이처럼 모집단의 분포를 알면 표본분포가 모집단의 분포와 동일하므로 통계량(흡연자 수)의 분포도 알 수 있다.

- (연속형) 대부분 모집단의 분포함수를 모르면 통계량의 분포함수 샘플링분포도 알 수 없다.
- 확률표본의 히스토그램이 확률분포함수와 동일하나 연속형 데이터의 경우 히스토그램만으로는 분포함수를 추정하는 것이 불가능하다.
- 단, 연속형 데이터의 경우 중심극한정리에 의해 표본평균, 표본합의 확률분포는 정규분포에 근사한다는 것을 알 수 있다.

중심극한 정리

모집단의 분포와 상관없이 표본크기가 충분히 큰 경우 표본평균, 표본비율, 표본합의 확률분포함수는 정규분포를 따른다.

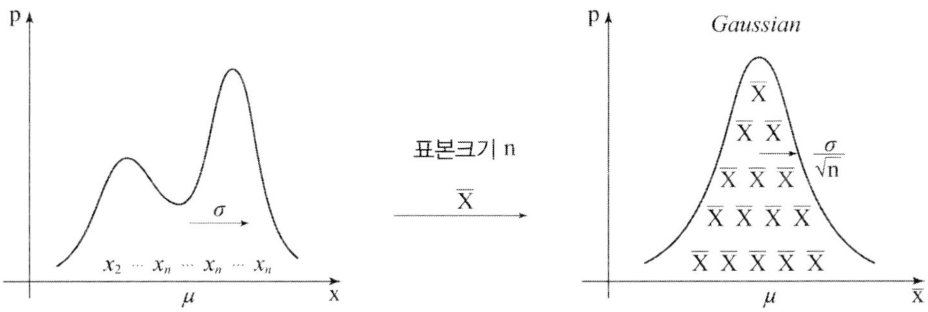

모집단 분포 / 평균의 샘플링 분포

4 누적 확률분포함수

definition

확률변수 X가 가질 수 있는 가장 적은 값(모든 확률변수를 커버하기 위하여 $-\infty$)부터 임의의 단일 값 x까지 확률을 누적한 값을 누적(cumulative) 확률분포함수라 한다.

기호: $F(x)=\sum_{-\infty}^{x} P(X=x)$ 이산형, $F(x)=\int_{-\infty}^{x} f(x)dx$ 연속형

property

- $F(x)$는 비감소함수이다. $x_1 < x_2 \leftrightarrow F(x_1) \le F(x_2)$
- $F(-\infty) = 0,\ F(\infty) = 1$
- 이산형 확률변수의 누적 확률분포는 계단함수이다.
- 연속형 확률변수에서는 $F'(x) = f(x)$

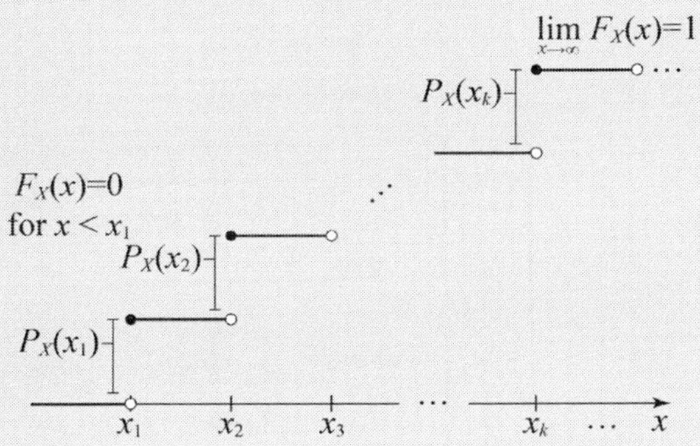

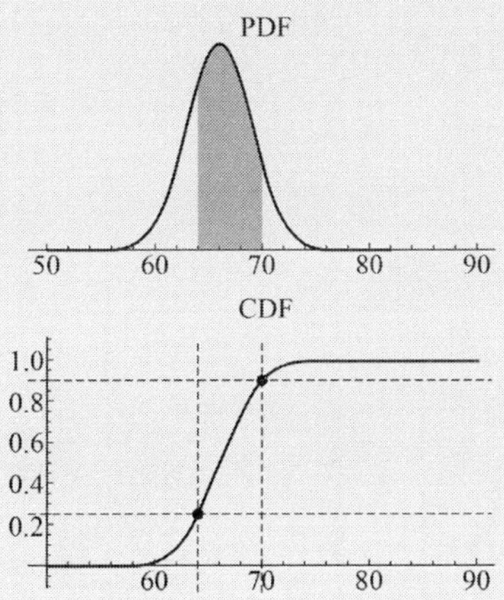

03 기댓값

확률밀도함수는 데이터의 분포(형태, 흩어진 정도)에 대한 정보는 주지만 요약값(모수, 통계량)에 대한 정보를 제공하지는 않는다. 확률밀도함수의 숫자적 요약을 기술 요약값이라 하는데 평균, 중앙값, 분산, 범위 등이 그 예이다. 모수, 표본인 경우에는 모집단의 기술 요약값을 통계량이라 한다.

통계학에서 기댓값은 확률 변수의 평균을 나타내는 개념으로 데이터의 확률적인 결과를 예측하는 데 사용되는 중요한 통계적 지표이다.

definition

확률변수 X가 확률밀도함수 $p(x)$, $f(x)$을 갖는다고 가정하자. 확률변수 X의 기댓값은 다음과 같이 정의한다. 데이터 분석에서는 확률변수 X의 기댓값을 평균이라 정의한다.

(이산형) $E(X) = \sum_x xP(x)$

(연속형) $E(X) = \int_{-\infty}^{\infty} xf(x)dx$

(모집단 평균) $\mu = E(X)$

definition

$(X-E(X))^2$의 기댓값을 확률변수 X의 분산(variance)이라 한다.

- 기호: $V(X) = E(X-E(X))^2$
- $V(X)$의 양의 제곱근은 확률변수 x의 표준편차(standard deviation)이다.
- 모집단 분산: $\sigma^2 = V(X)$

definition

확률변수 X의 함수 $g(X)$의 기댓값은 $E(g(X))$으로 정의한다.

- $g(X) = X$의 기댓값: 평균
- $g(X) = (X-E(X))^2$의 기댓값: 분산
- $g(X) = (X-E(X))^3$의 기댓값: 왜도(skewness) 확률 분포의 비대칭성을 나타내는 척도이다. 데이터 분포가 좌우 대칭인 경우 왜도는 0에 가까운 값을 가지고, 데이터 분포가 오른쪽으로 치우쳐진 경우에는 양수의 왜도를, 왼쪽으로 치우쳐진 경우에는 음수의 왜도를 갖는다.
- $g(X) = (X-E(X))^4$의 기댓값: 첨도 확률 분포의 뾰족함을 나타내는 통계적 척도로 데이터 분포의 꼬리 부분의 높이와 중앙 부분의 높이를 비교하여 분포의 뾰족함을 측정한다. 첨도는 데이터가 정규분포와 비교하여 뾰족한 정도를 나타내며, 정규분포와 비교하여 첨도가 0인 경우 이를 정규분포와 비슷하게 분포가 뾰족하지

않은 'mesokurtic' 분포라 하고, 정규분포와 비교하여 첨도가 0보다 작은 경우 이를 정규분포보다 더 완만한 'platykurtic' 분포(꼬리 부분이 더 납작하고 중앙 부분에 집중)라 한다. 정규분포와 비교하여 첨도가 0보다 큰 경우 이를 정규분포보다 더 뾰족한 'leptokurtic' 분포(분포의 꼬리 부분이 더 뾰족하고 중앙 부분에 대비해 꼬리 부분에 더 많은)라고 한다.

theorem

$c, a_1, a_2, \ldots, a_n$을 상수, $g(X)$는 확률변수 X의 함수, $X_1, X_2, \ldots, X_n$을 확률변수라 하자.

(1) $E(c) = c$

(2) $E(cg(X)) = cE(g(X))$

(3) $E(\sum_i^n a_i X_i) = \sum_i^n a_i E(X_i)$

(4) $E(\sum_i^n a_i g(X_i)) = \sum_i^n a_i E(g(X_i))$

example

분산 간편식 $V(X) = E(X)^2 - E(X^2)$을 증명하라.

증명

$$\begin{aligned} V(X) &= E(X - E(X))^2 = E(X^2 + E(X)^2 - 2XE(X)) \\ &= E(X^2) + E(X)^2(\text{정리 }(1)) - 2E(X)E(X)(\text{정리 }(1),(2)) = E(X^2) - E(X)^2 \end{aligned}$$

exercise

여자 3명, 남자 3명이 지원했다. 무작위로 2명을 선발할 때 선발될 남자의 수를 확률변수 X라 정의하자.

$$p(x) = \frac{\binom{3}{x}\binom{3}{2-x}}{\binom{6}{2}}, \ x = 0, 1, 2$$

$E(X)$, $E\left(\frac{1}{X}\right)$, $E(X^2 - 1)$, $V(X)$을 구하라. (풀이: 부록 14)

exercise

새로운 기계 A 혹은 B를 사려고 한다. t를 기계 작동 시간이라 하자. 기계 A의 일일 수리 횟수 X의 평균, 분산 각각 $0.1t$이고 기계 B의 일일 수리 횟수 Y는 평균, 분산 각각 $0.12t$을 갖는다. 기계 A의 일일 수리 비용 함수는 $C_A = 10t + 30X^2$, 기계 B의 수리 비용 함수는 $C_B = 8t + 30Y^2$이다. 기계를 10시간 사용할 때, 20시간 사용할 때 비용을 최소화하는 기계는? (풀이: 부록 15)

exercise

a, b는 상수, X는 이산형 확률변수일 때 $E(a+bX) = a + bE(X)$, $V(a+bX) = b^2 V(X)$임을 보여라. 이를 이용하여 $Z = \frac{X-\mu}{\sigma}$(표준화[standardized])의 평균과 분산을 구하라. (풀이: 부록 16)

exercise

세일즈맨이 하루에 고객 한 명을 만날 확률은 1/3, 두 명을 만날 확률은 2/3이다. 만났을 때 판매에 성공할 확률은 0.1, 실패할 확률은 0.9이다. 판매에 성공하면 500,000원을 번다. 확률변수 X을 일일 수입이라 정의할 때 $p(x)$, $E(X)$, $V(X)$을 구하라.

(풀이: 부록 17)

04 이산형 확률변수

1 개요

definition

확률변수의 (표본) 공간이 유한이거나 셀 수 있는 경우 이를 이산형 확률변수(discrete random variable)라 한다.

example

동전을 계속 던지는 실험에서 확률변수 X를 첫 앞면이 나올 때까지 던져야 하는 시행 횟수라 정의하자. 사건 $\{TTH\}$의 확률변수 $X(TTH)=2$이다.
X의 확률밀도 함수: 첫 성공까지 시행 횟수 x이므로 $(x-1)$번 연속 실패해야 한다.

$$p(x)=\left(\frac{1}{2}\right)^{x-1}\frac{1}{2}=\left(\frac{1}{2}\right)^{x}=x=1,2,\ldots\text{(기하분포)}$$

$$P(X\in\{1,3,5,\ldots\})=\Sigma_{x=1}^{n}\left(\frac{1}{2}\right)^{2x-1}=\frac{1/2}{1-1/4}=\frac{2}{3}$$

definition

이산형 확률변수 X 공간을 D라 하자. 이산형 확률변수의 확률밀도함수(probability mass function)는 다음과 같이 정의한다.

$$p_X(x)=P(X=x),\ \text{for}\ \ x\subset D$$

property

이산형 확률밀도함수는 다음 성질을 갖는다.

(1) $0 \le p_X(x) \le 1$, for $x \subset D$

(2) $\sum_{x \subset D} p_X(x) = 1$

example

주머니에 노란 공 20개, 초록 공 30개가 있다. 임의로 10개 공을 꺼냈을 때 초록 공의 개수를 확률변수 X라 정의하자.

확률변수의 공간: $D = \{0, 1, 2, \ldots, 10\}$

확률밀도함수: $p_X(x) = \dfrac{\binom{30}{x}\binom{20}{10-x}}{\binom{50}{10}}$, $x = 0, 1, 2, \ldots, 10$

2 변수변환

확률변수의 함수의 확률밀도함수를 구하는 것을 변수변환(transformation)이라 한다. 확률변수 X의 함수 $Y = g(X)$의 확률밀도함수를 구해보자.

Y 공간: $D_y = \{g(x);\ x \in D_X\}$

$Y = g(X)$의 확률밀도함수:

$$p_Y(y) = P_Y(Y = y) = P_{g(X)}(g(X) = y) = P_X(X = g^{-1}(y))$$

example

동전을 계속 던지는 실험에서 확률변수 X를 첫 앞면이 나올 때까지 던져야 하는 시행 횟수라 정의하자.

$$p(x) = \left(\frac{1}{2}\right)^{x-1}\frac{1}{2} = \left(\frac{1}{2}\right)^{x},\ \ x = 1, 2, \cdots$$

$Y = g(X) = X - 1$(실패 횟수)의 확률밀도함수를 구하라.

공간: $y = x - 1 = 0, 1, \ldots$

확률밀도함수:

$$P_Y(y) = P_Y(Y = y) = P_X(X - 1 = y) = P_X(X = y + 1) = \left(\frac{1}{2}\right)^{y+1},\ y = 0, 1, 2, \ldots$$

example

확률변수 X의 확률밀도함수를 $p(x) = \binom{3}{x}\left(\frac{2}{3}\right)^{x}\left(\frac{1}{3}\right)^{3-x}$, $x = 0, 1, 2, 3 \sim B(n = 3,$ $p = \frac{2}{3})$이라 할 때 $Y = g(X) = X^2$의 확률밀도함수를 구하라.

공간: $y = x^2 = 0, 1, 4, 9$

$X > 0$이므로 $X = \sqrt{y}$이다.

확률밀도함수:

$$P_Y(y) = P_Y(Y = y) = P_X(X = \sqrt{y}) = \binom{3}{\sqrt{y}}\left(\frac{2}{3}\right)^{\sqrt{y}}\left(\frac{1}{3}\right)^{3-\sqrt{y}},\ y = 0, 1, 4, 9$$

exercise

확률변수 X의 확률밀도함수는 $p(x) = \left(\frac{1}{4}\right)^{x}$, $x = 1, 2, 3, \ldots$ 이다. $Y = X^3$의 확률밀도함수를 구하라. (풀이: 부록 18)

exercise

확률변수 X의 확률밀도함수는 $p(x) = \frac{1}{3}$, $x = -1, 0, 1$이다. $Y = X^2$의 확률밀도함수를 구하라. (풀이: 부록 19)

3 이산형 균일분포

유한한 개수의 이산적인 값들이 동일한 확률로 발생하는 경우를 나타내는 분포로, 모든 가능한 값들이 발생할 확률이 동일하며 보통 $[a,b]$ 구간 내의 정수값들에 대해 정의된다.

① 주사위(동전) 게임: 가장 대표적인 사례로 6면체 주사위를 던졌을 때 나올 수 있는 눈의 수는 1부터 6까지이며 각 눈의 확률은 1/6이다. 동전은 1(앞면), 2(뒷면)이고 각 면의 확률은 1/2이다.

② 난수생성: 컴퓨터 과학에서 난수생성기는 이산형 균일분포를 활용하여 난수를 생성하는데, 특정 범위 내의 정수값을 균일하게 생성하는 데 사용될 수 있다.

③ 설문 조사 결과 분석: 설문 조사에서 여러 선택지 중에서 랜덤으로 선택하는 경우 이산형 균일분포를 활용하여 각 선택지의 확률을 계산할 수 있다.

④ 게임 이벤트 확률 설정: 컴퓨터 게임이나 보드게임에서 특정 이벤트가 발생할 확률을 설정할 때 이산형 균일분포를 사용할 수 있다. 예를 들어, 아이템 드롭 확률이나 특정 상황에서의 성공 확률을 균일하게 설정할 수 있다.

⑤ 임의 샘플링: 임의로 선택된 항목을 조사하거나 분석하는 경우 이산형 균일분포를 사용하여 샘플을 생성할 수 있는데, 로또와 같은 추첨 이벤트에서 각 번호의 등장 확률을 나타낼 때 이산형 균일분포를 활용할 수 있다.

이산형 균일분포

$p(x) = \frac{1}{k}$, $x = 1,2,\ldots,k$. 단, k는 정수이다.

평균/분산: $E(X) = \frac{k+1}{2}$, $V(X) = \frac{(k-1)(k+1)}{12}$

모수: k

python

(1) 로또(1~45) 번호 5개를 임의 추출하는 코딩을 작성하라.

`mport scipy.stats as st` `st.randint.rvs(1,45, size=6)`	`array([22, 41, 9, 22, 19, 37])`

(2) 주사위 각 면이 나타날 확률이 서로 다른 주사위 10번 던지는 실험 코딩하라.

`import numpy as np`
`from scipy import stats`
`xk = np.arange(1,7)`
`pk = (0.1, 0.2, 0.3, 0.1, 0.1, 0.2)`
`stats.rv_discrete(values=(xk,`
`pk)).rvs(size=10)`
	`array([3, 2, 3, 6, 2, 1, 5, 3, 3,`
	`2])`

4 베르누이 분포

베르누이 시행

베르누이 시행(Bernoulli trial)은 통계학에서 사용되는 확률실험의 하나로 두 가지 가능한 결과 중 하나가 나타나는 실험을 의미한다. 예를 들어 동전 던지기, 로또 당첨여부 등이 베르누이 시행의 예이다. 베르누이 시행은 다음과 같은 성질을 가지고 있다.

① 결과는 두 가지 가능한 값 중 하나일 수 있다. 보통 '성공'과 '실패'로 표현되며 성공은 1로 나타내고 실패는 0으로 나타낸다.

② 각 시행은 서로 독립적(independent)이다. 이전 시행의 결과는 현재 시행에 영향을 미치지 않는다는 것을 의미하며 예를 들어 동전을 여러 번 던질 때 각 동전 던지기는 독립적인 베르누이 시행으로 간주된다.

③ 매 확률실험에서 성공 확률(p)과 실패 확률($1-p$)은 고정되어 있어 각각의 시행에서 성공 확률과 실패 확률은 동일하게 유지된다.

베르누이 분포 $X \sim B(1,p)$

$X \sim B(1,p)$: $p(x) = p^x(1-p)^{1-x}, \; x = 0,1$

평균/분산: $E(X) = p, \; V(X) = p(1-p)$

모수: p

활용: 이진형 결과 모형에 사용되며 머신러닝에서는 감염여부, 성공여부, 스팸여부 예측에 베르누이 분포를 활용하여 학습시킨다.

베르누이 분포에서 p를 모수라 한다. 확률분포함수에서 모수 값을 알면 확률밀도함수를 그릴 수 있다는 것이므로 확률변수의 모든 값, 구간에서 확률을 계산할 수 있다는 의미이다.

property

① 3개 이상의 범주를 갖는 베르누이 분포의 일반 모형은 다항분포함수이다.
② $X \sim B(0.5)$이면 $(2X-1)$은 Rademacher 분포(bootstrapping 기법에 사용되는 변수)를 따른다.

example

베르누이 분포의 평균과 분산이 각각 p, $p(1-p)$임을 보여라.

증명

$E(X) = \sum_{x=0}^{1} x p^x (1-p)^{1-x} = p, \; E(X^2) = \sum_{x=0}^{1} x^2 p^x (1-p)^{1-x} = p,$

$V(X) = E(X)^2 - E(X^2) = p^2 - p = p(1-p)$

python

(1) 불량률이 $p = 0.1$인 베르누이 분포를 따르는 데이터(확률변수) 10개를 추출하라.
(2) 불량률이 $p = 0.1$인 베르누이 확률밀도함수와 누적 확률분포함수를 그려라.

풀이

```
import numpy as np
import matplotlib.pyplot as plt
x=np.arange(0,2) # x=0,1
p=0.1
px=st.bernoulli.pmf(x,p)
Fx=st.bernoulli.cdf(x,p)
sx=[str(0),str(1)]
import numpy as np
plt.figure(figsize = [10, 5])
plt.subplot(1,2,1) #1행, 2열 그래프,
첫번째 그림
plt.bar(sx,px, color='orange')
plt.subplot(1,2,2)
plt.bar(sx,Fx,color='green')
```

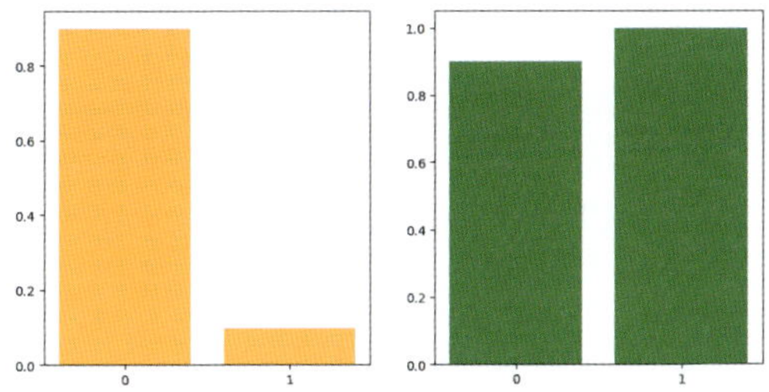

```
import scipy.stats as st
x=st.bernoulli.rvs(0.1,size=
10)
 #n=10 랜덤 데이터 생성
x
```

array([0, 1, 0, 0, 0, 0, 1, 0, 0, 0]) *#랜덤 시드 사용하여 매번 생성 결과가 다름* random_stat=정수 사용하면 동일한 값이 생성된다.

5 이항분포

n번의 베르누이 시행에서 성공 횟수, 확률변수 X는 이항분포(binomial)를 따른다.

이항분포 $X \sim B(n,p)$

$X \sim B(n,p):\ p(x) = \binom{n}{x} p^x (1-p)^{n-x},\ x = 0, 1, \ldots, n$

평균/분산: $E(X) = np,\ \ V(X) = np(1-p)$

모수: $n,\ p$

활용: 실험 횟수가 정해진 실험에서 성공 횟수 (사례) 품질 관리: 제조업 분야에서 생산

공정의 품질을 평가하기 위해 이항분포를 사용하고 있다.

python

```
scipy.stats.binom.ppf(q, n, p) / *.pmf(x, n, p) / *.rvs(n, p,loc=0, size= ,
random_state=)
```

property

① 서로 독립이고 성공 확률이 p인 베르누이 분포를 따르는 $X_1, X_2, \ldots, X_n$의 합 $\sum_{i=1}^{n} X_i$ 분포는 이항분포 $B(n,p)$를 따른다.

② $X \sim B(n,p), Y \sim B(m,p)$이고 서로 독립이면 $X+Y \sim B(n+m,p)$이다.

③ 일반화: $X_i \sim B(n_i,p)$가 서로 독립이면 $\sum_{i=1} X_i \sim B(\sum_i n_i, p)$이다.

④ $X \sim B(n,p)$이면 $n-X \sim B(n,1-p)$이다.

⑤ $X \sim B(n,p)$는 포아송분포의 특수한 형태이다. $B(n,p) \xrightarrow{n \to \infty} P(\lambda = np)$

⑥ 서로 독립인 $X \sim B(n,p_1), Y \sim B(m,p_2)$의 비

$$\log(T) = \log\left(\frac{\frac{X}{n}}{\frac{Y}{m}}\right) \sim (app) N(\log\left(\frac{p_1}{p_2}\right), \frac{\frac{1}{p_1}-1}{n} + \frac{\frac{1}{p_2}-1}{m})$$에 근사한다.

theorem

(1) $p(x) = \binom{n}{x} p^x (1-p)^{n-x}$ 확률밀도함수임을 보여라.

증명

$$\sum_{x=0}^{n} \binom{n}{x} p^x (1-p)^{n-x} = (\text{이항전개})(p+1-p)^n = 1$$

(2) $X \sim B(n,p)$인 경우, $E(X) = np$, $V(x) = npq$임을 보여라.

증명

$$E(X) = \sum_{x=0}^{n} x \binom{n}{x} p^x (1-p)^{n-x}$$

$$= np\sum_{x=1}^{n}\frac{(n-1)}{(n-x)!(x-1)!}p^{x}(1-p)^{n-x}(\because x=0,\ xp^{x}=0)$$

$$= np\sum_{z=0}^{n-1}\binom{n-1}{z}p^{z}(1-p)^{n-1-z}(z=x-1\text{이라 놓자})=np$$

동일한 방법으로 $E(X(X-1))=n(n-1)p$임을 보일 수 있다.

$E(X(X-1))=E(X^2)-E(X) \rightarrow E(X^2)=n(n-1)p^2+np$

그러므로 $V(X)=E(X^2)-E(X)^2=np(1-p)$

example

(1) 학생들 중 감기 환자가 20%이다. 학생 3명을 임의로 선택하고 확률변수 X를 감기에 걸린 학생 수라 정의할 때 X의 확률밀도함수를 구하라.

$X \sim B(n=3, p=0.2)$

(2) 학생을 15명 임의 선택하였을 때 그중 적어도 한 명이 환자일 확률을 구하라.

$P(X \geq 1)=1-P(X=0)=0.965$

풀이

X	$P(X=x)$
0	0.512
1	0.384
2	0.096
3	0.008

python

`import numpy as np`
`import scipy.stats as st`
`n=3`
`x=np.arange(0,4)`
`px=st.binom.pmf(x,n,p=0.2)`
`px`
	`array([0.512, 0.384, 0.096, 0.008])`

`1-st.binom.cdf(0,15,p=0.2)`	`0.964815627911168`

example

확률변수 $X \sim B(n,p)$이다. 확률변수 $(n-X)$(실패 횟수)의 확률분포함수가 $X \sim B(n,1-p)$임을 보여라.

증명

$$f(x) = \binom{n}{x} p^x (1-p)^{n-x},\ x = 0,1,2,\ldots,n$$

$Y = n - X$라 놓으면 $y = 0,1,2,\ldots,n$

$$g(y) = \binom{n}{n-y} p^{n-y} (1-p)^n,\ y = 0,1,2,\ldots,n \sim B(n,1-p)$$

example

파이썬에서 확률변수 $X \sim B(n=15, p=0.1)$를 따르는 데이터 10개를 생성하고 확률밀도함수와 누적 확률분포함수를 그려라.

python

```
import numpy as np
import scipy.stats as st
import matplotlib.pyplot as plt
x=np.arange(0,21)
n=20;p=0.1
px=st.binom.pmf(x,n,p)
Fx=st.binom.cdf(x,n,p)
import numpy as np
plt.figure(figsize = [10, 5])
plt.subplot(1,2,1)
plt.bar(x,px, color='orange')
plt.subplot(1,2,2)
plt.bar(x,Fx,color='green')
```

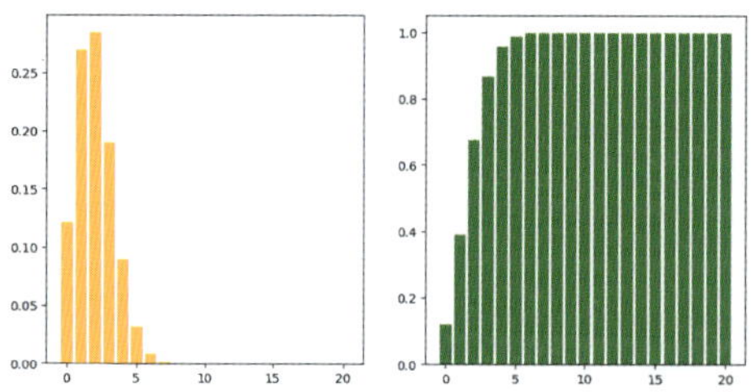

```
import scipy.stats as st
x=st.binom.rvs(15,0.1,size=10,
random_state=1)
x
```

array([1, 2, 0, 1, 0, 0, 0, 1, 1, 1]) #시드 3을 사용하여 매번 동일 데이터 생성

exercise

헌혈 지원자의 80%는 헌혈 가능자라 하자.

(1) 5명을 임의 추출했을 때 적어도 한 명이 헌혈 가능한 사람일 확률을 계산하라.

(2) 많아야 4명이 헌혈 가능한 사람일 확률을 구하라. (풀이: 부록 20)

그룹 검사(Group Testing)

코로나 감염률이 10%이다. 5명 시료를 한꺼번에 진단한 후 양성이 나오면 5명 모두를 개별적으로 재검사한다. 따라서 양성이 나오면 검사를 6번 하지만 음성이 나오면 1번만 하면 된다. 개별 검사의 진단 횟수는 5번이다. 어느 진단 방법이 유리한가? 단, 희석 효과(dilution effect)는 없다. 여기서 희석 효과란 2개 이상의 시험 채취가 결합되어 실제 있는 양성이 시험에서 양성으로 진단되지 않는 효과를 의미한다.

(1) 5명을 한꺼번에 조사했을 때 5명 모두 양성이 나올 확률=

$P(X=0 \mid X \sim B(5,0.1)) = 0.59$

(2) 그러므로 5명 중 적어도 한 명이 양성이어서 5개 모두 검사 횟수 기댓값은

$E(X) = 1*0.59 + 6*0.41 = 3.05$

(3) 5명을 개별 검사하면 5회 검사이므로 그룹 검사 방법이 더 효과적이다.

6 기하분포

성공 확률이 p인 베르누이 시행에서 첫 성공이 있기까지 실험(시행) 횟수를 확률변수 X라 정의하면 기하분포(geometric)를 따른다.

기하분포 $X \sim G(p)$

$X \sim G(p): p(x) = p(1-p)^{x-1}, \ \ x = 1, 2, \ldots$

평균/분산: $E(X)=\dfrac{1}{p}$, $V(X)=\dfrac{(1-p)}{p^2}$

모수: p

활용: 사건 발생 확률이 p인 사건이 발생할 때까지 걸리는 시간, 고장 확률이 p인 기계가 고장날 때까지 걸리는 시간, 머신러닝에서 훈련 시간(훈련 데이터를 사용하여 머신러닝 모델을 학습할 때, 반복적인 학습 시행을 통해 모델이 수렴하는 시행 횟수 [이산형 기다리는 시간])

python

```
scipy.stats.geom.ppf(q, p) / *.pmf(x, p) / *.rvs(p,loc=0, size=)
```

property

① 기하분포 $X \sim G(p)$는 음이항분포 $X \sim NB(r=1,p)$의 특수한 분포이다.

② 무기억성(memoryless property): s번까지 성공 사건이 발생하지 않은 상황에서 다시 t번 시행까지 성공이 발생하지 않을 확률은 처음부터 t번 시행까지 성공이 발생하지 않을 확률과 동일하다. $P(X>t \mid X>s)=P(X>t)$

③ $X_i \sim G(p_i)$을 갖고 서로 독립인 경우

$W=\min_{i=1,2,\ldots,m} X_i \sim G(1-\Pi_i(1-p_i))$분포이다.

④ 기하분포는 사건 발생 시간에 대한 이산형 분포 함수이므로 연속형 사건 발생 시간에 대한 분포인 지수분포와 다음의 관계가 있다.

$X \sim \text{expential}(\lambda)$: $Y=\lfloor X \rfloor \sim G(p=1-e^{-\lambda}=-\ln(1-p))$,

$\lfloor x \rfloor$ 함수는 floor 함수로 x를 넘지 않는 최대 정수이다. $\lfloor 3.21 \rfloor =3$이다.

⑤ $X \sim G(p=\dfrac{1}{n})$이면 $\dfrac{X}{n} \sim \text{exponential}(1)$이다.

example

기계 A가 1시간 동안 오작동할 확률은 0.05이다. 이 기계가 5시간 이상 오작동 없이 작동할 확률($P(X > 5 \mid X \sim G(p = 0.05)) = P(X \le 4)$)을 구하라. $X \sim G(p = 0.05)$ 확률밀도함수와 확률분포함수를 그려라.

python

```
import numpy as np
import scipy.stats as st
import matplotlib.pyplot as plt
x=np.arange(0,51) # 평균=20이므로 x-축
50까지
p=0.05
px=st.geom.pmf(x,p)
Fx=st.geom.cdf(x,p)
import numpy as np
plt.figure(figsize = [10, 5])
plt.subplot(1,2,1)
plt.bar(x,px, color='orange')
plt.subplot(1,2,2)
plt.bar(x,Fx,color='green')
```

```
import scipy.stats as st
1-st.geom.pmf(4,0.05)
```

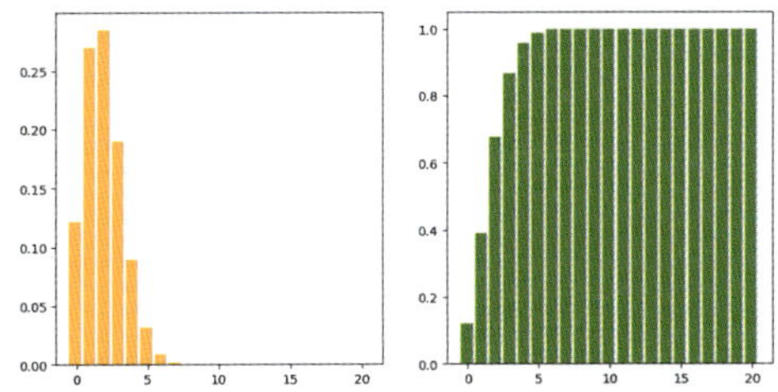


```
0.95713125
```

theorem

$X \sim G(p)$의 평균이 $\mu = \dfrac{1}{p}$임을 보여라.

증명

$E(X) = \Sigma_{i=1}^{\infty} xp(1-p)^{x-1} = p\Sigma_{i=1}^{\infty} x(1-p)^{x-1}$. $q = (1-p)$이라 하자.

$\frac{d(q^x)}{dq} = xq^{x-1}$을 이용하면 $\frac{d(\Sigma_{x=1}^{\infty} q^x)}{dq} = \Sigma_{x=1}^{\infty} xq^{x-1}$ 성립한다.

$E(X) = p\Sigma_{i=1}^{\infty} xq^{x-1} = p\frac{d}{dq}(\Sigma_{=1}^{\infty} q^x) = p\frac{d}{dq}\left(\frac{q}{1-q}\right) = \frac{1}{p}$

exercise

은행에 고객이 임의의 1초에 창구를 찾을 확률은 0.1이고 고객이 창구를 찾는 사건은 서로 독립이라고 가정하자.

(1) 3초에 첫 손님이 올 확률을 계산하라.

(2) 적어도 3초 안에는 첫 손님이 오지 않을 확률을 계산하라.

(3) 첫 손님이 오려면 몇 초나 기다려야 할까? (풀이: 부록 21)

exercise

확률변수 $X \sim G(p)$일 때 $P(X \geq a+b \mid X \geq a) = P(X \geq b)$임을 보여라. 이를 기하분포의 무기억성(memoryless property)이라 한다. (풀이: 부록 22)

7 음이항분포

성공 확률이 p인 베르누이 시행에서 r번 성공이 있기까지 실패 횟수를 확률변수 X라 정의하면 음이항분포를 따른다. 음이항(negative binomial)이란 이항분포의 역을 의미하는데, 이항분포는 n번 베르누이 시행에서 성공의 횟수라면 음이항분포는 r번 성공할 때까지 실패(성공+실패=실험회수) 횟수에 대한 분포이다.

◆ 음이항분포 $X \sim NB(r,p)$

$X \sim NB(r,p)$: $p(x) = \binom{x+r-1}{x} p^r (1-p)^x,\ x = 0,1,2,\ldots$

평균/분산: $E(X) = \dfrac{r(1-p)}{p},\ V(X) = \dfrac{r(1-p)}{p^2}$

모수: $r,\ p$

활용: 독립적 기하분포의 합이 음이항분포로 기하분포의 응용과 동일하다. 첫 사건 발생까지 시행 횟수, r번 사건이 발생할 때 시행 차수(실패+성공) 차이만 있다.

python

```
scipy.stats.nbinom.ppf(q, r, p) / *.pmf(x, r, p) / *.rvs(r, p, loc=0, size=)
```

property

① 기하분포 $X \sim G(p)$는 음이항분포 $X \sim NB(r=1,p)$의 특수한 분포이다.

② $X_i \sim G(p)$(기하분포)을 갖고 서로 독립인 경우 $\sum_{i=1}^{r} X_i \sim NB(r,\ p)$ 음이항분포이다.

③ $X \sim NB(r,p),\ Y \sim B(r+s,p)$를 따른다면 $P(X \leq s) = 1 - P(Y \leq r-1) = P(Y \geq r)$, 즉 $(r+s)$ 시행 후에 적어도 r회 성공할 확률이다.

theorem

확률변수 $X \sim NB(r,p)$의 평균과 분산이 $E(X) = \dfrac{r(1-p)}{p},\ V(X) = \dfrac{r(1-p)}{p^2}$임을 증명하라.

증명

확률변수 $X_1, X_2, \ldots, X_r$가 서로 독립이고 기하분포 $G(p)$를 따른다고 하자. $X \sim NB(r,p) = \sum_{i=1}^{r} X_i - r$이다. 따라서 평균은 $E(X) = \dfrac{r}{p} - r = \dfrac{r(1-p)}{p}$이고 분산은 $V(X) = V(\sum_{i=1}^{r} X_i - r) = V(\sum_{i=1}^{r} X_i) = \sum_{i=1}^{r} V(X_i \sim G(p)) = \dfrac{r(1-p)}{p^2}$이다.

example

지질학 연구 결과 석유 탐사 중 석유 발견 확률은 0.2이다.

(1) 3번째 탐사에서 처음 석유가 발견될 확률을 계산하라.

(2) 7번째 탐사에서 3번째 석유가 발견될 확률을 계산하라.

(3) 3번째 석유가 20번 탐사 이내 발견될 확률을 계산하라.

(4) 3번째 석유 발견을 위하여 적어도 20번 이상 탐사할 확률을 계산하라.

(5) 석유가 3개 발견될 때까지 시추를 계속하기로 하였다. 몇 번 정도 시추해야 하는가?

(6) $X \sim NB(r=3, p=02)$ 확률밀도함수와 누적 확률분포함수를 그려라.

풀이

0.128 / 0.049 / 0.794 / 0.237 / 27 / 12

python

```
import scipy.stats as st
p=0.2
p1=st.nbinom.pmf(2,1,p)
p2=st.nbinom.pmf(4,3,p)
p3=st.nbinom.cdf(17,3,p)
p4=1-st.nbinom.cdf(16,3,p)
p5=st.nbinom.ppf(0.95,3,p)
p1,p2,p3,p4,p5,3*(1-p)/p
```

```
import numpy as np
import scipy.stats as st
import matplotlib.pyplot as plt
x=np.arange(0,51) # 평균=48이므로 x-축 50까지
p=0.2;r=3
px=st.nbinom.pmf(x,r,p)
Fx=st.nbinom.cdf(x,r,p)
import numpy as np
plt.figure(figsize = [10, 5])
plt.subplot(1,2,1)
plt.bar(x,px, color='orange')
plt.subplot(1,2,2)
plt.bar(x,Fx,color='green')
```

```
(0.12799999999999997,
0.04915200000000004,
0.7939152810515259,
0.23688934039968834,
27.0,
12)
```

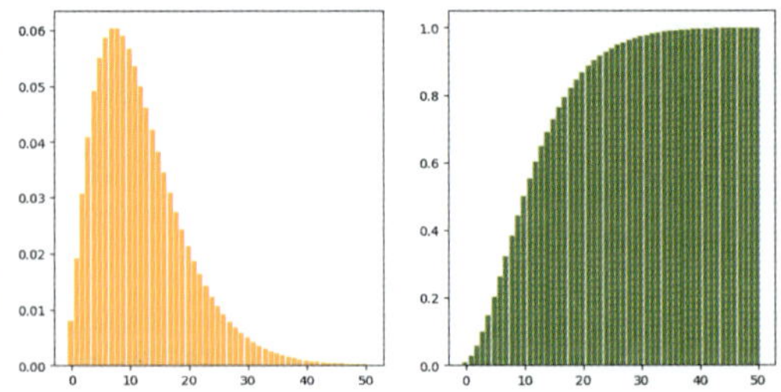

exercise

제품의 10%는 불량이다. 제품을 하나씩 검사하는 과정에서

(1) 첫 불량품이 2번째 검사에서 발견될 확률을 계산하라.

(2) 5번째 시행에서 세 번째 불량 제품이 발견될 확률을 계산하라.

(3) 5번째 시행 혹은 그 전 시행에서 세 번째 불량 제품이 발견될 확률을 계산하라.

(풀이: 부록 23)

8 초기하분포

크기 N 모집단은 서로 다른 두 집단으로 구성되어 있고 한 (관심) 그룹은 M개 원소, 다른 그룹은 $(N-M)$개 원소로 구성되어 있다. 모집단으로부터 크기 $n \le N$의 표본을 뽑을 때 M개 원소인 그룹에서 뽑힌 원소의 개수를 확률변수 X라 정의할 때 확률밀도함수는 다음과 같으며 이를 초기하분포(hyper geometric)라 한다.

초기하분포 $X \sim HG(N, M, n)$

$X \sim HG(N, M, n)$:

$$p(x) = \frac{\binom{M}{x}\binom{N-M}{n-x}}{\binom{N}{n}},\ x = 0, 1, 2, \ldots, \min(n, M,),\ x \le M,\ n-x \le N-M$$

평균/분산: $E(X) = n\frac{M}{N},\ V(X) = n\frac{M}{N}\frac{n-M}{N}\frac{N-n}{N-1}$

모수: N, M, n

활용: 포획-재포획(capture and recapture) 문제 - 지리산에 멧돼지가 몇 마리인지 추정하기 위하여 각 지역에서 확률적으로 10마리(M) 멧돼지를 포획한 후 일정 표식 후 포획 지역에 다시 놓아주었다. 일정 기간이 지난 후 이전 포획 지역에서 20마리(n)를 포획하였더니 3마리에 표식이 있었다. $P(X=3 | X \sim HG(\hat{N}, M=10, N=20))$

python

```
scipy.stats.hypergeom.ppf(q, N, M, n) / *.pmf(x, N, M, n) / *.rvs(r,
N, M, n, loc=0, size=)
```

property

① 초기하분포 $X \sim HG(N, M, n=1)$는 베르누이 분포 $X \sim B\left(p=\frac{M}{N}\right)$ 분포이다.

② 이항분포는 복원(with replacement) 표본 추출이고 초기하분포는 비복원(without replacement) 추출이다.

③ 모집단 크기 N이 커지면 초기하분포 $X \sim HG(N, M, n)$는 이항분포 $B(n,\ p=\frac{M}{N})$에 근사한다.

theorem

(1) $X \sim HG(N, M, n)$ 평균은 $n\frac{M}{N}$이다.

(2) N이 커지면 $HG(N, M, n)$ 분포는 $B(n,\ p=\frac{M}{N})$ 근사한다.

example

초원에 서식하는 얼룩말 수(N)를 추정하려고 한다. M마리 얼룩말을 잡아 표식을 붙이고 놓아주었다. 일정 기간이 지난 후 n마리 얼룩말을 잡아 표식 여부를 확인하였다. n마리 중 표식이 있는 얼룩말의 수를 확률변수 X라 정의하자. 그리고 $M=4,\ n=3$이라고 가정하자.

(1) $P(X=1)$일 확률을 구하라.

(2) $P(X=1)$을 최대화하는 모집단 얼룩말 수 N을 추정하라.

풀이

0.495

python

```
import numpy as np
import matplotlib.pyplot as plt
N=np.arange(15)
HG=st.hypergeom.pmf(1,N+4,4,3)
plt.plot(N,HG)
plt.axhline(st.hypergeom.pmf(1,12,4,3))
plt.axhline(st.hypergeom.pmf(1,11,4,3),
color="red",lw=0.5)
plt.title('P(X=1) max at 7 or 8')
plt.show()
```

```
#초기하분포 X~HG(N,K,n)
import scipy.stats as st
st.hypergeom.pmf(1,14,4,3)
```

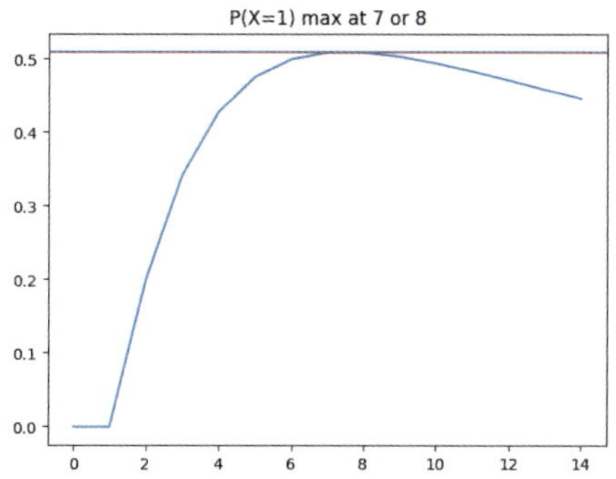


```
0.4945054945054945
```

example

20명의 학생 중 10명을 무작위(랜덤)로 뽑아 면접 조사를 실시한다. 10명을 뽑았을 때 20명 중 가장 뛰어난 5명이 포함되어 있을 확률을 계산하라.

풀이

$P(X=5|X \sim HG(20,5,10))$

`st.hypergeom.pmf(5,20,5,10)` 0.01625

example

25개들이 사과 상자에 6개의 불량 사과가 있다. 10개를 임의 추출하여 사과 불량 여부를 체크하여 불량이 없으면 사과를 구입한다고 하자(acceptance sampling). 사과를 구입할 확률을 구하라.

풀이

$P(X=0|X \sim HG(25,5,10))$

`st.hypergeom.pmf(0,25,6,10)` 0.028

exercise

사과 한 상자에 사과가 20개 들어 있다. 5개를 임의로 골라 상태를 보고 불량 사과가 없으면 구입한다. 만약 4개의 불량 사과가 있는 상자를 골라 검사할 때

(1) 사과 상자를 구입하지 않을 확률은?

(2) 검사하는 5개 사과 중 불량 사과의 기대 개수는? (풀이: 부록 24)

exercise

라디오에 6개의 트랜지스터가 있는데 그중 2개는 불량이라고 하자. 3개의 트랜지스터를 임의 선택하여 검사할 때 불량의 개수를 확률변수 X라 정의한다. 이때 확률밀도함수를 계산하라.

풀이

$X \sim HG(n=3,\ M=2,\ N=6)$

9 포아송분포

단위 시간, 면적에서 임의의 사건 성공 횟수에 관심을 갖는 경우를 생각하자. 정류장에 도착하는 버스 수(시간당), 한 페이지당 오타 개수, 은행 창구를 찾는 고객 수(10분당) 등이 포아송분포(poisson)의 예이다.

definition

다음 조건을 만족하는 단위 구간의 사건 발생 횟수는 모수 λ을 갖는 포아송 프로세스이다.

① 단위 구간의 각 사건은 서로 독립적으로 발생한다.

② 넓이 h가 충분히 작은 구간의 사건 발생 확률은 λh이다.

③ 충분히 작은 구간의 2번 이상 사건 발생 확률은 0이다.

시간이나 면적을 각 구간에서는 많아야 하나의 사건이 일어나도록 동일 크기의 구간으로 나누자. 구간의 수를 n이라 하고 각 구간에서 사건이 발생할 확률을 p라고 하자. 그러므로 각 구간에서 사건이 일어나지 않을 확률은 $(1-p)$이고 각 구간은 마치 베르누이 시행과 같은 실험이 된다.

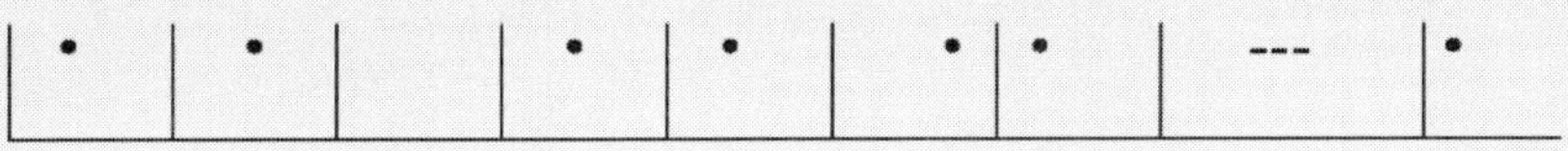

$e^{-\lambda}=\lim_{n\to\infty}\left(1-\frac{\lambda}{n}\right)^n$ 사실을 이용하여 다음을 증명할 수 있다. 모수 (n,p)인 이항분포는 모수 $\lambda=np$인 포아송분포에 근사한다.

$$\lim_{n\to\infty}\binom{n}{x}p^x(1-p)^{n-x}=\lim_{n\to\infty}\binom{n}{x}\left(\frac{\lambda}{n}\right)^x\left(1-\frac{\lambda}{n}\right)^{n-x}$$

$$=\frac{\lambda^x}{x!}\lim_{n\to\infty}\left(1-\frac{\lambda}{n}\right)^n\left(1-\frac{\lambda}{n}\right)^{-x}\frac{n(n-1)(n-x+1)}{n^x}=\frac{\lambda^x}{x!}e^{-\lambda}$$

$$\because \lim_{n\to\infty}\left(1-\frac{\lambda}{n}\right)^{-x}\frac{n(n-1)(n-x+1)}{n^x}=1$$

포아송분포 $X\sim P(\lambda)$

$X\sim P(\lambda)$: $p(x)=\frac{e^{-\lambda}\lambda^x}{x!}$, $x=0,1,2,\ldots$

평균/분산: $E(X)=\lambda$, $V(X)=\lambda$(평균과 분산이 동일)

모수: λ

활용

① 도착 패턴: 특정 사건이 시간 또는 공간 단위로 도착하는 패턴을 모델링할 때 포아송분포를 사용할 수 있다. 예를 들어, 트래픽 흐름이나 고객의 도착 패턴을 포아송분포로 모델링할 수 있다.

② 고장 발생: 기계의 고장 발생률을 모델링, 예를 들어 특정 기계의 고장 발생률이 λ인 경우, 주어진 시간 동안 고장이 발생하는 횟수를 포아송분포로 모델링할 수 있다.

③ 흡수/희석 작용: 화학 반응이나 방사능 붕괴와 같은 흡수 또는 희석 작용을 모델링, 예를 들어 방사능 물질에서 방출되는 입자의 수를 모델링할 때 포아송분포를 활용할 수 있다.

④ 머신러닝에서의 이상 탐지: 이상 탐지 문제에서는 정상적인 사건의 발생을 포아송분포로 모델링하고 이상 사건은 그 분포에서 벗어나는 것으로 간주한다.

python

```
scipy.stats.poi.ppf(q, mu) / *.pmf(x, mu) / *.rvs(mu=  loc=0, size=)
```

property

① 설정한 단위(시간, 공간)당 평균 발생 건수가 λ인 사건의 발생 횟수는 포아송분포를 따른다.

② 단위 구간 평균 발생 횟수는 구간의 크기에 비례한다. $X \sim P(\lambda) \leftrightarrow kX \sim P(k\lambda)$

③ 분포의 가법성(additivity): 서로 독립인 포아송분포 $X_i \sim P(\lambda_i)$ 합은 포아송분포 $\sum_i^n X_i \sim P(\sum_i^n \lambda_i)$이다. 가법성을 갖는 연속형 확률변수는 감마분포와 정규분포이다.

theorem

$X \sim P(\lambda)$일 때 $E(X) = \lambda$임을 증명하라.

증명

$$E(X) = \Sigma_{x=0}^{\infty} x \frac{e^{-\lambda}\lambda^x}{x!} = \lambda \Sigma_{x=1}^{\infty} \frac{e^{-\lambda}\lambda^{x-1}}{(x-1)!} = (z = x-1\text{라 놓자.})$$

$$= \lambda \Sigma_{z=0}^{\infty} \frac{e^{-\lambda}\lambda^z}{(z)!} = \lambda$$

example

초원에 서식하는 얼룩말의 수는 1에이커당 평균 5마리이고 포아송분포를 따른다고 하자.

(1) 0.5에이커를 무작위 조사하였을 때 얼룩말을 하나도 보지 못할 확률은?

$P(X=0|X \sim P(\lambda = 5*0.5))$

(2) 2에이커를 조사했을 때 15마리 이상 볼 확률은?

$P(X \geq 15 \mid X \sim P(\lambda = 5*2)) = 1 - P(X \leq 14)$

풀이

0.61 / 0.083

python

```#포아송분포 X~P(lambda) import scipy.stats as st st.poisson.pmf(0,0.5) #P(X=0│P(2.5))```	```#포아송분포 X~P(lambda) import scipy.stats as st 1-st.poisson.cdf(14,10) #P(X>=15│P(10))```
0.6065306597126334	0.0834584729346628

example

n이 커지면 이항분포가 포아송분포에 근사한다는 것을 $X \sim B(n=20, p=0.05)$일 때 $P(X \leq 2)$ 확률을 구하는 문제에서 알아보자. $n=50$일 때는 더 근사한다.

(1) 이항분포를 이용하여 계산하라.

(2) 포아송분포를 이용하여 계산하라. $P(\lambda = np = 1)$

풀이

0.920 포아송분포 / 0.925 이항분포

python

#포아송분포 import scipy.stats as st st.poisson.cdf(2,1)	#이항분포 import scipy.stats as st st.binom.cdf(2,20,0.05)
0.9196986029286058	0.9245163262115037

exercise

하루 8시간 작업 시간 중 기계가 멈춰 서는 횟수는 평균이 2인 포아송분포를 따른다. 0.367 / 40

(1) 4시간 작업하였으나 기계가 멈추지 않을 확률을 계산하라.

(2) 하루 수익은 $50-2X-X^2$이다. 기대 수익을 계산하라. (풀이: 부록 25)

exercise

$E(X(X-1))$을 이용하여 포아송분포의 분산 $V(X)=\lambda$임을 증명하라. 평균과 동일한 방법으로 증명할 수 있다. (풀이: 부록 26)

exercise

$X \sim P(\lambda)$이고 $P(X=1)=P(X=2)$일 때 확률 $P(X=4)$을 계산하라.

(풀이: 부록 27)

10 적률생성함수

definition

- 확률변수 X에 대해 원점에 대한 k-차 적률(k-th moment)은 $E(X^k)$이다.
- 확률변수 X에 대해 평균 μ에 대한 k-차 적률은 $E(X-\mu)^k$이다.
- 확률변수 X의 적률생성함수, $M_X(t)$는 $E(e^{tX})$라 정의한다. 적률생성함수는 t의 함수이다.

왜 적률생성함수(moment generating function, mgf)라 부르는가?

적률생성함수의 k차 미분 함수에 $t=0$을 넣으면 k-차 적률이다. $M_X^{(k)}|_{t=0}=E(X^k)$

증명

테일러 시리즈의 특수한 시리즈인 매크로린 시리즈

$$f(x)=f(0)+f^{'}(0)x+\frac{f^{''}(0)x^2}{2!}+\frac{f^{'''}(0)x^3}{3!}+\cdots$$

을 이용하면

$$M_X(t)=E(e^{tx})=E(1+tx+\frac{t^2x^2}{2!}+\frac{t^3x^3}{3!}+\cdots)$$

이다.

그러므로 $M_X^{'}(t)|_{t=0}=E(0+x+tx^2+\frac{t^2x^3}{2!}+\cdots)|_{t=0}=E(X)$이다.

한 번 더 미분하면 $M_X^{''}(t)|_{t=0}=E(X^2)$, 계속 미분하면 $M_X^{(k)}|_t=0=E(X^k)$가 된다.

◆ 적률생성함수의 유일성

동일 적률생성함수를 갖는 두 확률변수 X, Y는 동일한 확률분포함수를 갖는다.

◆ 확률표본(random sample)

확률표본은 모집단 확률분포에서 독립적으로 추출된 개체들의 집합을 의미한다. 각 개체는 동일한 확률분포함수에서 무작위로 선택되며 각 선택은 다른 선택과 독립적이다. 확률표본은 모집단의 특성을 추정하고 모집단에 대한 통계적 추론을 수행하는 데에 사용된다. 어떤 제품의 평균 수명을 알아내기 위해 제품에서 여러 개의 표본을 추출하고 이를 바탕으로 모평균을 추정할 수 있는데, 이때 표본은 독립적으로 추출되어야 하며 모집단을 대표할 수 있는 특성을 가지고 있어야 한다. 확률표본 추출은 무작위 추출이며 각 개체가 선택될 확률이 동일하게 유지되도록 추출하는 것을 의미한다. 확률표본은 모집단에 대한 정보를 얻는 데에 중요한 도구로 모수 추정 및 모집단 특성에 대한 통계적 결론을 도출하는 데에 사용한다.

① 독립성: 한 개체가 표본에 속해 있는지 여부는 다른 개체의 선택에 영향을 주지 않는다.

② 대표성: 모집단을 적절하게 대표하는 표본을 추출하기 위해 적절한 추출 방법과 샘플 크기를 선택해야 한다.

③ 무작위성: 표본의 편향성을 배제하고 통계적 추론을 수행하는 데에 필요한 전제이다.

만약 확률분포함수 $f(x;\theta)$를 갖는 모집단으로부터 추출한 크기 n인 표본 $(X_1, X_2, \ldots, X_n)$이 서로 독립이면 이를 확률표본이라 한다. $X_i \sim (iid) f(x;\theta)$, independent and identically distributed

example

확률변수 $X \sim Poisson(\lambda)$의 적률생성함수가 $e^{\lambda(e^{t}-1)}$임을 보여라. 이를 이용하여 평균과 분산이 각각 λ, λ임을 보여라.

증명

확률밀도함수의 합이 $\Sigma_{x=0}^{\infty}\frac{e^{-\lambda}\lambda^{x}}{x!}=1$이므로 $\Sigma_{x=0}^{\infty}\frac{\lambda^{x}}{x!}=e^{\lambda}$이다. 이를 이용하면,

$$M_X(t)=E(e^{tX})=\Sigma_{x=0}^{\infty}e^{tx}\frac{e^{-\lambda}\lambda^{x}}{x!}=e^{\lambda(e^{t}-1)}$$

$$E(X)=M_X^{'}|_{t=0}=e^{\lambda(e^{t}-1)}\lambda e^{t}|_{t=0}=\lambda$$

$$E(X^2)=M_X^{''}|_{t=0}=e^{\lambda(e^{t}-1)}\lambda e^{t}\lambda e^{t}+e^{\lambda(e^{t}-1)}\lambda e^{t}|_{t=0}=\lambda^2+\lambda$$

그러므로 $V(X)=E(X^2)-E(X)^2=\lambda$.

example

확률변수 X의 적률생성함수가 $M_X(t)$일 경우 $(aX+b)$의 적률생성함수를 구하라.

$M_{aX+b}(t)=M_X e^{bt}(at)$ (풀이: 부록 28)

theorem 확률표본 합의 적률생성함수

확률변수 X_i가 서로 독립이고 동일분포를 갖는다면(확률표본), 합 $\Sigma_i^n X_i$ 적률생성함수는 $M_{\Sigma X_i}(t)=\Pi_i^n M_X(t)$이다.

example

적률생성함수를 이용하여 서로 독립인 베르누이 분포 $X_i \sim B(p)$ 합 $\Sigma_i^n X_i$, 분포가 $B(n,p)$임을 보여라.

풀이

$X \sim B(p)$의 적률생성함수는

$$M_X(t) = E(e^{tx}) = \Sigma_{x=0}^{1} e^{tx} p^x (1-p)^{1-x} = pe^t + (1-p)$$

$$M_{\Sigma_{i=1}^{n} X_i}(t) = \Pi_{i=1}^{n} M_{X_i}(t) = (pe^t + (1-p))^n$$

이항분포의 적률생성함수와 같으므로 적률생성함수의 유일성에 의해 $\Sigma_i^n X_i$는 이항분포를 따른다.

example

$X \sim Poisson(\lambda)$으로부터의 확률표본 $(X_1, X_2, \dots, X_n)$ 합 $(\Sigma_i^n X_i)$의 분포는 $Posson(n\lambda)$이다.

증명

포아송분포의 적률생성함수는 $M_X(t) = \Sigma_{x=0}^{\infty} e^{tx} \dfrac{e^{-\lambda}\lambda^x}{x!} = e^{\lambda(e^t - 1)}$이다.

포아송분포함수의 확률분포함수의 합은 1이므로

$\Sigma_{x=0}^{\infty} \dfrac{e^{-\lambda}\lambda^x}{x!} = 1 \leftrightarrow \Sigma_{x=0}^{\infty} \dfrac{\lambda^x}{x!} = e^{\lambda}$을 이용한다.

$M_{\Sigma_{i=1}^{n} X_i}(t) = \Pi_{i=1}^{n} M_{X_i}(t) = (e^{\lambda(e^t-1)})^n = e^{n\lambda(e^t-1)}$이므로 $Posson(n\lambda)$을 따른다.

exercise

(1) 확률변수 $X \sim B(n,p)$ 적률생성함수가 $(pe^t + q)^n$임을 보여라. 적률생성함수를 이용하여 평균과 분산이 각각 $np, np(1-p)$임을 보여라.

(2) 확률변수 $X \sim G(p)$의 적률생성함수는 $\dfrac{p}{1-(1-p)e^t}$ 임을 보여라. 적률생성함수를 이용하여 평균이 $\dfrac{1}{p}$이다.

(3) $X \sim NB(r,p)$의 적률생성함수가 $\left(\dfrac{p}{1-(1-p)e^t}\right)^n$ 임을 보여라. (풀이: 부록 29)

11 체비세프 부등식

theorem

확률변수 X는 평균 μ, 분산 σ^2을 갖는다고 하자. 양의 상수 k에 대해 다음이 성립한다.

$$P(|X-\mu| < k\sigma) \geq 1 - \frac{1}{k^2} \leftrightarrow P(|X-\mu| > k\sigma) \leq \frac{1}{k^2}$$

증명

Markov 부등식: 확률변수 X에 대하여 $P(X \geq a) \leq \dfrac{E(X)}{a}$, for $a > 0$

$X = (X-\mu)^2$, $k = (k\sigma)^2$ 놓으면

$$P(|X-\mu| > k\sigma) = P((X-\mu)^2 > k^2\sigma^2) \leq \frac{E(X-\mu)^2}{k^2\sigma^2} = \frac{1}{k^2}$$

실증적 법칙

확률변수 X의 분포가 좌우 대칭인 경우, $P(|X-\mu| \leq k\sigma)$, 즉 데이터가 $(\mu - k\sigma, \mu + k\sigma)$ 구간 안에 있을 확률은 다음과 같다.

- k=1: 68.27%, k=2 : 95.45%, k=3: 99.73%
- k=6: 100만 개 중 2개만 제외됨

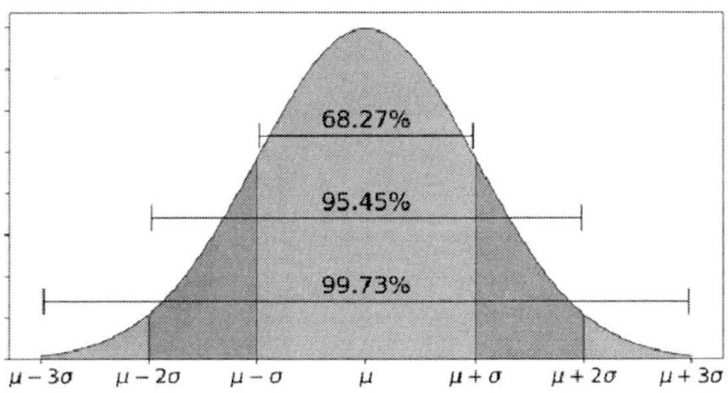

example

확률변수 X는 평균 20, 표준편차 2를 따른다고 가정하자.

(1) 확률밀도함수를 모를 때 $P(16 < X < 24)$의 확률을 계산하라.

(2) 확률밀도함수가 좌우 대칭일 경우 $P(16 < X < 24)$의 확률을 계산하라.

풀이

체비세프 부등식에 의해 $P(16 < X < 24) = P(|X-16| < 2*2) \geq 1 - \frac{1}{2^2} = \frac{3}{4}$, 적어도 0.75이다.

좌우 대칭이면 Empirical Rule에 의해 $P(-2*2 < |X-20| < 2*2)$, 즉 $\pm 2\sigma$에는 95.45%이다.

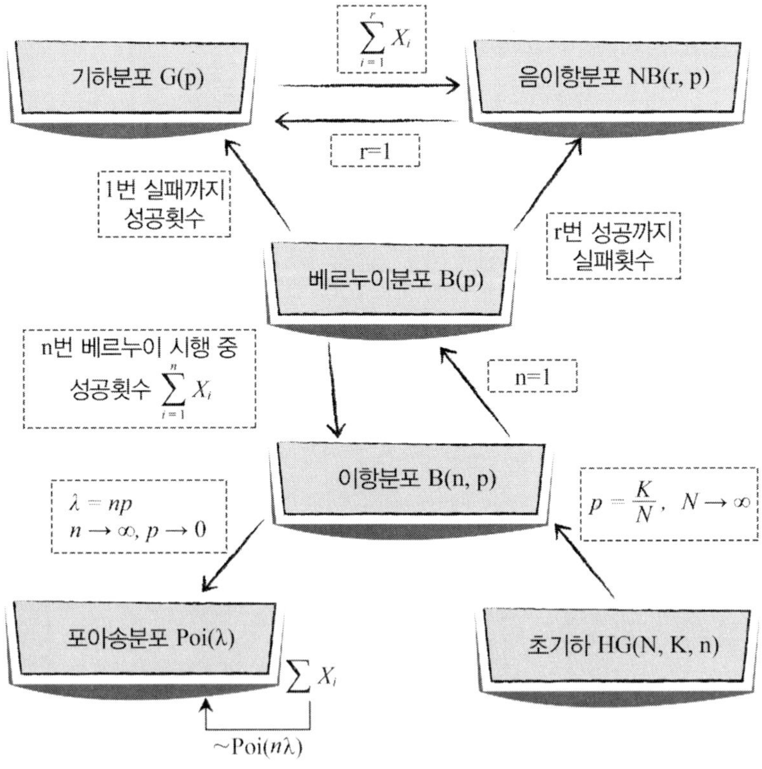

05 연속형 확률변수

1 개념

확률변수 X가 가질 수 있는 서로 다른 값이 유한이거나 셀 수 있는 이산형 확률변수에 대해 살펴보았다. 여기서는 확률실험 결과 서로 다른 값이 무한히 발생할 수 있는 연속형 확률변수에 대해 다룰 것이다. 연속형에서는 아무리 작은 구간을 설정하더라도 적어도 하나 이상의 값이 관측된다. 예를 들면 키, 강우량, 소득, 수명, 경제 지표 등이다.

이산형인 경우 확률밀도함수(확률변수가 갖는 값에 대해 확률을 할당하는 식, 표, 그래프)를 얻는 것은 어렵지 않다. 그러나 아무리 작은 구간이더라도 많은 값들이 관측될 수 있는 연속형의 경우 확률밀도함수를 얻는 것은 불가능하다. 그러므로 관측된 데이터로부터 히스토그램을 얻고, 이것이 알려진 확률밀도함수(Gaussian 분포, t-분포) 중 어느 것과 가장 유사한지 판단하여 이론적 분포를 얻게 된다.

우리는 왜 확률밀도함수에 관심을 가지는가?

① 표본 데이터(확률표본), $(X_1, X_2, ..., X_n)$의 확률밀도함수는 모집단의 확률밀도함수와 동일하다. 그러나 히스토그램에 의존하는 방식으로는 정확한 분포를 알기가 불가능하다.

② 통계량 $t(x_1, x_2, ..., x_n)$의 확률밀도함수는 모집단의 모수에 대한 추론에 핵심적인 역할을 한다. 통계량의 분포를 알려면 (물론 표본 평균은 CLT가 있기는 하지만) 모집단의 분포를 알아야 하는데 일반적으로는 불가능하다. 그러므로 데이터의 특성에 따라 모집단의 분포를 가정하게 된다.

2 누적 확률분포함수

definition

누적 확률밀도함수, $F(x)$가 연속형인 확률변수를 연속형 확률변수라 한다.

definition

연속형 확률변수 X의 확률분포함수[1](probability distribution function) 혹은 누적 확률밀도함수(cumulative probability density function)는 다음과 같다.

- 기호: $F(x)$
- 공간: $x \in R$(실수)
- 정의: $F(x) = P(X \leq x) = \int_{-\infty}^{x} x dx$, for $x \in R$
- 임의의 한 값에서 연속형 확률변수의 확률은 존재하지 않는다.
  $P(X = x) = \int_{x}^{x} x dx = 0$

property

(1) $F(-\infty) = 0$, $F(\infty) = 1$

(2) $F(x)$는 비감소 함수이다. 만약 $x_1 < x_2$이면 $F(x_1) \leq F(x_2)$

(3) 칠해진 부분이 $F(x)$이다.

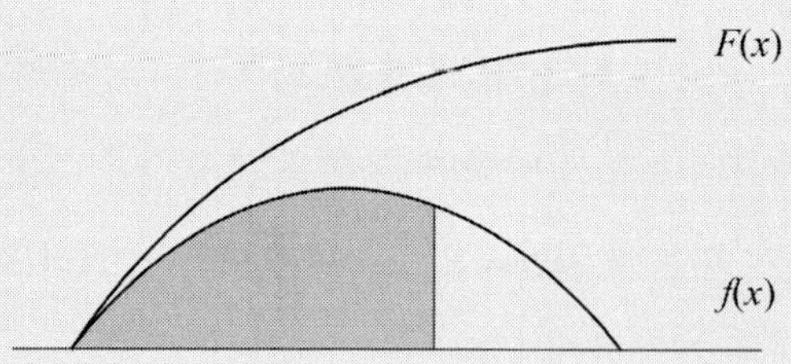

1) 약어로 '분포함수'를 사용한다.

example

이산형 확률변수 $X \sim B(n=2, p=0.5)$에 대하여 분포함수 $F(x)$을 구하라.

$$F(x) = \begin{cases} \frac{1}{4}, 0 \le x < 1 \\ \frac{3}{4}, 1 \le x < 2 \\ 1, x \ge 2 \end{cases}$$ (이산형 확률변수의 $F(x)$는 계단 함수)

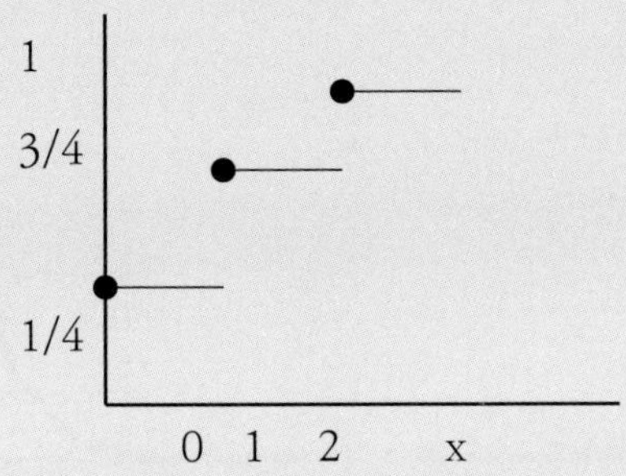

3 확률밀도함수

definition

① 만약 $F(x)$가 연속이면 확률변수 X는 연속형이다.

② 연속형 확률변수의 분포함수를 $F(x)$라 하면 확률밀도함수(probability density function)은 $f(x) = \frac{d(F(x))}{dx}$이다.

property

① $f(x) \ge 0$ for $all\ x$

② $\int_{-\infty}^{\infty} x dx = 1$

③ $P(a \le X \le b) = F(b) - F(a)$

example

확률변수 X의 확률밀도함수 $f(x)=3x^2,\ 0 \le x \le 1$일 경우 분포함수 $F(x)$을 구하고 그래프를 그려라. $F(0.5)$

풀이

$$F(x)=\begin{cases} 0, & x<0 \\ x^3, & 0 \le x \le 1 \\ 1, & x \ge 1 \end{cases}$$

$$F(0.5)=0.5^3=0.125$$

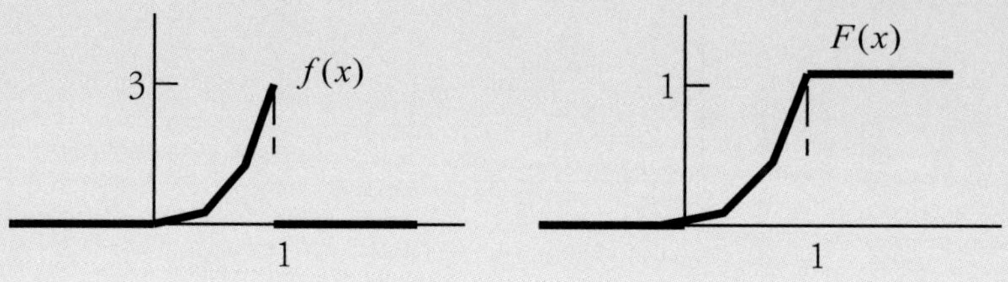

python

```
#부정적분
from sympy import *
x=Symbol('x')
integrate(3*x**2, x)
```

```
#적분 그리기
import numpy as np
import matplotlib.pyplot as plt
from matplotlib.patches import
Polygon
def func(x):
  return x**3
a, b = 0,0.5 # 적분 영역
x = np.linspace(0,1,100)
y = func(x)
fig, ax = plt.subplots()
ax.plot(x, y)
ax.set_ylim(bottom=0)
# 적분 영역 그리기
ix = np.linspace(a, b)
iy = func(ix)
verts = [(a, 0), *zip(ix, iy), (b, 0)]
poly = Polygon(verts, facecolor=
'0.9', edgecolor='0.5')
ax.add_patch(poly)
```

```
plt.title('$\int_0^{0.5}
3x^2$='+str(quad(integrand,0,0.5)
[0]))
plt.show()
```

x3

```
#정적분
from scipy.integrate import quad
def integrand(x):
   return 3*x**2
quad(integrand,0,0.5)
```

```
(0.125, 1.3877787807814457e-15)
```

두 번째 값은 계산오차. $1.38*10^{-15} \approx 0$

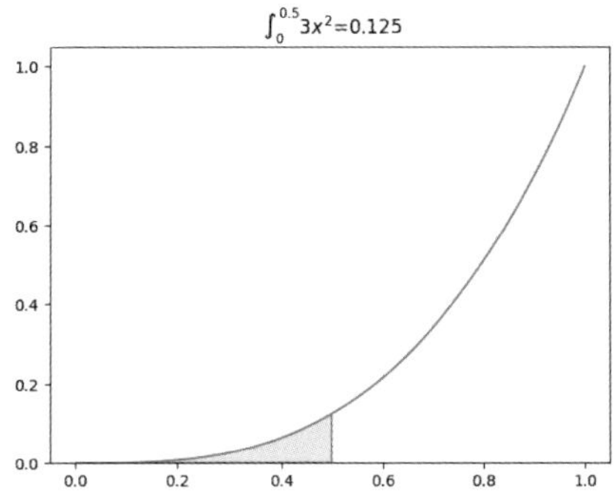

example

확률변수 X의 확률밀도함수가 $f(x) = cx^2,\ 0 \le x \le 2$일 경우

(1) 상수 c을 구하라.

(2) 분포함수 $F(x)$을 구하라.

(3) $P(1 < X \le 2)$을 계산하라.

풀이

(1) 확률밀도함수 합이 1이므로 $\int_0^2 cx^2dx = \frac{c}{3}x^3|_0^2 = \frac{c*2^3}{3} = 1$. 그러므로 $c = \frac{3}{8}$

(2) $F(x) = \frac{x^3}{8},\ 0 \le x \le 2$

(3) $P(1 < X \le 2) = F(2) - F(1) = \frac{2^3}{8} - \frac{1^3}{8} = \frac{7}{8}$

example

전화 중계기에 다음 콜이 걸려 오는 시간 X(단위: 초)의 확률밀도함수를 $f_X(x) = \frac{1}{4}e^{-1/4x},\ 0 < x < \infty$이라 할 때 확률의 공리를 만족함을 보여라.

(1) $e^x > 0$, for $x > 0$이므로 $f_X(x) \ge 0$

(2) $\int_0^\infty \frac{1}{4}e^{-1/4x}dx = -e^{-\frac{1}{4x}}\Big|_0^\infty = 0-(-1)=1$

exercise

확률변수 X의 확률밀도함수는 $f(x)=cx,\ 0 \le x \le 2$이다.

(1) 상수 c을 구하라.

(2) 확률분포함수 $F(x)$을 구하라.

(3) $F(x)$을 이용하여 $P(1 < X \le 2)$을 계산하라. (풀이: 부록 30)

exercise

확률변수 X의 분포함수는 $F(x)=\begin{cases} 0,\ x \le 0 \\ \frac{x}{8},\ 0 < x < 2 \\ \frac{x^2}{16},\ 2 \le x < 4 \\ 1,\ x \ge 4 \end{cases}$ 이다.

(1) 확률밀도함수 $f(x)$을 구하라.

(2) $P(X > 1.5)$을 계산하라.

(3) $P(X \ge 1 | X \le 3)$을 계산하라. (풀이: 부록 31)

4 기댓값

definition

- 연속형 확률변수 X의 기댓값은 $E(X)=\int xf(x)dx$으로 정의한다.
- 확률변수의 함수 $g(x)$의 기댓값은 $E(g(X))=\int g(x)f(x)dx$로 정의된다.
- $g(X)=(X-E(X))^2$의 기댓값은 확률변수 X의 분산이다.

theorem

(1) 상수 c에 대하여 $E(c)=c$이 성립한다.

(2) 확률변수 X의 함수 $g(x)$에 대하여 $E(cg(X))=cE(g(X))$이 성립한다.

(3) 확률변수 X의 함수 $g_i(X)$에 대하여 $E\Sigma_i^n(cg_i(X))=cE(\Sigma_i^n g_i(X))$이 성립한다.

활용

① $E(X)$: 데이터의 중앙 위치 모수, 평균 $\mu, \overline{x}$

② $V(X)=E(X-\mu)^2=E(X^2)-E(X)^2$: 데이터 산포(흩어짐) 모수, 분산 σ^2, s^2

example

연속형 확률변수 X는 평균 μ이고 분산 σ^2을 갖고 (a,b) 상수에 대하여 다음이 성립함을 보여라.

$$E(a+bX)=a+bE(X),\ V(a+bX)=b^2V(X)$$

증명

$$E(a+bX)=\int(a+bX)f(x)dx=\int af(x)dx+\int bXf(x)dx$$
$$=a\int f(x)dx+b\int Xf(x)dx=a+bE(X)$$

$$V(a+bX)=\int(a+bX-E(a+bX))^2f(x)dx=\int b^2(X-E(X))^2dx=b^2V(X)$$

example

$X\sim f(x)=\frac{1}{2}$, $59\leq x\leq 61$일 때 확률변수 X의 평균과 분산을 구하라.

풀이

$$E(X)=\int_{59}^{61}x\frac{1}{2}dx=\frac{x^2}{4}|_{59}^{61}=\frac{61^2-59^2}{4}=60$$

$$E(X^2)=\int_{59}^{61}x^2\frac{1}{2}dx=\frac{x^3}{6}|_{59}^{61}=\frac{61^3-59^3}{6}=3600.3333,$$
$$V(X)=3600.3333-60^2=0.3333$$

example

$X \sim f(x) = \frac{1}{3}x^2,\ 0 \le x < 1$일 때 확률변수 $W = 1 - 2X$의 평균과 분산을 구하라.

풀이

$E(X) = \int_0^1 x\frac{1}{3}x^2 dx = \frac{1}{12}x^4|_0^1 = \frac{1}{12}$

$E(X^2) = \int_0^1 x^2\frac{1}{3}x^2 dx = \frac{1}{15}x^5|_0^1 = \frac{1}{15}$. 그러므로 $V(X) = \frac{1}{15} - \left(\frac{1}{12}\right)^2$

$E(W) = 1 - 2E(X),\ V(W) = 4V(X)$

exercise

확률밀도함수 $f(x) = 2x,\ 0 \le x \le 1$을 갖는 확률변수 X에 대하여 다음을 구하라.

(1) $E(X),\ V(X)$을 계산하라.

(2) 확률변수 $W = 200X - 60$의 평균과 분산을 구하라. (풀이: 부록 32)

5 변수변환

연속형 확률변수는 분포함수와 확률밀도함수 간에 $F'(x) = f(x)$이 성립한다. 여기서는 연속형 확률변수 X의 함수 $g(X)$의 확률밀도함수를 구하는 방법(변수변환)을 살펴본다.

방법 1. 분포함수 이용하기

확률변수 X의 확률밀도함수를 $f(x)$, 확률분포함수 $F(X)$, 그리고 X의 함수를 $g(X)$라 하자. $g(X)$의 확률밀도함수를 분포함수 개념을 이용하여 구하는 방법은 다음 절차를 따른다.

① 확률변수 X의 영역을 이용하여 $Y = g(X)$ 영역을 구한다.

② $F(y) = P(Y \le y) = P(g(X) \le y) = P(X \le g^{-1}(y))$

③ 확률분포함수를 미분하여 $g(X)$의 확률밀도함수 $F'(x) = f(x)$를 구한다.

example

$X \sim f(x) = 2x,\ 0 \le x \le 1$일 때 확률변수 $Y = 3X - 1$의 확률밀도함수를 구하라.

(1) $0 \le x \le 1 \rightarrow 3*0 - 1 \le 3x - 1 \le 3*1 - 1 \rightarrow -1 \le y \le 2$

(2) $F(y) = P(Y \le y) = P(3X - 1 \le y) = P\left(X \le \frac{y+1}{3}\right)$

$= \int_0^{\frac{y+1}{3}} 2x dx = x^2|_0^{(y+1)/3} = \left(\frac{y+1}{3}\right)^2$

(3) $f(x) = F'(x) = \frac{2}{9}(y+1),\ -1 \le y \le 2$

example

$X \sim f(x) = \frac{x+1}{2},\ -1 \le x \le 1$일 때 확률변수 $Y = X^2$의 확률밀도함수를 구하라.

(1) $-1 \le x \le 1 \rightarrow 0 \le y = x^2 \le 1$

(2) $F(y) = P(Y \le y) = P(X^2 \le y) = P(-\sqrt{y} \le X \le \sqrt{y}) = \int_{-\sqrt{y}}^{\sqrt{y}} \frac{x+1}{2} dx$

$= (x^2 + \frac{x}{2})|_{-\sqrt{y}}^{\sqrt{y}} = \sqrt{y}$

(3) $f(x) = F'(x) = \frac{1}{2\sqrt{y}},\ 0 \le y \le 1$

example

$X \sim U(0,1),\ 0 \le x \le 1$, 확률변수 $Y \sim exponential(\beta)$일 경우 $g(X)$을 구하라.

확률변수 X의 확률분포함수는 $F(x) = x,\ 0 \le x \le 1$

확률변수 Y의 확률분포함수는 $F(y) = 1 - e^{-\frac{y}{\beta}},\ 0 \le y$

확률분포함수가 동일한 두 확률변수는 동일한 확률밀도함수를 가지므로

$x = 1 - e^{-\frac{y}{\beta}} \rightarrow Y = -\beta \ln(1 - X)$

exercise

확률밀도함수 $f(x)=2(1-x),\ 0 \le x \le 1$을 갖는 확률변수 $Y=X^2$의 확률밀도함수를 구하라.

(풀이: 부록 33)

방법 2. Jacobian 이용하기

$g(X)$가 비증가함수이거나 비감소함수인 경우 사용되는 방법이다.

(1) 확률변수 X의 영역을 이용하여 $Y=g(X)$ 영역을 구한다.

(2) $f_Y(y)=f_X(y)|\frac{dx}{dy}|$

- 이론적 근거: $F_Y(y)=F_X(g^{-1}(y)),\ x=g^{-1}(y)$라 놓으면 $f_y(y)=F_X'(x)=f_X(x)\frac{dx}{dy}$이다.

example

$X \sim f(x)=2x,\ 0 \le x \le 1$일 때 확률변수 $Y=3X-1$의 확률밀도함수를 구하라.

(1) $Y=3X-1$은 X의 비감소함수이고 $X=\frac{y+1}{3}$이다. $\frac{dx}{dy}=\frac{1}{3}$

(2) Y의 영역: $0 \le x \le 1 \rightarrow 3*0-1 \le 3x-1 \le 3*1-1 \rightarrow -1 \le y \le 2$

(3) $f_Y(y)=2\left(\frac{y+1}{3}\right)|\frac{1}{3}|=\frac{2}{9}(y+1),\ -1 \le y \le 2$

example

$X \sim 1,\ 0 \le x \le 1$일 때 확률변수 $Y=-\ln(1-X)$ 확률밀도함수를 구하라.

(1) 확률변수 $Y=-\ln(1-X)$은 X의 증가함수이고 $X=1-e^{-y}$이다. $\frac{dx}{dy}=e^{-y}$

(2) Y의 영역: $0 \le x \le 1 \rightarrow 0 \le y < \infty$

(3) $f_Y(y)=e^{-y} \sim exponential(\beta=1),\ 0 \le y < \infty$

python

```
import matplotlib.pyplot as plt
import numpy as np
def f(x):
    return 1-np.log(1-x)
x=np.linspace(0,1,100) #([0,1]
구간을 100개 동일 구간으로 나눔)
plt.plot(x,f(x))
plt.show()
```

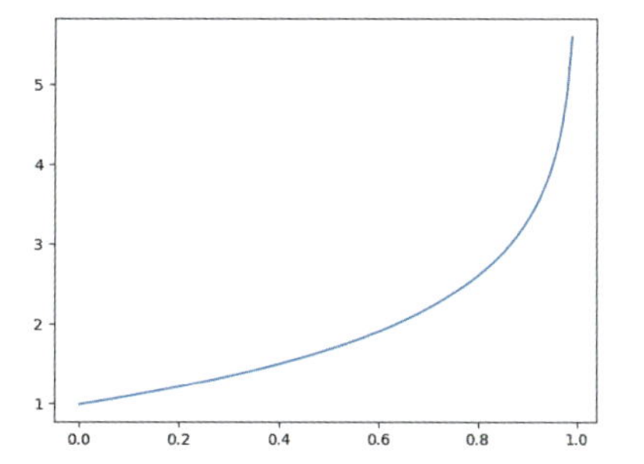

exercise

확률밀도함수 $f(x)=2(1-x),\ 0\le x\le 1$을 갖는 확률변수 (1) $Y=X^2$, (2) $Y=1-2X$의 확률밀도함수를 Jacobian 방법으로 구하라. (풀이: 부록 34)

방법 3. 적률생성함수 이용하기

- 적률생성함수 유일성: 동일한 적률생성함수 갖는 확률변수의 확률밀도함수는 동일하다.

  (1) 확률변수 X의 영역을 이용하여 $Y=g(X)$ 영역을 구한다.

  (2) X의 적률생성함수 $M_X(t)$을 구하고 $M_{g(X)}(t)$을 구한다.

example

$X\sim N(\mu,\sigma^2)$일 때 $Y=\dfrac{X-\mu}{\sigma}$의 확률밀도함수를 적률생성함수 방법으로 구하라.

(1) Y의 영역: $-\infty<x<\infty \rightarrow -\infty<y<\infty$

(2) $M_X(t)=e^{\mu t+\sigma^2 t^2/2}$이므로 $M_Y(t)=E(e^{ty})=E(e^{t(\frac{x-\mu}{\sigma})})=E(e^{\frac{tx-t\mu}{\sigma}})$

$$=e^{\frac{-t\mu}{\sigma}}E(e^{\frac{t}{\sigma}x})=e^{\frac{-t\mu}{\sigma}}e^{\mu(\frac{t}{\sigma}+\sigma^2(\frac{t}{\sigma})^2)}=e^{\frac{t^2}{2}}\sim N(0,1)$$

exercise

$X \sim N(0,1)$일 때 $Y = X^2$의 확률밀도함수$(\sim \chi^2(df=1))$임을 적률생성함수 방법으로 보여라. (풀이: 부록 35)

6 균일분포

버스는 오전 8:00와 8:10 사이에 반드시 정차하고 10분 사이 어느 구간에서든 버스가 도착하는 가능성은 동일하다고 하자. 즉 임의의 구간에 버스가 도착할 확률은 시간 길이에 비례한다. 확률변수 X를 임의의 구간 (a, b) 사이의 시간이나 거리라고 하자.

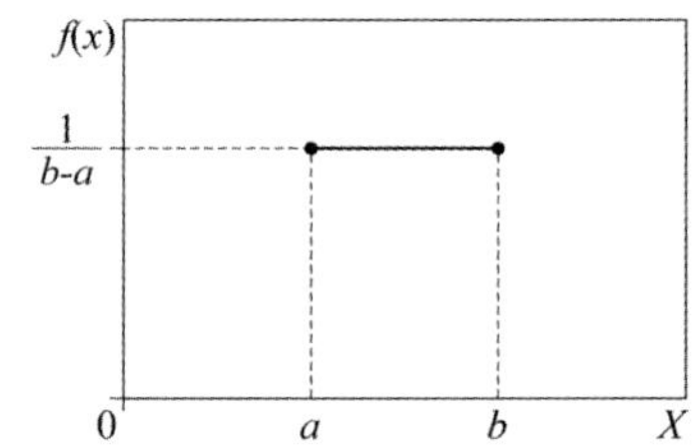

균일분포 $X \sim U(a,b)$

$X \sim U(a,b)$: $f(x) = \dfrac{1}{b-a}$, $a \le x \le b$, $a < b$

평균/분산: $E(X) = \dfrac{(a+b)}{2}$, $V(X) = \dfrac{(b-a)^2}{12}$

모수: 위치 모수 a, 크기 모수 b

활용: 난수 생성, $(X \sim U(0,1))$ 시뮬레이션, 모델링 등이 있으며 확률밀도함수를 이용하여 구간 내에서 어떤 사건이 발생할 확률을 추정하거나 분석할 수도 있다. 연속형 균일분포는 다른 확률 분포와 결합하여 더 복잡한 모델을 구성하는 데에도 사용된다. 예를 들어, 정규분포와 균일분포를 결합한 혼합분포(mixture distribution)를 사용하여 데이터를 모델링할 수 있다.

python

```
scipy.stats.uniform.ppf(q, loc=, scale=) / *.pdf(x, loc=, scale=) /
*.rvs(loc=,scale=, size=)
```

$$a = loc,\ b = scale$$

property

① $a=0,\ b=1$ 인 균일분포를 표준(standard)균일분포라 한다.

② 표준균일분포 $X \sim U(0,1)$의 역함수 $Y = -\lambda \ln(1-X)$는 지수분포 $exponential(\lambda)$를 따른다.

③ 표준균일분포 $X \sim U(0,1)$의 $Y = X^n$은 베타분포 $Beta(\frac{1}{n},1)$을 따른다.

④ 표준균일분포 $X \sim U(0,1)$는 베타분포 $Beta(1,1)$의 특수한 형태이다.

⑤ 두 균일분포의 합과 차이의 분포는 삼각형분포(triangle distribution)를 따른다.

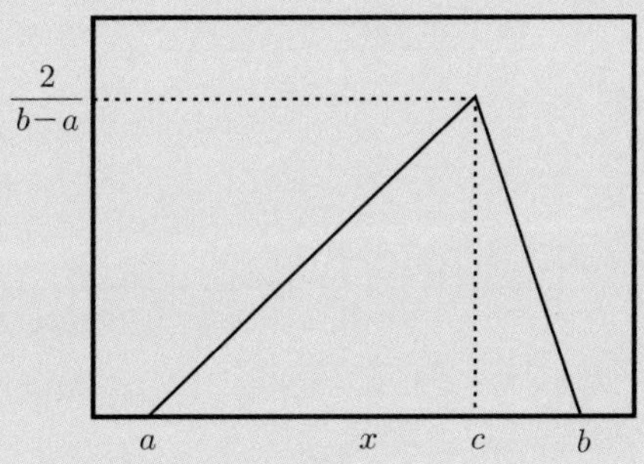

example

$X \sim U(a,b)$의 평균이 $E(X) = \frac{(a+b)}{2}$ 임을 보여라.

증명

$$E(X) = \int_a^b x \frac{1}{b-a} dx = \frac{x^2}{2(b-a)}\Big|_a^b = \frac{b^2-a^2}{2(b-a)} = \frac{(a+b)}{2}$$

example

임의의 30분 동안 은행에 고객이 방문하는 시간은 균일분포를 따른다고 하자. 마지막 5분에 고객이 도착할 확률을 계산하라.

풀이

고객방문 시간이 $X \sim U(0,30)$이므로 $P(X<5) = \int_0^5 \frac{1}{30} dx = \frac{x}{30}|_0^5 = \frac{1}{6}$

example

확률변수 $X \sim U(50,70)$이라면 $P(X \geq 65 | X \geq 55)$을 구하라. 1/3

풀이

$$P(X \geq 65 \mid X \geq 55) = \frac{P(X \geq 65 \cap X \geq 55)}{P(X \geq 55)} = \frac{P(X \geq 65 \cap X \geq 55)}{P(X \geq 55)}$$

$$= \frac{P(X \geq 65)}{P(X \geq 55)} = \frac{5/20}{15/20} = \frac{1}{3}$$

exercise

$X \sim U(a,b)$의 분산이 $E(X) = \frac{(b-a)^2}{12}$임을 보여라. (풀이: 부록 36)

exercise

만약 낙하산이 marker A와 B 사이에 임의의 지점에 떨어진다고 하자.

(1) 낙하산이 B보다 A 지점에 더 가까이 떨어질 확률을 구하라.

(2) 낙하산 떨어진 지점에서 지점 A까지의 거리가 지점 B까지의 거리의 3배 이상일 확률을 구하라.

(3) 3개의 낙하산 중 정확하게 한 개만 지점 B에 가까이 떨어질 확률을 구하라.

(풀이: 부록 37)

7 정규분포

통계학에서 가장 중요한 분포 중 하나로 종형 곡선(bell shaped) 모양을 가지며, 평균과 표준편차를 특징으로 한다. 평균을 중심으로 대칭적으로 분포하며, 표준편차가 작을수록 그래프는 뾰족한 모양을 가지고, 표준편차가 클수록 납작한 모양을 갖는다.

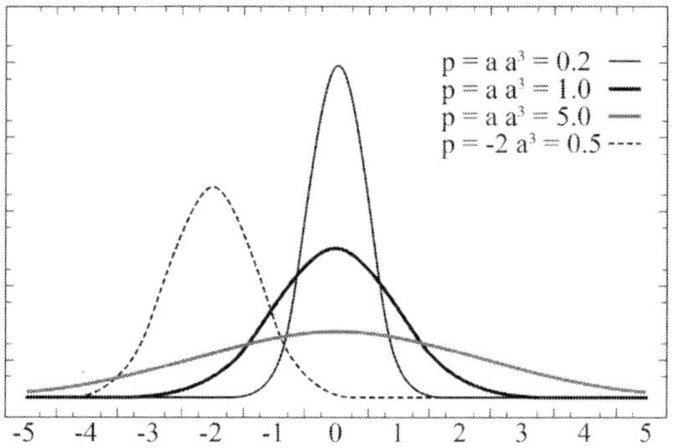

정규분포 $X \sim N(\mu, \sigma^2)$

$$X \sim N(\mu, \sigma^2):\ f(x) = \frac{1}{\sqrt{2\pi}} e^{-\frac{1}{2}\left(\frac{x-\mu}{\sigma}\right)^2},\ -\infty < x < \infty$$

평균/분산: $E(X) = \mu,\ V(X) = \sigma^2$

모수: 위치 모수 μ, 크기 모수 σ

활용

(1) 통계적 추론: 정규분포는 가설검정과 신뢰구간 추정에 사용된다. 데이터가 정규분포를 따른다는 가정하에, 표본 평균이나 비교하는 두 집단의 평균 등을 통계적으로 비교하고 추론할 수 있다.

(2) 자연과학 및 공학: 많은 자연과학과 공학 분야에서 정규분포는 물리적 현상을 모델링할 때, 예를 들어 실험 데이터의 오차 분포나 측정 장치의 정밀도를 모델링할 때 정규분포가 활용된다.

(3) 금융 분석: 주식 시장에서 가격 변동은 정규분포에 근사할 수 있어 주식 가격 예측, 변동성 모델링, 포트폴리오 최적화 등 금융 분석에 사용될 수 있다.

(4) 자료 분석 및 예측 모델: 정규분포는 다양한 자료 분석 기법과 예측 모델링에서 사용되는데 선형회귀, 로지스틱 회귀, 시계열분석, 인공신경망 등에서 정규분포는 잔차의 분포를 가정하고 모델의 성능을 평가하는 데에 활용된다.

대표본 이론(large sample theorem)인 중심극한정리에 의해 확률표본의 합, 평균(비율)은 정규분포에 근사한다. 이를 이용하여 모집단 평균, 비율 모수에 대한 추론을 한다.

python

```
scipy.stats.norm.ppf(q, loc=, scale=) / *.pdf(x, loc=, scale=) /
*.rvs(loc=,scale=, size=) μ=loc, σ=scale
```

역사

① Carl Friedrich Gauss: 가우스는 정규분포에 대한 초기 연구를 수행한 과학자 중 하나로 알려져 있다. 천체 관측 오차의 분포를 분석하면서 정규분포의 개념을 처음으로 제시하였으며 최소자승법과 함께 정규분포의 특성과 확률론적인 속성에 대해 연구하였다.

② Adrien-Marie Legendre: 아들라드는 정규분포와 최소자승법의 개념을 독립적으로 개발하였다. 1805년에 최소제곱법에 대한 연구를 발표하였고 이는 정규분포와 관련된 추정 방법론으로 사용되었다.

③ Jakob Bernoulli: 18세기 초기에 베르누이는 이항분포의 극한으로서 정규분포에 대한 아이디어를 제시하였다. 이항분포는 독립적인 베르누이 시행의 합으로 정의되며 시행 횟수가 증가할수록 성공 횟수인 이항분포가 정규분포에 근사됨을 발견하였다.

property

① $\mu=0,\ \sigma=1$인 정규분포를 표준(standard)정규분포라 한다. $Z=\dfrac{X-\mu}{\sigma}$ 변환을 표준화라 정의한다.

② 정규분포는 좌우 대칭 종모양 분포로 평균, 중앙값, 최댓값 모두 동일하다.

③ 중심극한 정리(central limit theorem): 모집단의 분포와 상관없이 표본크기가 충분히 큰($n \geq 20 \sim 30$) 경우 확률표본의 표본 합과 표본 평균의 분포는 정규분포에 근사한다.

④ 만약 n이 충분히 크고 p가 0, 1에 아주 가까운 값이 아니면 $B(n,p) \rightarrow N(np,npq)$에 근사한다.

⑤ 만약 λ이 충분히 크면 $P(\lambda) \rightarrow N(\lambda,\lambda)$에 근사한다.

⑥ 만약 r이 충분히 크면 $\chi^2(r) \rightarrow N(r,2r)$에 근사한다.

⑦ $X \sim N(\mu,\sigma^2)$이면 $a+bX \sim N(a+b\mu,b^2\sigma^2)$ 정규분포를 따른다. 단, a, b는 상수이다.

⑧ $X \sim N(\mu,\sigma^2)$이면 $e^X \sim \ln N(\mu,\sigma^2)$ 로그 정규분포를 따른다.

⑨ $Z \sim N(0,1)$이면 $Z^2 \sim \chi^2(1)$ 자유도 1인 카이제곱분포를 따른다.

⑩ $X \sim N(\mu_1,\sigma_1^2)$, $Y \sim N(\mu_2,\sigma_2^2)$이고 서로 독립이면 $X \pm Y \sim N(\mu_1 \pm \mu_2,\sigma_1^2+\sigma_2^2)$

⑪ 만약 서로 독립이 아니면 $X \pm Y \sim N(\mu_1 \pm \mu_2,\sigma_1^2+\sigma_2^2 \pm 2cov(X,Y))$

⑫ $X_i \sim N(\mu_i,\sigma_i^2)$이고 서로 독립이면 $\sum_i X_i \sim N(\sum_i \mu_i, \sum_i \sigma_i^2)$이다(분포의 가법성).

python

```
#정규분포(mu,sigma)
import numpy as np
import scipy.stats as st
a=50; b=10 #초기
x=np.linspace(0,100,1000) #확률변수 범위 지정
px=st.norm.pdf(x,loc=a,scale=b) #P(X=x|X~Normal(a,b))
cdf=st.norm.cdf(x,loc=a,scale=b) #P(X<=x|X~Normal(a,b))
import matplotlib.pyplot as plt
import numpy as np
plt.figure(figsize = [10, 5])
plt.subplot(1,2,1) #1행, 2열 그래프, 첫 번째 그림
#pdf
plt.bar(x,px, color='orange')
plt.title('pmf of Normal ($\mu$='+str(a)+', $\sigma$='+str(b)+')')
plt.xlabel('x')
plt.ylabel('px', fontsize='15')
#cdf
plt.subplot(1,2,2)
plt.bar(x,cdf, color='green')
plt.title('cdf of Normal ($\mu$='+str(a)+', $\sigma$='+str(b)+')')
plt.xlabel('x')
plt.ylabel('px', fontsize='15')
plt.show()
```

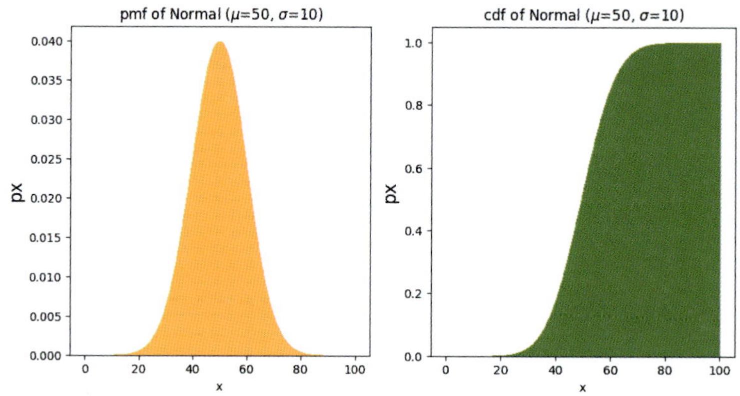

example

확률변수 $X \sim N(0,1)$가 표준정규분포를 따른다. 다음 확률이나 k를 계산하라.

(1) $P(X > -1.56)$

(2) $P(-1.56 \le X \le 1.56)$

(3) $P(X \le k) = 0.05$

풀이

0.94 / 0.88 / $k = -1.645$

python

#정규분포 import scipy.stats as st p1=1-st.norm.cdf(-1.56,0,1) p2=st.norm.cdf(1.56,0,1)-st.no rm.cdf(-1.56,0,1) p3=st.norm.ppf(0.05,0,1) p1,p2,p3	(0.940620059405207, 0.881240118810414, -1.6448536269514729)

example

학생들의 SAT 점수는 평균 75, 표준편차 10인 정규분포를 따른다고 하자. 점수 80~90 사이의 학생 비율은 얼마나 되나?

(1) 60점~80점 사이 학생의 비율은?

(2) 상위 10% 학생의 점수는 몇 점인가?

풀이

`st.norm.cdf(80,75,10)-st.norm.cdf(60,75,10)` / 0.625

`st.norm.ppf(0.9,75,10)` / 87.8점

exercise

확률변수 X가 표준정규분포를 따른다. $X \sim Normal(0,1)$ 다음 상수를 구하라.

(1) $P(k \leq X) = 0.8643$

(2) $P(-k < X < k) = 0.9$

(3) $P(-k < X < k) = 0.99$

(풀이: 부록 38)

exercise

생산하는 볼트 지름의 크기는 평균 950mm, 표준편차 10mm인 정규분포를 따른다.

(1) 볼트를 하나 선택했을 때 그것의 지름이 947~958mm일 확률을 계산하라.

(2) 볼트의 지름이 상수 k보다 적을 확률이 0.9일 경우 상수 k를 구하라.

(풀이: 부록 39)

8 감마분포

우로 치우친 분포(skewed to the right, positively skewed) 감마분포는 양수인 매개변수 형상(shape) 모수 α와 양수인 매개변수인 척도(scale) 모수 θ(혹은 비율[rate] 모수인 β)에 의해 정의된다. 감마분포는 연속시간적 우연발생 사건의 발생 간격을 모델링할 수 있다.

감마함수(gamma function) $\Gamma(x)$

감마함수는 수학적 함수로서, 복소수 영역에서 정의되는 특별한 함수로 감마분포와 밀접한 관련이 있으며, 감마분포의 확률밀도함수에 등장하는 요소이다.

① 팩토리얼 관련성: 양의 정수 n에 대해 $\Gamma(n) = (n-1)!$이 성립한다. 이는 감마함수가 일반화된 팩토리얼 함수로 볼 수 있다는 것을 의미한다.

② 재귀적 관계식: $\Gamma(z+1) = z\Gamma(z)$ 성립, 이를 이용하면 양의 정수가 아닌 임의의 복

소수 z에 대한 감마함수 값을 계산할 수 있다.

③ 삼각함수 관련성: 복소수 i에 대해 $\Gamma(i)\Gamma(i-1)=\dfrac{\pi}{\sin(i\pi)}$

감마함수는 통계학에서 베타분포와 관련된 베타함수 계산에 사용되며, 복소해석학, 수학 물리학, 확률론 등의 분야에서도 중요한 역할을 한다. 또한, 다른 특수함수들과의 관련성을 통해 수학적 등식의 해석, 적분 계산, 복소수 영역에서의 함수 분석 등 다양한 수학적 문제를 다루는 데에 활용된다.

정의: $\Gamma(x)=\int_0^\infty t^{x-1}e^{-t}dt,\ x>0$

① 정수 n에 대하여 $\Gamma(n)=(n-1)\Gamma(n-1)$

② 정수 n에 대하여 $\Gamma(n)=(n-1)!/\Gamma(0)=1$

③ $\Gamma(x-1)\Gamma(x)=\dfrac{\pi}{\sin(\pi x)}$

④ $\Gamma\left(\dfrac{1}{2}\right)=\sqrt{\pi}\ /\ \Gamma\left(\dfrac{3}{2}\right)=\dfrac{\sqrt{\pi}}{2}\ /\ \Gamma\left(\dfrac{5}{2}\right)=\dfrac{3\sqrt{\pi}}{4}$

⑤ $\Gamma\left(-\dfrac{1}{2}\right)=-2\sqrt{\pi}\ /\ \Gamma\left(-\dfrac{3}{2}\right)=\dfrac{4\sqrt{\pi}}{3}$

example

정수 n에 대하여 $\Gamma(n)=(n-1)\Gamma(n-1)$임을 증명하라. $\Gamma(n)=\int_0^\infty x^{n-1}e^{-x}dx$

증명

부분적분: $\int f(x)g'(x)dx=f(x)g(x)-\int f'(x)g(x)dx$

$f(x)=x^{n-1},\ g'(x)=e^{-x}$라 놓자.

$f'(x)=(n-1)x^{n-2},\ g(x)=\int e^{-x}dx \leftrightarrow g(x)=-e^{-x}$이다.

$\therefore \Gamma(n)=\int_0^\infty x^{n-1}e^{-x}dx=x^{n-1}(-e^{-x})|_0^\infty-\int(n-1)x^{n-2}(-e^{-x})dx$

$=(n-1)\Gamma(n-1)$

부분적분을 계속 반복 적용하면 $\Gamma(n)=(n-1)!$가 된다.

감마 분포 $X \sim \Gamma(\alpha, \beta = \frac{1}{\lambda})$

$X \sim Gamma(\alpha, \beta)$: $f(x) = \frac{\beta^{\alpha}}{\Gamma(\alpha)} x^{\alpha-1} e^{-\beta x},\ 0 < x < \infty$

평균/분산: $E(X) = \frac{\alpha}{\beta} = \alpha\lambda,\ V(X) = \frac{\alpha}{\beta^2} = \alpha\lambda^2$

모수: 형상(shape) 모수 α, 크기(scale) 모수 λ, 비율(rate) 모수 β

활용

(1) 신뢰도 분석: 감마분포는 제품이나 시스템의 수명에 대한 신뢰도 분석-감마분포를 이용하여 제품이 고장 나는 시간을 모델링하고 제품의 신뢰도와 수명을 통계적 추정한다.

(2) 금융 분야: 감마분포는 금융 분야에서 옵션 가치 평가나 포트폴리오 관리 등에 사용되며 특히 옵션 가격을 결정하는 데에 활용된다.

(3) 생명과학: 암 환자의 생존 시간을 모델링하거나 약물의 흡수 및 분포 속도를 연구하는 데에 감마분포를 사용한다.

(4) 통신공학: 주파수 페이딩(무선 통신에서 신호가 지형, 건물 또는 다른 장애물에 의해 산란되거나 차단될 때 발생하는 신호 강도의 변동)을 모델링한다.

python

```
scipy.stats.gamma.ppf(q, loc=, scale=) / *.pdf(x, loc=, scale=) /
*.rvs(loc=,scale=, size=) α=loc, λ=scale
```

property

① 감마분포함수 $X \sim \Gamma(\alpha, \beta)$이면 상수 c에 대하여 $cX \sim \Gamma(\alpha, \frac{\beta}{c})$이다.

② $\alpha = 1$인 감마분포 $X \sim \Gamma(\alpha = 1, \beta)$는 비율 모수 β인 지수분포 $X \sim exponential(\beta)$(관심 사건이 1번 일어날 때까지 걸리는 시간)이다.

③ 지수분포 $X \sim exponential(\beta)$의 확률표본 $(X_1, X_2, ..., X_r)$의 합 $\Sigma_i^r X_i \sim \Gamma(r, \beta)$ 감마분포를 갖는다.

④ 감마분포함수 $X \sim \Gamma(\alpha, \beta)$의 확률표본 $(X_1, X_2, ..., X_r)$의 합 $\Sigma_i^n X_i \sim \Gamma(n\alpha, \beta)$ 감마분포를 갖는다(분포의 가법성).

⑤ $\alpha = \frac{r}{2}$인 감마분포 $X \sim \Gamma(\alpha = \frac{r}{2}, \beta)$는 자유도가 r인 카이제곱분포 $X \sim \chi^2(r)$이다.

python

```
#감마분포(alpha,beta)
import numpy as np
import scipy.stats as st
k=5; b=0.1 #초기
x=np.linspace(0,3,100) #확률변수 범위 지정
px=st.gamma.pdf(x,a=k,scale=b) #P(X=x|X~Gamma(a,b))
cdf=st.gamma.cdf(x,a=k,scale=b) #P(X<=x|X~Gamma(a,b))
import matplotlib.pyplot as plt
import numpy as np
plt.figure(figsize = [10, 5])
plt.subplot(1,2,1) #1행, 2열 그래프, 첫번째 그림
#pdf
plt.bar(x,px, color='orange')
plt.title('pmf of Gamma (alpha='+str(k)+', scale='+str(b)+')')
plt.xlabel('x')
plt.ylabel('px', fontsize='15')
#cdf
plt.subplot(1,2,2)
plt.bar(x,cdf, color='green')
plt.title('cdf of Gamma (alpha='+str(k)+', scale='+str(b)+')')
plt.xlabel('x')
plt.ylabel('px', fontsize='15')
plt.show()
```

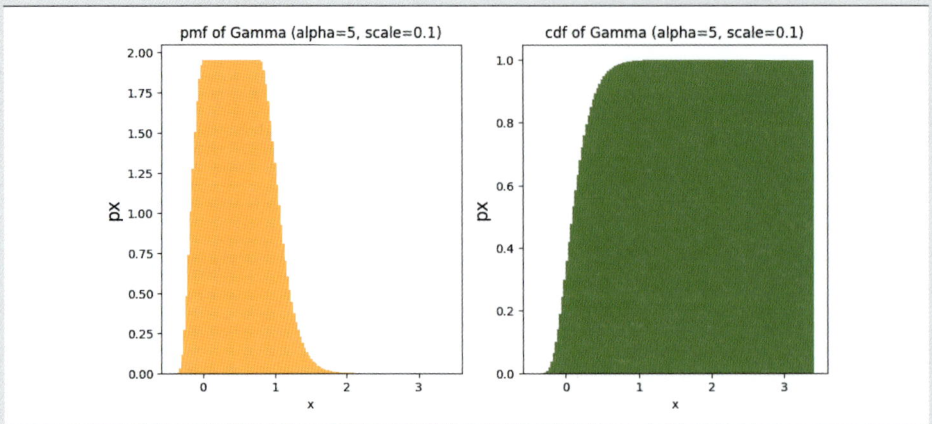

example

감마분포 $X \sim Gamma(\alpha, \beta)$의 평균이 $\frac{\alpha}{\beta}$임을 보여라.

증명

감마분포 $X \sim Gamma(\alpha, \beta)$의 확률밀도함수 $f(x) = \frac{\beta^{\alpha}}{\Gamma(\alpha)} x^{\alpha-1} e^{-\beta x}$이고 확률밀도함수의 합이 1이므로

$f(x) = \frac{\beta^{\alpha}}{\Gamma(\alpha)} x^{\alpha-1} e^{-\beta x} dx = 1 \leftrightarrow \int x^{\alpha-1} e^{-\beta x} dx = \frac{\Gamma(\alpha)}{\beta^{\alpha}}$이다.

$$E(X) = \int x \frac{\beta^{\alpha}}{\Gamma(\alpha)} x^{\alpha-1} e^{-\beta x} dx = \frac{\beta^{\alpha}}{\Gamma(\alpha)} \int x^{\alpha} e^{-\beta x} dx = \frac{\beta^{\alpha}}{\Gamma(\alpha)} \frac{\Gamma(\alpha+1)}{\beta^{\alpha+1}} = \frac{\alpha}{\beta}$$

exercise

같은 방법으로 감마분포 $X \sim Gamma(\alpha, \beta)$의 분산이 $\frac{\alpha}{\beta^2}$임을 보여라.

(풀이: 부록 40)

✦ 감마분포와 포아송분포

만약 $(X_1, X_2, \ldots, X_\alpha)$가 서로 독립이고 모수가 $\beta = \frac{1}{\lambda}$인 지수분포를 따른다면 $\Sigma_i^\alpha X_i$은 감마분포 $\Gamma(\alpha, \beta)$를 따른다. 다음은 포아송분포($Poisson(\lambda)$)와 감마분포의 관계를 나타낸 것이다. 포아송분포를 따르는 사건이 일어나는 사이 시간의 분포는 지수분포를 따른다.

이산형 확률변수 $X \sim Poisson(\lambda)$이고 연속형 확률변수 Y는 관심사건이 발생할 때까지 걸리는 시간이라 정의하자.

$$F(y) = P(Y \le y) = 1 - P(Y > y) = 1 - P(X \ not \quad happen \quad till \ y)$$
$$= 1 - P(X > y) = 1 - e^{-\lambda y}$$

지수분포의 확률밀도 함수는 $f(y) = F'(y) = \lambda e^{-\lambda y},\ 0 < y < \infty$이다.

그리고 지수분포의 합은 감마분포이므로 단위 시간당 평균 λ번 발생하는 관심 사건이 포아송분포를 따른다면 α번 발생하기까지 걸리는 시간은 $\Gamma(\alpha, \beta = \frac{1}{\lambda})$이다.

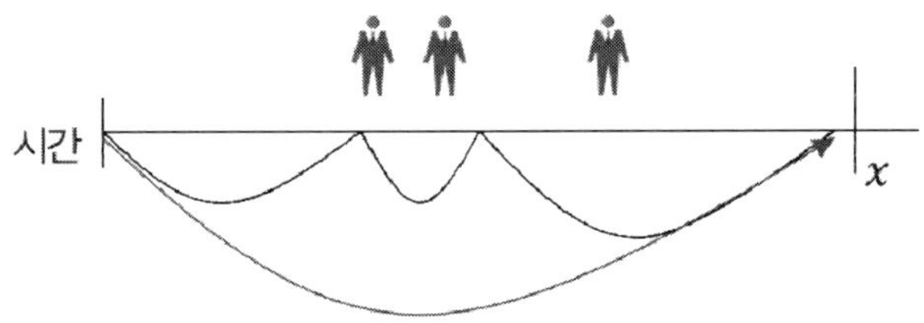

example

지수분포, $X \sim exponential(\beta)$의 무기억성(memoryless property)을 보여라.

$$P(X > a+b \mid X > a) = P(X > b)$$

증명

$$P(X > a+b \mid X > a) = \frac{P((X > a+b) \cap (X > a))}{P(X > a)} = \frac{P((X > a+b)}{P(X > a)}$$
$$= \frac{\int_{a+b}^{\infty} \lambda e^{-\lambda} dx}{\int_a^{\infty} \lambda e^{-\lambda} dx} = \frac{e^{-\lambda(a+b)}}{e^{-\lambda a}} = e^{-\lambda b} = 1 - F(b) - P(X > b)$$

exercise

$X \sim exponential(\beta)$이고 확률변수 Y을 다음과 같이 정의할 때 포아송분포를 따르는 것을 증명하라.

$$Y = k \text{ if } k-1 \le X < k,\ k = 1,2,...$$

(풀이: 부록 41)

9 베타분포

0과 1 사이의 값을 갖는 연속형 변수에 대한 확률 분포로 두 개의 형상 매개변수인 (α, β)를 가지며, 이 매개변수 분포의 모양이 조정된다. $(\alpha, \beta = 1, 1)$인 경우에는 균일한 분포를 나타내며 $\alpha = \beta$는 좌우 대칭분포이다. α가 크고 β가 작은 경우에는 분포가 왼쪽으로 치우쳐지고 α가 작고 β가 큰 경우에는 분포가 오른쪽으로 치우쳐진다. 베타분포는 확률론, 통계학, 베이지안 추론 등 다양한 분야에서 사용되며 베르누이 분포의 모수에 대한 사전 분포로 자주 활용된다. 베타분포는 감마분포의 비에 의해 유도된다.

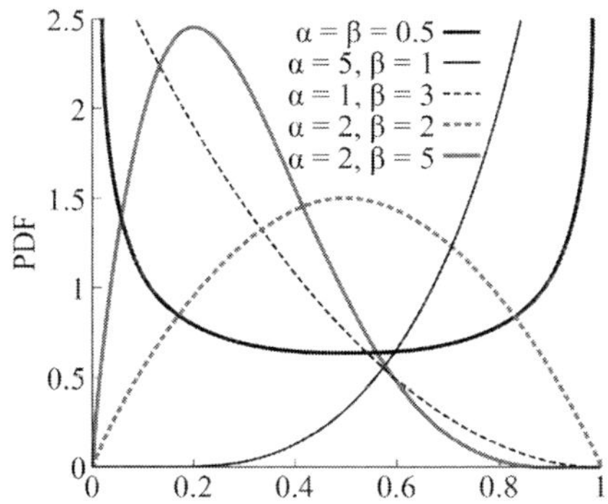

베타함수

베타함수는 적분과 관련된 특수함수로서 주로 베타분포와 관련하여 사용된다. (α, β)가 양수인 경우에만 정의되며 베타분포의 확률 밀도 함수를 정규화(normalization)하기 위해 필요하다. 베타함수의 값을 반드시 계산해야 하는 경우에는 수치적인 방법이 사용될 수 있다.

- 정의: $B(\alpha,\beta)=\dfrac{\Gamma(\alpha)\Gamma(\beta)}{\Gamma(\alpha+\beta)}$

베타분포 $X\sim B(\alpha,\beta)$

$X\sim B(\alpha,\beta)$: $f(x)=\dfrac{1}{B(\alpha,\beta)}x^{\alpha-1}(1-x)^{\beta-1},\ 0<x<1$

평균/분산: $E(X)=\dfrac{\alpha}{\alpha+\beta},\ \ V(X)=\dfrac{\alpha\beta}{(\alpha+\beta)^2(\alpha+\beta+1)}$

모수: 형상 모수 (α,β)

활용

(1) 베르누이 분포의 사전 분포: 베타분포는 베르누이 분포의 모수 p에 대한 사전 분포로 사용된다. 베르누이 분포는 이항분포의 특별한 경우로, 이진 결과를 모델링할 때 사용된다. 베타분포를 이용하여 사전 분포를 정의하고 관측 데이터를 이용하여 사후 분포를 추정함으로써 베르누이 분포의 모수에 대한 추론을 수행할 수 있다.

(2) A/B 테스트: A/B 테스트는 두 가지 다른 변형(예: 웹사이트 디자인, 광고 캠페인 전략 등)을 비교하기 위해 사용되는 실험적인 방법이다. 베타분포는 변형 A와 B에 대한 성공률을 모델링하는 데 사용된다. 변형 A와 B의 성공 횟수에 대한 데이터를 이용하여 베타분포의 매개변수를 추정하고 두 변형의 성공률을 비교할 수 있다.

(3) 베이지안 추론: 베타분포는 베이지안 추론에서 사전 분포로 사용된다. 관측 데이터를 바탕으로 사후 분포를 업데이트하여 모수 추정을 수행하는 것으로, 베타분포를 사전 분포로 설정하고 데이터를 이용하여 사후 분포를 계산함으로써 추정 결과를 얻을 수 있다.

(4) 의료 및 생물학적 연구: 질병의 치료 효과를 연구할 때 환자들의 생존율이나 회복률을 모델링에 사용할 수 있다.

python

```
scipy.stats.beta.ppf(q, a= , b=) / *.pdf(x, a= , b=1) / *.rvs(a=, b=, size=)
```

$$a=\alpha,\ b=\beta$$

property

① $X \sim \Gamma(\alpha,\lambda),\ Y \sim \Gamma(\beta,\lambda)$이고 서로 독립이면 $\dfrac{X}{X+Y} \sim B(\alpha,\beta)$

② $X \sim B(\alpha,\beta)$이면 $1-X \sim B(\beta,\alpha)$

③ $X \sim B(\alpha=1,\beta)$이면 $-\ln(X) \sim exponential(\beta)$

Frequentist vs. Bayesian

고전적 빈도 추정 방법은 확률표본으로부터 통계량을 구하고 이 통계량의 샘플링 분포를 이용하여 모수에 대한 추론을 한다. 베이지안 방법은 (1) 모수에 대한 사전(prior) 확률분포함수를 설정하고 (2) 확률표본을 이용하여 모수의 사후 확률분포함수를 구한 후 (3) 이를 이용하여 모수에 대한 추론을 한다.

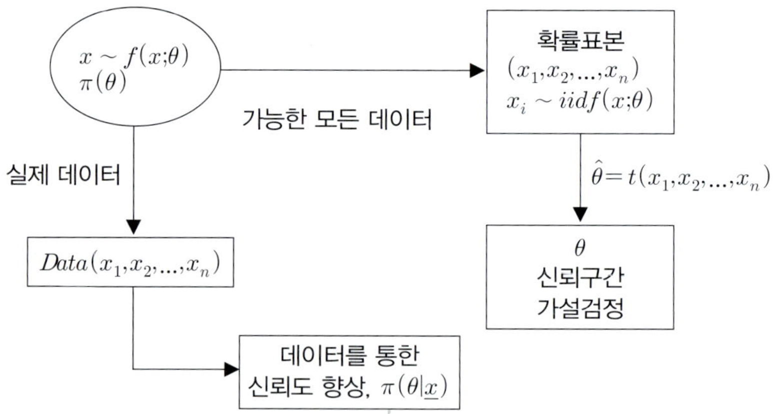

어느 지역의 감기 환자 비율(p)을 알아보기 위하여 표본크기 n의 확률표본을 $(x_1,x_2,...,x_n)$을 추출하였다고 하자.

• Frequentists: $\sum_i^n X_i \sim B(n,p)$이므로 $\hat{p} = \dfrac{\sum_i^n X_i}{n}$이고 샘플링 분포 $\hat{p} \sim N(np, np(1-p))$을 이용하여 신뢰구간과 가설검정을 한다.

• Bayesian: (1) 모수 p에 대한 사전확률을 $\pi(p) \sim U(0,1)$을 가정하자. (2) 모수 p에 대한 사후확률 $\pi(p|x_1, x_2, \ldots, x_n) \sim B(\sum X_i + 1, n - \sum X_i + 1)$이다. (3) 모수에 대한 베이지안 추정치는 제곱오차 손실함수(squared error loss function) 방법을 적용할 시 사후확률 평균 $\dfrac{\sum X_i + 1}{n+2}$이다.

example

베타분포 $X \sim B(\alpha, \beta)$의 평균이 $\dfrac{\alpha}{\alpha+\beta}$임을 보여라.

증명

$$E(X) = \int x \frac{1}{B(\alpha,\beta)} x^{\alpha-1}(1-x)^{\beta-1}dx = \int \frac{1}{B(\alpha,\beta)} x^{\alpha}(1-x)^{\beta-1}dx$$

$$= \frac{B(\alpha+1,\beta)}{B(\alpha,\beta)} = \frac{\alpha}{\alpha+\beta}$$

$$= \frac{\int_{a+b}^{\infty} \lambda e^{-\lambda} dx}{\int_a^{\infty} \lambda e^{-\lambda} dx} = \frac{e^{-\lambda(a+b)}}{e^{-\lambda a}} = e^{-\lambda b} = 1 - F(b) - P(X > b)$$

exercise

베타분포 $X \sim B(\alpha, \beta)$의 분산이 $\dfrac{\alpha\beta}{(\alpha+\beta)^2(\alpha+\beta+1)}$임을 보여라. (풀이: 부록 42)

example

은행의 업무 시간 중 바쁜 시간의 비율을 확률변수 X의 확률밀도함수를 $f(x) = cx^2(1-x)^4,\ 0 < x < 1$이라 정의하자.

(1) 상수 c를 구하라.

(2) 바쁜 시간 비율의 기댓값 $E(X)$을 구하라. (풀이: 부록 43)

10 t-분포

t-분포는 영국의 통계학자 스튜던트(William Sealy Gosset, Head Experimental Brewer at Guinness)에 의해 개발되었다. 기존의 표준정규분포를 사용하여 작은 표본의 평균에 대한 추론을 수행하는 데에 어려움을 겪던 그는 표본의 크기가 작고 모집단의 분산을 추정하는 데 불확실성이 존재한다는 사실을 발견하고 이에 대한 적절한 분포를 개발하고자 노력하였다. 논문 「The Probable Error of a Mean」에 t-분포에 대한 개념을 소개하였으며, 이 논문에서 그는 작은 표본의 평균에 대한 신뢰구간을 구하는 방법을 제시하였다. 스튜던트의 업적은 후에 통계학자 피셔(Ronald A. Fisher)에 의해 확장되었다. 피셔는 t-분포를 다양한 통계적 추론 문제에 적용하였고, 표본의 크기와 모집단 분산의 추정에 따라 t-분포의 형태가 변하는 특성을 밝혔다. t-분포는 이상치에 대해서도 상대적으로 더 강인한 성질을 가지고 있어 t-분포를 사용하면 이상치의 영향을 완화할 수 있다.

t-분포 $X \sim t(n)$

유도: $Z \sim N(0,1)$, $W \sim \chi^2(n)$이고 서로 독립이면 $\dfrac{Z^2}{\sqrt{W/n}} \sim t(n)$

$$X \sim t(n):\ f(x) = \frac{\Gamma\left(\frac{n+1}{2}\right)}{\sqrt{n}\,\pi\Gamma\left(\frac{n}{2}\right)}\left(1+\frac{t^2}{n}\right)^{-(n+1)/2},\quad -\infty < x < \infty$$

평균/분산: $E(X)=0$, $V(X)=\dfrac{n}{n-2}$

모수: 자유도 n

활용

(1) 소표본 모집단 평균 추론

(2) 소표본 두 모집단 평균 차이 검정

(3) 회귀분석 회귀계수 추론

python

```
scipy.stats.t.ppf(q, df=) / *.pdf(x, df= ) / *.rvs(df=, size=)
```

property

① 자유도 n이 커지면 $X \sim t(n)$은 표준정규분포 $N(0,1)$에 근사한다.

11 F-분포

F-분포는 두 모집단의 분산 추정량을 비교하거나 분산분석(ANOVA) 등에 사용되는 확률 분포로 오른쪽으로 꼬리가 긴 분포이다. 즉, 큰 값에 대한 확률이 상대적으로 높다. F-분포의 모양은 분자와 분모 자유도 (n_1, n_2)에 의해 결정되며 자유도가 크면 F-분포는 정규분포에 근사될 가능성이 높아진다. F-분포는 두 개의 분산 추정량 또는 분산 비율을 비교하는 데 사용되거나 세 개 이상의 그룹 간 평균 차이를 비교하는 통계적 기법으로, 그룹 내의 변동과 그룹 간의 변동을 비교하는 데 사용된다.

F-분포는 통계학자 로널드 A. 피셔(Ronald A. Fisher)에 의해 발견되었다. 다른 그룹 간의 차이를 비교하고 그룹 내의 변동과 그룹 간의 변동을 평가하기 위한 적절한 분포를 찾는 데 관심을 가진 그는 그룹 내의 변동을 나타내는 제곱합(sum of squares within groups)과 그룹 간의 변동을 나타내는 제곱합(sum of squares between groups)의 비율이 F-분포라는 새로운 확률 분포라는 사실을 발견했다. 피셔는 1924년에 F-분포에 대한 논문 「The Distribution of the Ratio of the Mean Square Successive Differences to the Mean Square Error」에서 F-분포를 실험에서 그룹 간 차이를 평가하는 데 사용할 수 있는 유용한 도구로 제시했다.

F-분포 $X \sim F(n_1, n_2)$

유도: $X \sim \chi^2(n_1)$, $Y \sim \chi^2(n_2)$이고 서로 독립이면 $\dfrac{X/n_1}{Y/n_2} \sim F(n_1, n_2)$

$X \sim F(n_1, n_2)$: $f(x) = complicated,\ 0 < x < \infty$

평균/분산: $E(X) = \dfrac{n_2}{n_2 - 2}$, $V(X) = complicated$

모수: 자유도 n_1, n_2

활용

(1) 독립 모집단 분산 차이 검정

(2) 분산분석

python

```
scipy.stats.f.ppf(q, dfn, dfd=) / *.pdf(x, dfn, dfd=) / *.rvs(dfn=, dfd=,
size=)
```

property

① $X \sim B(\frac{n_1}{2}, \frac{n_2}{2})$이면 $\dfrac{n_2 X}{n_1(1-X)} \sim F(n_1, n_2)$이다.

② $X \sim F(n_1, n_2)$이면 $\lim_{n_2 \to \infty} n_1 X \sim \chi^2(n_1)$이다.

③ $X \sim F(n_1, n_2)$이면 $\dfrac{1}{X} \sim F(n_2, n_1)$이다.

④ $X \sim t(n)$이면 $X^2 \sim F(1, n)$이다.

12 지수족

definition

다음과 같이 쓸 수 있는 확률밀도함수를 지수족(exponential family)이라 한다.

$$f(x;\theta)=h(x)g(\theta)\exp(c(\theta)K(x)) \Leftrightarrow \exp(c(\theta)K(x)+h(x)+g(\theta))$$

$h(x), K(x)$: 확률변수 x의 함수

$g(\theta), c(\theta)$: 모수 θ의 함수

조건

(1) 확률변수 X 영역 S는 모수 θ에 의존하지 않는다.

(2) $c(\theta), g(\theta)$는 모수 $\theta \in \Omega$의 함수이다.

(3) $h(x), K(x)$는 확률변수 X의 함수이고 $K^{'}(x) \neq 0$이다.

theorem

지수족(exponential family) 확률밀도함수를 갖는 경우 $c(\theta)$의 완비 충분 통계량은 $\sum K(x)$이다.

property

충분 통계량(sufficient statistics): 지수족 분포들은 충분 통계량을 가지는데 데이터의 정보를 보존하면서 파라미터의 추정에 필요한 정보를 제공한다. 충분 통계량을 기반으로 모수에 대한 최소분산 불편 추정량을 구한다.

켤레성(conjugacy): 지수족 분포들은 켤레성을 가지는데 사전 분포와 사후 분포가 같은 확률 분포 형태를 가지는 경우를 의미한다. 켤레성은 베이지안 추정에서 중요한 역할을 한다.

모멘트 생성 함수(moment generating function): 지수족 분포들은 모멘트 생성 함수를 이용하여 분포의 특성을 분석할 수 있다. 모멘트 생성 함수는 분포의 모든 모멘트들을 생성하는 데 사용된다.

example

$f(x;p) \sim B(n,p)$ 이항분포는 지수족임을 보여라.

풀이

$$f(x;p) = \binom{n}{x} p^x (1-p)^{n-x},\ x = 0,1,2,\ldots,n = \binom{n}{x}(1-p)^n \exp(\ln(\frac{p}{1-p})x)$$

$$h(x) = \binom{n}{x},\ g(p) = (1-p)^n,\ c(p) = \ln\left(\frac{p}{1-p}\right),\ K(x) = x$$

$\sum K(x) = \sum x$는 모수 $c(p) = \ln\left(\frac{p}{1-p}\right)$ 충분 통계량이다.

theorem

지수족 확률밀도함수를 갖는 경우 다음이 성립한다.

$$E\left(\frac{\partial c(\theta)}{\partial \theta} K(x)\right) = \frac{\partial}{\partial \theta} \ln g(\theta)$$

$$V\left(\frac{\partial p(\theta)}{\partial \theta} K(x)\right) = \frac{\partial^2}{\partial \theta^2} \ln g(\theta) - E\left(\frac{\partial^2 p(\theta)}{\partial \theta^2} K(x)\right)$$

example

$f(x;p) \sim N(\mu,\sigma)$ 정규분포는 지수족임을 보여라. $\underline{\theta} = (\mu,\sigma)$

풀이

$$f(x;p) = \frac{1}{\sqrt{2\pi}\,\sigma} \exp(-\frac{\mu}{2\sigma^2}) \exp(-\frac{x^2}{2\sigma^2} + \frac{\mu x}{\sigma^2})$$

$$h(x) = 1,\ g(\underline{\theta}) = \frac{1}{\sqrt{2\pi}\,\sigma} \exp\left(-\frac{\mu}{2\sigma^2}\right),\ c_1(\underline{\theta}) = \frac{1}{\sigma},\ c_2(\underline{\theta}) = \frac{\mu}{\sigma^2},$$

$$K_1(x) = -\frac{x^2}{2},\ K_2(x) = x$$

그러므로 $(\sum X_i, \sum X_i^2)$은 $\underline{\theta} = (\mu,\sigma)$의 충분 통계량이다.

theorem

지수족 확률밀도함수에서 확률표본 $(X_1, X_2, \dots, X_n)$일 때 $Y = \sum K(X_i)$에 대하여 다음이 성립한다.

① $f_Y(y;\theta) \sim R(y)\exp(c(\theta)y + ng(\theta))$

② $E(Y) = -\dfrac{ng'(\theta)}{c'(\theta)}$

③ $V(Y) = n\dfrac{1}{c'(\theta)^3}(c(\theta)g'(\theta) - g''(\theta)c'(\theta))$

example

$f(x;p) \sim P(\lambda)$ 포아송분포가 지수족임을 보여라. $\theta = \lambda$

풀이

$$f(x;\theta) = \frac{e^{-\theta}\theta^x}{x!} = \exp(\ln(\theta)x + \ln\frac{1}{x!} + (-\theta))$$

$c(\theta) = \ln(\theta)$, $g(\theta) = -\theta$, $K(x) = x$이므로 $Y = \sum X_i$ 충분 통계량이다.

그리고 $c'(\theta) = \dfrac{1}{\theta}$, $g'(\theta) = -1$이므로 $E(Y) = n\theta$이다.

13 위치-크기 족

theorem

$f(x)$는 확률밀도함수, μ, σ 임의의 상수이면 $g(x \mid \mu, \sigma) = \dfrac{1}{\sigma}f(\dfrac{x-\mu}{\sigma})$도 확률밀도함수이다.

증명

$$\int \frac{1}{\sigma} f\left(\frac{x-\mu}{\sigma}\right)dx = \left(let\ y = \frac{x-\mu}{\sigma}\right) = \int f(y)dy = 1$$

definition

$f(x)$는 확률밀도함수, $-\infty < \mu < \infty$는 임의의 상수이면 $f(x-\mu)$ μ에 대한 위치족 (location family)이다.

theorem

$X \sim f(x-u)$이면 $X = Z + \mu$는 $Z \sim f(z)$를 갖는다.

definition

$f(x)$는 확률밀도함수, $-\infty < \mu < \infty$, $\sigma > 0$는 임의의 상수이면 $\frac{1}{\sigma} f(\frac{x-\mu}{\sigma})$ σ에 대한 위치-크기 족(location scale family)이다.

theorem

$X \sim \frac{1}{\sigma} f(x/\sigma)$이면 $X = \sigma Z$는 $Z \sim f(z)$를 갖는다.

definition

$f(x)$는 확률밀도함수, $\sigma > 0$는 임의의 상수이면 $\frac{1}{\sigma} f\left(\frac{x}{\sigma}\right)$ σ에 대한 크기족(scale family)이다.

theorem

$X \sim \frac{1}{\sigma} f((x-\mu)/\sigma)$이면 $X = \sigma Z + \mu$는 $Z \sim f(z)$를 갖는다.

theorem

$Z \sim f(z)$이고 $E(Z), V(Z)$가 존재하면 $X \sim \frac{1}{\sigma} f(\frac{x-\mu}{\sigma})$이면 $E(X) = \sigma E(Z) + \mu$, $V(X) = \sigma^2 V(Z)$을 갖는다.

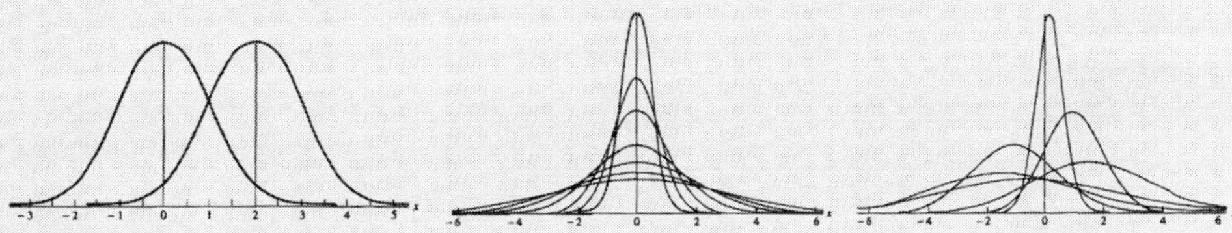

14 확률 부등식 및 등식

theorem

$X \sim f_X(x)$는 확률변수, $g(x)$ 비음수 함수이면 다음이 성립한다.

$$P(g(X) \geq r) \leq \frac{E(g(X))}{r}$$

증명

$$\begin{aligned} E(g(X)) &= \textstyle\int_{-\infty}^{\infty} g(x) f_X(x) dx \geq \int_{\{x; g(x) \geq r\}} g(x) f_X(x) dx \\ &\geq r \textstyle\int_{\{x; g(x) \geq r\}} f_X(x) dx \\ &= rP(g(X) \geq r) \end{aligned}$$

체비세프 부등식

$g(x) = \frac{(x-\mu)^2}{\sigma}$, $r = k^2$이면 $P(|X-\mu| \geq k\sigma) \leq \frac{1}{k^2} \leftrightarrow P(|X-\mu| \leq k\sigma) \leq 1-\frac{1}{k^2}$이다.

example

$X \sim N(0,1)$이면 $P(|Z| \geq k) \leq \sqrt{\frac{2}{\pi}}\frac{e^{-k^2/2}}{k}$ 부등식이 성립한다.
$k=2$이면 확률변수가 임의의 분포이면 평균 μ 중심 $\pm 2\sigma$ 범위 안에 최소 0.75 있으나 정규분포이면 0.95이다.

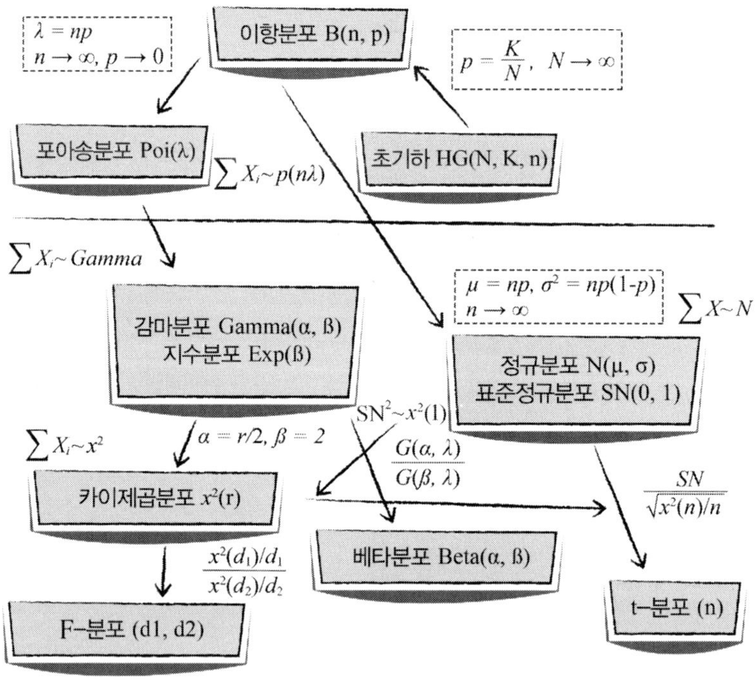

제 3 장

이변량 확률변수

01 이변량 확률밀도함수

확률변수가 두 개를 동시에 고려하는 경우 이를 이변량 확률변수, 3개 이상을 다변량이라 한다.

- 은행에서 고객이 기다리는 시간(X)과 서비스를 받는 시간(Y)
- 바이러스에 감염된 환자 수(X)와 24시간 후 치료된 환자 수(Y)
- 학생들의 키(X)와 몸무게(Y)
- 전광판에 사용된 n개 전구의 수명$(X_1, X_2, \ldots, X_n)$

이산형과 연속형 변수가 함께 있는 이변량, 다변량 분포도 가능하나 매우 복잡하고 유용성이 낮으므로 여기서는 모두 연속형이거나 이산형인 경우에 한정하여 다루기로 한다. 확률표본 $(X_1, X_2, \ldots, X_n)$으로부터 계산되는 통계량은 확률표본의 함수 $t(X_1, X_2, \ldots, X_n)$이며 모집단의 모수를 추정하거나 검정하는 데 사용된다. 통계량의 확률밀도함수는 다변량 확률밀도함수이다. 우선 설명과 이해의 편의를 위하여 이변량 변수인 경우의 확률밀도함수를 설명하기로 한다.

확률변수와 관측값 기호

이변량 확률변수는 $(X, Y, Z \ldots)$ 등과 같은 알파벳 대문자를 사용하며 다변량 확률변수는 $(X_1, X_2, \ldots, X_n)$과 같이 알파벳 대문자와 아래 첨자를 사용하여 표현한다. 확률변수의 실제 관측값(데이터)은 소문자 x, y, z 혹은 $(x_1, x_2, \ldots, x_n)$로 표현한다.

1 결합확률밀도함수

주사위를 동시에 두 개 던지는 실험에서 한 주사위의 눈금을 확률변수 X, 다른 주사위의 눈금을 Y라 정의하자. 이 확률실험에서 발생할 수 있는 경우의 수는 36가지이고 각각이 일어날 가능성(확률)이 동일하므로 확률변수 (X, Y)의 결합(joint)밀도함수는 다음과 같이 정의할 수 있다.

$$p(x,y) = P(X=x, Y=y) = \frac{1}{36}, \quad x,y = 1,2,\ldots,6$$

definition

표본공간 S를 가진 확률실험에서 $c \subset S$ 원소의 $X(c)=x$, $Y(c)=y$로 정의되는 확률변수 (X, Y)을 생각해 보자. $X=(X, Y)'$을 랜덤벡터라 하고 벡터 확률변수 영역은 $D=\{(x,y);x=X(c),\ y=Y(c)\}$라 정의한다.

definition

연속형 이변량 확률변수의 결합누적 확률분포함수는 다음과 같이 정의한다.

$$F_{X,Y}(x,y) = P(X \le x \cap Y \le y), \text{ for } all(x,y) \in R$$

연속형 이변량 확률변수의 결합확률밀도함수는 다음과 같이 정의한다.

$$\frac{\partial^2 F_{X,Y}(x,y)}{\partial x \partial y} = f_{X,Y}(x,y), \text{ for } all(x,y) \in R$$

definition

이산형 이변량 확률변수의 결합확률밀도함수는 다음과 같이 정의한다.

$$p_{X,Y}(x,y) = P(X=x, Y=y), \text{ for } all(x,y) \in D$$

property

확률의 공리에 의해 결합확률밀도함수는 다음 성질을 갖는다.

(1) $0 \le p_{X,Y}(x,y) \ge 1$ (이산형) $0 \le f_{X,Y}(x,y)$(연속형)

(2) $\sum_x \sum_y p_{X,Y}(x,y) = 1$ (이산형) $\int\int f_{X,Y}(x,y)$ (연속형)

property

이변량 결합누적 확률분포함수는 다음 성질을 갖는다.

(1) $F(-\infty,-\infty) = F(x,-\infty) = F(-\infty,y) = 0$

(2) $F(\infty,\infty) = 1$

(3) 누적 확률분포함수는 비감소함수이다.

(4) $P_{X,Y}(x_1 < X \le x_2, y_1 < Y \le y_2)$

$= F_{X,Y}(x_2,y_2) - F_{X,Y}(x_1,y_2) - F_{X,Y}(x_2,y_1) + F_{X,Y}(x_1,y_1)$

example

동전을 3번 연속 던지는 실험에서 확률변수 X는 첫 번째, 두 번째 시행에서 앞면의 개수이며 확률변수 Y는 3번의 시행에서 앞면의 개수라 정의하자. 사건 $\{TTH\}$에 대한 확률변수 (X, Y)는 다음과 같이 정의된다. $(X\{TTH\}, Y(TTH)) = (0,1)$이다. 확률실험의 표본공간 S는 다음과 같다.

$$S = \{HHH, HHT, HTH, HTT, THH, THT, THH, TTT\}$$

그러므로 확률변수 (X, Y)의 영역은 $D = \{(2,3),(2,2),(1,2),(1,1),(0,1),(0,0)\}$ (X, Y) 결합확률밀도함수는 다음과 같다.

X \ Y	0	1	2	3
0	1/8	1/8	0	0
1	0	2/8	2/8	0
2	0	0	1/8	1/8

exercise

2개의 주사위를 동시에 던지는 실험에서 확률변수 X는 큰 수, 확률변수 Y는 작은 수로 정의할 때 (X, Y) 결합확률밀도함수를 구하라. 단, 동일한 수가 나오는 경우는 표본공간에서 제외한다. (풀이: 부록 44)

example

은행에 창구가 3개 있다. 2명의 고객이 서로 다른 시간에 왔고 서로 독립(모르는 사람)이라고 하자. 창구 1에 온 고객 수를 X, 창구 2에 온 고객 수라 Y라 할 때 (X, Y) 결합밀도함수를 구하라.

풀이

X \ Y	0	1	2
0	1/9	2/9	1/9
1	2/9	2/9	0
2	1/9	0	0

exercise

회사 9명의 이사 중 4명은 결혼, 3명은 싱글, 2명은 이혼이다. 3명의 임원을 무작위로 선택했을 때 확률변수 X는 결혼한 이사 수, 확률변수 Y은 싱글 이사 수라고 정의하자. (X, Y)의 결합확률밀도함수를 구하라. (풀이: 부록 45)

example

결합확률밀도함수 $f(x,y) = 6x^2y,\ 0 < x,\ y < 1$에서 $P(0 < X < \frac{3}{4},\ \frac{1}{3} < Y < \frac{3}{2})$을 구하라.

풀이

$$F_{X,Y}(x,y)=\int_0^y\int_0^x 6x^2y\,dx\,dy=6\int_0^y y\int_0^x x^2\,dx\,dy$$

$$=6\left(\frac{x^3}{3}\right)\int_0^y y\,dy=6\left(\frac{x^3}{3}\right)\left(\frac{y^2}{2}\right)=x^3y^2$$

$$P(0<X<\frac{3}{4},\frac{1}{3}<Y<\frac{3}{2})=(\because 0<y<1)P(0<X<\frac{3}{4},\frac{1}{3}<Y<1)$$

$$=F\left(\frac{3}{4},1\right)-F\left(\frac{3}{4},\frac{1}{3}\right)-F(0,1)+F\left(0,\frac{1}{3}\right)=\left(\frac{3}{4}\right)^3(1)^2-\left(\frac{3}{4}\right)^3\left(\frac{1}{3}\right)^2=\frac{3}{8}$$

exercise

확률변수 (X,Y)의 결합확률밀도함수는 $f(x,y)=1, 0\le x,y\le 1$이다.

(1) $F(0.2,0.4)$을 구하라.

(2) $P(0.1\le X\le 0.3, 0\le Y\le 5)$을 계산하라. (풀이: 부록 46)

example

확률변수 (X,Y)의 결합확률밀도함수는 $f(x,y)=k(1-y),\ 0\le x\le y\le 1$이다.

(1) 상수 k를 구하라.

(2) $P(X\le \frac{3}{4}, \frac{1}{2}\le Y)$을 계산하라.

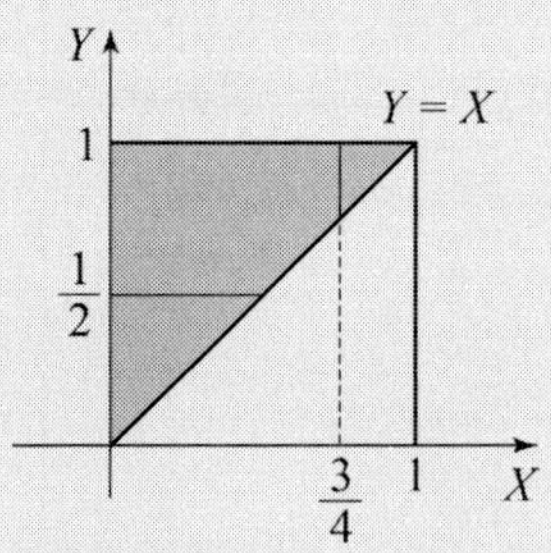

풀이

$\int_0^1\int_0^y k(1-y)dxdy = k\int_0^1(1-y)ydy = k\left(\frac{y^2}{2} - \frac{y^2}{3}\right)|_0^1 = \frac{k}{6} = 1$. 그러므로 $k=6$

$P(X \le \frac{3}{4}, \frac{1}{2} \le Y)$

$= P(0 \le X \le \frac{1}{2}, \frac{1}{2} \le Y \le 1) + P(\frac{1}{2} \le X \le \frac{3}{4}, x \le Y \le 1)$

$\int_0^{\frac{1}{2}}\int_{\frac{1}{2}}^1 6(1-y)dydx + \int_{\frac{1}{2}}^{\frac{3}{4}}\int_x^1 6(1-y)dydx = \frac{31}{64}$

exercise

확률변수 X는 주유소 저장 탱크에 있는 GAS 양(%)이고 Y는 하루에 팔린 GAS 양(%)이다. 결합밀도함수는 $f(x,y) = 3x$, $0 \le y \le x \le 1$라 할 때 기름 탱크에 저장된 GAS 양이 1/2보다 작고 하루 팔린 양이 1/4 이하일 확률을 계산하라. (풀이: 부록 47)

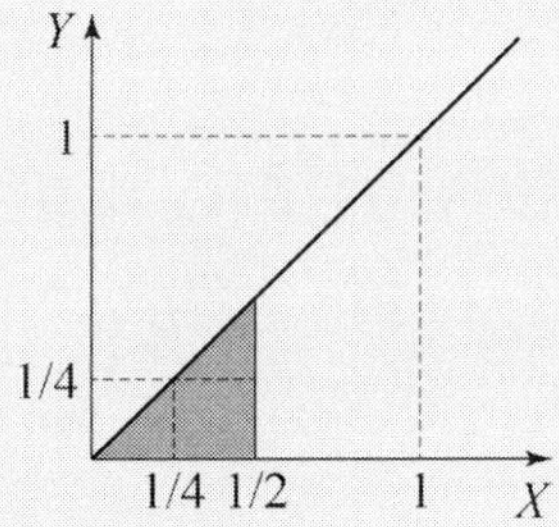

example

확률변수 (X, Y)의 결합밀도함수는 $f(x,y) = 2, 0 \le x, y \le 1, 0 \le x+y \le 1$이다.

(1) $P(X \le \frac{1}{2},\ Y \le \frac{1}{2})$을 계산하라.

(2) $P(X \le \frac{3}{4},\ Y \le \frac{3}{4})$을 계산하라.

풀이

(1) $P(X \le \frac{1}{2},\ Y \le \frac{1}{2}) = \int_0^{1/2}\int_0^{1/2} 2dxdy = 2\frac{1}{4} = \frac{1}{2}$

(2) $P(X \le \frac{3}{4},\ Y \le \frac{3}{4})$

$= P(X \le \frac{1}{4},\ Y \le \frac{1}{4}) + P(\frac{1}{4} \le X \le \frac{3}{4},\ \frac{1}{4} \le Y \le 1-x) = \frac{1}{8} + \frac{1}{2} = \frac{10}{16}$

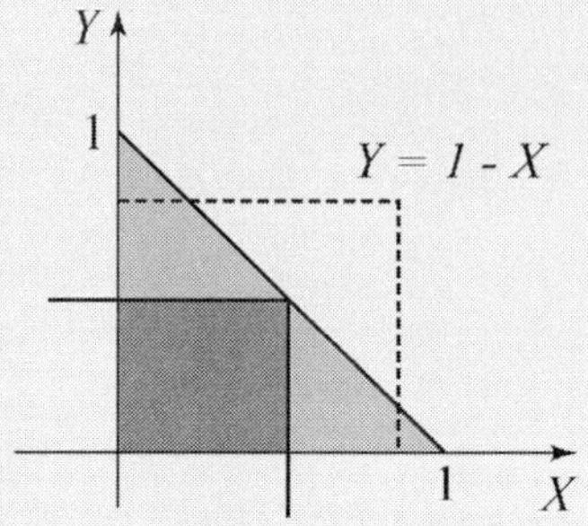

exercise

두 명의 근로자 각각에 주어진 할당량을 완료하는 데 걸리는 시간을 확률변수 (X, Y)로 정의하고 결합확률밀도함수는 $f(x,y) = x + y,\ 0 \le x,\ y \le 1$이다. 다음 확률을 구하라.

(1) $P(X < \frac{1}{2},\ Y > \frac{1}{4})$

(2) $P(X + Y \le 1)$ (풀이: 부록 48)

example

고객이 은행에 들어와 서비스를 받고 나가는 시간까지 걸리는 시간을 확률변수 X, 서비스를 받는 시간을 확률변수 Y라 정의할 때 결합확률밀도함수는 $f(x,y) = e^{-x},\ 0 \le y \le x < \infty$이다.

(1) $P(X \ge Y)$을 계산하라.

(2) $P(X - Y \ge \frac{1}{2})$을 계산하라.

풀이

(1) $P(X \geq Y) = \int_0^\infty \int_0^x e^{-x} dy dx = \int_0^\infty x e^{-x} dx$

$$= -xe^{-x} - e^{-x}|_0^\infty = 1. \ (X \sim exponential(1))$$

(2) $P(X - Y \geq \frac{1}{2}) = \int_0^\infty \int_0^{x-1/2} e^{-x} dy dx$

$$= \int_0^\infty (x - \frac{1}{2}) e^{-x} dx = 1 - \frac{1}{2} = \frac{1}{2}$$

2 변수변환

이변량 확률변수 (X, Y)의 함수, $U = g(X, Y)$, $V = h(X, Y)$의 확률밀도함수를 구하는 방법에 대하여 살펴보기로 하자.

이산형 이변량 확률변수

이산형 이변량 확률변수 (X, Y)의 결합확률밀도함수를 $p_{X,Y}(x,y)$, $(x,y) \in S$라 하자. $u = g(x,y)$, $v = h(x,y)$ 일대일 변환($S \to T$)이라 정의하면 이변량 확률변수 (U, V)의 결합밀도함수는 다음과 같다.

$$p_{U,V}(u,v) = p_{X,Y}(x = w(u,v), y = z(u,v)), (u,v) \in T \, where$$

$x = w(u,v)$, $y = z(u,v)$은 $u = g(x,y)$, $v = h(x,y)$의 일대일 변환함수이다.

example

이산형 이변량 확률변수 (X, Y)의 결합밀도함수는 $p(x,y) = \dfrac{\lambda_1^x \lambda_2^y e^{-x} e^{-y}}{x!y!}, x, y = 0, 1, 2, \ldots$ 이다. $U = X + Y$의 확률밀도함수를 구하라.

풀이

(1) 이변량 확률변수의 변수변환이므로 U 변환 이외 관심변환은 아니지만 간단한 변수변환을 고려하여 $(X, Y) \rightarrow (U, V)$ 이변량 변수변환을 실시한다.

(2) $U = X + Y(*)$, $V = Y$ 변환을 고려하면 $X = U - V$, $Y = V$이다.

(3) $S = \{(x,y); x = 0,1,2,\ldots, y = 0,1,2,\ldots\}$

$\rightarrow$ $T = \{(u,v); v = 0,1,\ldots,u, u = 0,1,2,\ldots\}$이다.

(4) (U, V)의 결합확률밀도함수는 $p_{U,V}(u,v) = \dfrac{\lambda_1^{(u-v)}\lambda_2^v e^{-(\lambda_1+\lambda_2)}}{v!(u-v)!}, (u,v) \in T$ 이다.

(5) 확률변수 U에 대한 주변확률밀도함수를 구하면 된다.

$$p_U(u) = \sum_{v=0}^{u} \frac{\lambda_1^{(u-v)}\lambda_2^v e^{-(\lambda_1+\lambda_2)}}{v!(u-v)!} = \frac{e^{-(\lambda_1+\lambda_2)}}{u!}\sum_{v=0}^{u}\frac{u!}{v!(u-v)!}\lambda_1^{u-v}\lambda_2^v$$

$$= \frac{e^{-(\lambda_1+\lambda_2)}}{u!}(\lambda_1+\lambda_2)^u \sim Poisson(\lambda_1+\lambda_2)$$

exercise

이산형 이변량 확률변수 (X, Y)의 결합밀도함수는

$p(x,y) = \left(\dfrac{2}{3}\right)^{x+y}\left(\dfrac{1}{3}\right)^{2-x-y}$, $S = \{(x,y); (0,0),(0,1),(1,0),(1,1)\}$이다.

$U = X + Y$, $V = X - Y$의 이변량 결합확률밀도함수를 구하라. (풀이: 부록 49)

연속형 이변량 확률변수 $F(x)$이용하기

example

이변량 연속형 확률변수 (X, Y)의 결합확률밀도함수를 $f(x,y) = 1$, $0 < x$, $y < 1$라 하자. $U = X + Y$의 확률밀도함수를 구하라.

풀이

(1) 확률변수 영역: $0 < x$, $y < 1$으로부터 $0 < u < 2$이다.

(2) $0 < u \le 1$인 경우

$$F_U(u) = P(U \le u) = P(X + Y \le u) = \int_0^u \int_0^{u-x} 1 dy dx$$

$$= \int_0^u y|_0^{u-x} dx = \int_0^u (u-x) dx = \frac{u^2}{2}$$

(3) $1 < u < 2$인 경우

$$F_U(u) = P(U \le u) = P(X + Y \le u)$$

$$= 1 - \int_{u-1}^1 \int_{u-x}^1 1 dy dx = 1 - \frac{(2-u)^2}{2}$$

(4) 확률변수 U의 확률밀도함수는 다음과 같다.

$$f_U(u) = \begin{cases} u, & 0 < u \le 1 \\ (2-u), & 1 < u < 2 \end{cases}$$

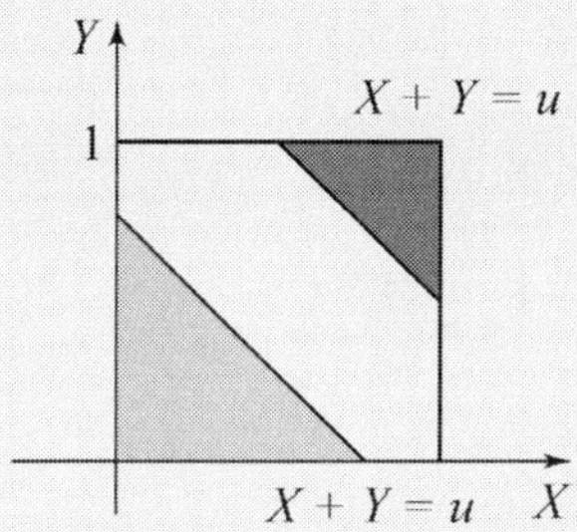

exercise

이변량 결합확률밀도함수 $f(x,y) = e^{-(x+y)}$, $0 < x,y$인 경우 $U = X + Y$ 확률밀도함수를 구하라.

$$f(u) = e^{-u},\ u > 0 \sim exponential(1)$$ (풀이: 부록 50)

◆ 연속형 이변량 확률변수 Jacobian 방법 이용하기

이변량 연속형 확률변수 (X, Y)의 결합확률밀도함수를 $f(x,y), (x,y) \in S$라 하자. 이변량 변환확률변수 $U = g(X, Y)$, $V = h(X, Y)$의 결합확률밀도함수를 $f(u,v), (u,v) \in T$라 정의하고 $A \in S$에 대하여 $u = g(x,y), v = h(x,y)$ 일대일 변환함수에 의해 $B \in T$에 대응된다고 하자.

(1) 일대일 변환함수: $u=g(x,y), v=h(x,y) \Leftrightarrow x=w(u,v), y=z(u,v)$

(2) $J=\begin{vmatrix} \frac{\partial x}{\partial u} & \frac{\partial x}{\partial v} \\ \frac{\partial y}{\partial u} & \frac{\partial y}{\partial v} \end{vmatrix}$

(3) $P[(U,V)\in B]=P[(X,Y)\in A]=\int\int f_{X,Y}(x,y)dxdy$

(4) $f_{U,V}(u,v)=f_{X,Y}(w(x,y),z(x,y)),(u,v)\in T$

example

이변량 연속형 확률변수 (X,Y)의 결합확률밀도함수를 $f(x,y)=1,\ 0<x,\ y<1$라 하자. $U=X+Y,\ V=X-Y$의 이변량 결합확률밀도함수를 구하라.

풀이

(1) 확률변수 (X,Y)의 영역: $S=\{(x,y);0<x<1,0<y<1\}$

(2) $U=X+Y,\ V=X-Y$ 변환: $X=\frac{1}{2}(U+V),\ Y=\frac{1}{2}(U-V)$

(3) $S=\{(x,y);0<x<1,0<y<1\}$의 경계값 확률변수 (U,V)의 영역

$T=\{(u,v)\}$ 매핑

$x=0\ into\ 0=\frac{1}{2}(u+v)$

$x=1\ into\ 1=\frac{1}{2}(u+v)$

$y=0\ into\ 0=\frac{1}{2}(u-v)$

$y=1\ into\ 0=\frac{1}{2}(u-v)$

(4) Jacobian 구하기

$J=\begin{vmatrix} \frac{\partial x}{\partial u} & \frac{\partial x}{\partial v} \\ \frac{\partial y}{\partial u} & \frac{\partial y}{\partial v} \end{vmatrix}=\begin{vmatrix} \frac{1}{2} & \frac{1}{2} \\ \frac{1}{2} & -\frac{1}{2} \end{vmatrix}=\left(\frac{1}{2}\right)\left(-\frac{1}{2}\right)-\left(\frac{1}{2}\right)\left(\frac{1}{2}\right)=-\frac{1}{2}$

(5) $0<x<1,\ 0<y<1 \leftrightarrow 0<\frac{1}{2}(u+v)<1,\ 0<\frac{1}{2}(u-v)<1$

$\leftrightarrow\ -u<v,\ v<2-u,\ v<u,\ u-2<v.$

그러므로 $T=\{(u,v);u<v,v<2-u,v<u,u-2<v\}$

(6) $f_{U,V}(u,v)=f_{X,Y}\left(\frac{1}{2}(u+v),\ \frac{1}{2}(u-v)\right)|J|=\frac{1}{2},(u,v)\in T$

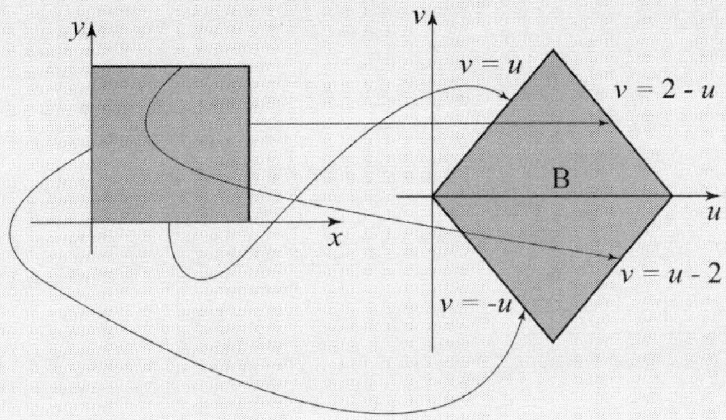

convolution 방법

이변량 결합확률밀도함수 $f_{X,Y}(x,y), S=\{(x,y);-\infty<x,y<\infty\}$이고 $U=X+Y$, $V=Y$변환에서 $U=X+Y$의 확률밀도함수는 다음과 같다.

$$f_U(u)=\int_{-\infty}^{\infty}f_{X,Y}(u-v,v)dv$$

example

이변량 결합확률밀도함수 $f(x,y)=2,\ 0<x<y<1$인 경우 $U=\dfrac{X}{Y},\ V=Y$ 이변량 결합확률밀도함수를 구하라.

풀이

(1) $U=\dfrac{X}{Y},\ V=Y$ 변환: $X=UV,\ Y=V$

(2) $S=\{(x,y);0<x,y\}\ \rightarrow\ T=\{(u,v);0<v<1,0<v<1\}$

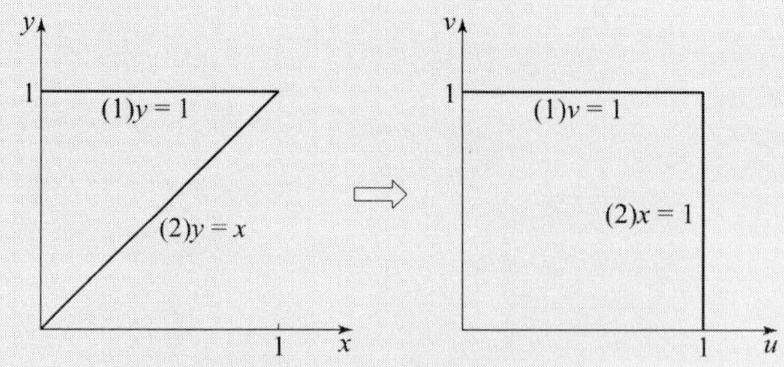

(3) $J=\begin{vmatrix} V & U \\ 0 & 1 \end{vmatrix} = UV$

(4) $f_{U,V}(u,v) = f_{X,Y}(uv,v)|J| = 2v, (u,v) \in T$

example

이변량 결합확률밀도함수 $f(x,y) = e^{-(x+y)}$, $0 < x,y$인 경우 $U = X + Y$ 확률밀도함수를 구하시오.

풀이

(1) 이변량 변환을 위하여 또 다른 변환을 $V = Y$ 정의하자.

(2) $U = X + Y$, $V = Y$ 변환: $X = U - V$, $Y = V$

(3) $S = \{(x,y);0 < x,y\} \rightarrow T = \{(u,v);0 < v < u, 0 < v\}$

(4) $J = \begin{vmatrix} 1 & -1 \\ 0 & 1 \end{vmatrix} = 1$

(5) $f_{U,V}(u,v) = f_{X,Y}\left(\frac{1}{2}(u+v), \frac{1}{2}(u-v)\right)|J| = e^{-u}, (u,v) \in T$

(6) $f_U(u) = \int_0^u e^{-u} dv = e^{-u} x|_0^u = ue^{-u}$, $0 < u$(이를 주변 확률밀도함수라 하며 다음 절에서 다룬다.)

exercise

$f(x,y) = 2(1-x)$, $0 \le x,\ y \le 1$일 경우 $U = XY$의 확률밀도함수를 구하라.

$f(u) = 2(u - \ln(u) - 1)$, $0 \le u \le 1$ (풀이: 부록 51)

exercise

$f(x,y)=\frac{1}{8}xe^{-(x+y)/2}$, $0<x,\ y$일 경우 $U=\frac{Y}{X}$의 확률밀도함수를 구하라.

exercise

서로 독립인 $X\sim Gamma(\alpha_1,\beta)$, $Y\sim Gamma(\alpha_2,\beta)$의 이변량 결합확률밀도함수에 대하여 $U=\frac{X}{X+Y}$, $V=X+Y$ 변환의 이변량 결합확률밀도함수를 구하라.

TIP

$$f(x,y)=\frac{1}{\Gamma(\alpha_1)\Gamma(\alpha_2)}x^{\alpha_1-1}y^{\alpha_2-1}\exp(-\frac{x+y}{\beta}),\ 0<x,y$$

$$S=\{(x,y);0<x,y\}\rightarrow T=\{(u,v);0<u<1,0<v\}$$

Box muller 변환

이변량 확률변수 (X,Y)는 서로 독립이고 균일분포를 따른다.

결합확률밀도함수: $f(x,y)=1,(x,y)\in S=\{(x,y);0<x,y<1\}$

Box Muller 변환:

$$U=\sqrt{-2\ln(x)}\cos(2\pi y),\ V=\sqrt{-2\ln(x)}\sin(2\pi y),$$

$$(u,v)\in T=\{(u,v);-\infty<u,v<\infty\}$$

$$X=\exp\left(-\frac{X^2+y^2}{2}\right),\ Y=\frac{1}{2\pi}\arctan\left(\frac{Y}{X}\right)$$

$$J=\begin{vmatrix}-uexp(-\frac{X^2+y^2}{2}) & -vexp(-\frac{X^2+y^2}{2}) \\ \frac{-v}{2\pi(u^2+v^2)} & \frac{u}{2\pi(u^2+v^2)}\end{vmatrix}=-\frac{1}{2\pi}\exp(-\frac{X^2+y^2}{2})$$

$$f(u,v)=\frac{1}{2\pi}\exp\left(-\frac{u^2+v^2}{2}\right)\sim \text{이변량 정규분포}$$

3 MGF 방법

MGF의 유일성을 이용하지만 일변량과 달리 이변량 변환에는 사용하지 않는다. 적률생성함수를 구하는 것은 쉽지 않고 활용성이 낮기 때문이다. 단, 확률표본(각 확률변수는 서로 독립이다)의 확률밀도함수(이를 샘플링분포라 함)를 구하는 데 사용된다.

theorem

$M_X(t)$을 적률생성함수로 갖는 모집단으로부터 추출한 $(X_1, X_2, ..., X_n)$을 표본크기 n인 확률표본이라 하자. 표본 합, $\sum_i^n X_i$의 적률생성함수는 $M_{\sum X_i}(t) = M_X(t)^n$이다.

example

$N(\mu, \sigma^2)$에서 확률표본 $(X_1, X_2, ..., X_n)$을 추출하였다. $\sum_i^n X_i$의 적률생성함수를 구하라.

풀이

모집단 확률변수 적률생성함수: $M_X(t) = \exp(\mu t + \frac{\sigma^2 t^2}{2})$

$$M_{\sum X_i}(t) = [\exp\left(\mu t + \frac{\sigma^2 t^2}{2}\right)]^n = \exp\left(\sum \mu t + \sum \frac{\sigma^2 t^2}{2}\right) \sim N(n\mu, n\sigma^2)$$

example

$exponential(\beta)$에서 확률표본 $(X_1, X_2, ..., X_n)$을 추출하였다. $\sum_i^n X_i$의 적률생성함수를 구하라.

풀이

모집단 확률변수 적률생성함수: $M_X(t) = (1 - \beta t)^{-1}$

$$M_{\sum X_i}(t) = [(1 - \beta t)^{-1}]^n = (1 - \beta t)^{-n} \sim Gamma(n, \beta)$$

example

$G(p)$에서 확률표본 $(X_1, X_2, \dots, X_n)$을 추출하였다. $\Sigma_i^n X_i$의 적률생성함수를 구하라.

풀이

모집단 확률변수 적률생성함수: $M_X(t) = \dfrac{p}{1-(1-p)e^t}$

$$M_{\Sigma X_i}(t) = \left[\frac{p}{1-(1-p)e^t}\right]^n \sim NB(n,p)$$

02 조건부 확률밀도함수

1 주변확률밀도함수

주변(marginal)확률밀도함수 의미는 결합확률밀도함수를 다른 확률변수의 영역의 모든 값에 대해 적분(합)한다는 것이다.

definition

이산형 결합확률밀도함수 $p_{X,Y}(x,y), (x,y) \in S$

확률변수 X 주변확률밀도함수: $p_X(x) = \Sigma_y p(x,y), x \in S_X$

확률변수 Y 주변확률밀도함수: $p_Y(y) = \Sigma_x p(x,y), y \in S_Y$

연속형 결합확률밀도함수 $f_{X,Y}(x,y), (x,y) \in S$

확률변수 X 주변확률밀도함수: $f_X(x) = \int_y f(x,y)dy, x \in S_X$

확률변수 Y 주변확률밀도함수: $f_Y(y) = \int_x f(x,y)dx, y \in S_Y$

example

이산형 결합확률밀도함수는 $p(x,y)=\frac{x+y}{21}$, $x=1,2,3$, $y=1,2$이다. 확률변수 (X, Y) 주변확률밀도함수를 구하라.

풀이

X 주변확률밀도함수: $p_X(x)=\sum_y \frac{x+y}{21}=\frac{x+1}{21}+\frac{x+2}{21}=\frac{2x+3}{21}$, $x=1,2,3$

Y 주변확률밀도함수: $p_Y(y)=\sum_x \frac{x+y}{21}=\frac{3y+6}{21}$, $y=1,2$

exercise

은행에 창구가 3개 있다. 2명의 고객이 서로 다른 시간에 왔고 서로 독립(모르는 사람)이라고 하자. 창구 1에 온 고객 수를 X, 창구 2에 온 고객 수라 Y라 할 때 (X, Y) 결합밀도함수는 다음과 같다. 확률변수 (X, Y) 주변확률밀도함수를 구하라.

X \ Y	0	1	2
0	1/9	2/9	1/9
1	2/9	2/9	0
2	1/9	0	0

(풀이: 부록 52)

example

연속형 결합확률밀도함수 $f(x,y)=e^{-x}$, $0 \le y \le x < \infty$에서 (X, Y) 각각의 주변확률밀도함수를 구하라.

풀이

X 주변확률밀도함수: $f_X(x)=\int_0^x e^{-x}dy = xe^{-x} \sim Gamma(2,1)$, $0 \le x$

Y 주변확률밀도함수:

$f_Y(y)=\int_y^\infty e^{-x}dx = -e^{-x}|_y^\infty = e^{-y} \sim exponential(1), 0 \le y$

python

```
from mpl_toolkits import mplot3d
import numpy as np
import matplotlib.pyplot as plt
def f(x, y):
    return np.exp(-x)
x = np.linspace(0,5,100)
y = np.linspace(0,5,100)
X, Y = np.meshgrid(x, y)
Z = f(X, Y)
fig = plt.figure()
ax = plt.axes(projection='3d')
ax.plot_surface(X, Y, Z, rstride=1,
cstride=1,cmap='viridis',
edgecolor='none')
ax.set_title('surface');
```

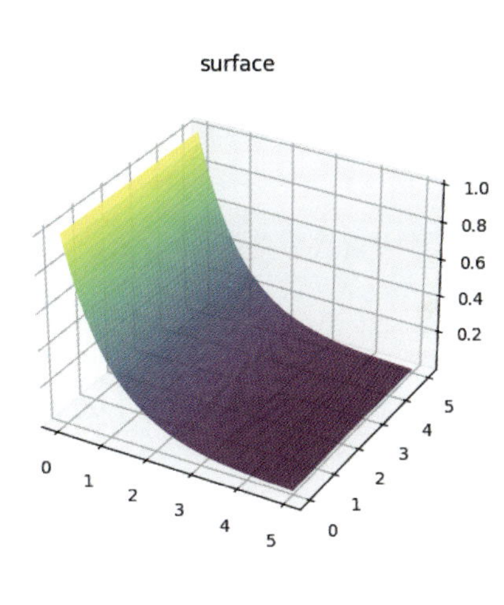

2 조건부 확률밀도함수

이변량 확률변수 (X, Y) 중 하나의 확률변수 값이 주어졌을 때$(X=x)$ 다른 하나의 확률변수의 확률밀도함수를 조건부(conditional) 확률밀도함수라 한다.

definition

이산형 결합확률밀도함수 $p_{X,Y}(x,y),(x,y)\in S$

$X=x$가 주어졌을 때 Y의 조건부 확률밀도함수:

$$p_{Y|X}(y|x)=\frac{p_{X,Y}(x,y)}{p_X(x)},y\in S_Y.\ \text{단}\ p_X(x)>0$$

연속형 결합확률밀도함수 $f_{X,Y}(x,y),(x,y)\in S$

$X=x$가 주어졌을 때 Y의 조건부 확률밀도함수:

$$f_{Y|X}(y|x)=\frac{f_{X,Y}(x,y)}{f_X(x)},y\in S_y.\ \text{단}\ f_X(x)>0$$

example

이산형 결합확률밀도함수는 $p(x,y) = \frac{x+y}{21}$, $x = 1,2,3$, $y = 1,2$이다. $Y = y$가 주어졌을 때 확률변수 X 조건부 확률밀도함수를 구하고 $P(X=2|Y=1)$ 확률을 구하라.

풀이

Y 주변확률밀도함수: $p_Y(y) = \sum_x \frac{x+y}{21} = \frac{3y+6}{21}$, $y = 1,2$

$Y = y$가 주어졌을 때 확률변수 X 조건부 확률밀도함수:

$p(x \mid y) = \frac{x+y}{3y+6}$, $x = 1,2,3 \; when \; y = 1,2$

$P(X=2 \mid Y=1) = \frac{3}{9} = \frac{1}{3}$

exercise

은행에 창구가 3개 있다. 2명의 고객이 서로 다른 시간에 왔고 서로 독립(모르는 사람)이라고 하자. 창구 1에 온 고객 수를 X, 창구 2에 온 고객 수를 Y라 할 때 (X, Y) 결합밀도함수는 다음과 같다. $Y = y$가 주어졌을 때 확률변수 X 조건부 확률밀도함수를 구하고 $P(X=2|Y=1)$ 확률을 구하라.

X \ Y	0	1	2
0	1/9	2/9	1/9
1	2/9	2/9	0
2	1/9	0	0

(풀이: 부록 53)

example

결합확률밀도함수는 $f(x,y)=\frac{1}{2},\ 0\le x\le y\le 2$이다. $P(X\le 1|Y=2)$ 확률을 구하라.

풀이

확률변수 Y 주변확률밀도함수: $f(y)=\int_0^y \frac{1}{2}dx=\frac{x}{2}|_0^y=\frac{y}{2},\ 0\le y\le 2$

조건부 확률밀도함수: $f(x\mid y)=\frac{f(x,y)}{f(y)}=\frac{1}{y},\ 0\le x\le y\le 2$

$P(X\le 1\mid Y=2)=\int_0^1 f(x\mid y)dx=\int_0^1\frac{1}{2}dx=\frac{x}{2}|_0^1=\frac{1}{2}$

example

결합확률밀도함수는 $f(x,y)=2, 0\le x\le y\le 1$이다. $P(X\le \frac{1}{4}|Y\le \frac{1}{2})$ 확률을 구하라.

풀이

확률변수 Y 주변확률밀도함수: $f(y)=\int_0^y 2dx=2x|_0^y=2y,\ 0\le y\le 1$

$$P(X\le \frac{1}{2}\mid Y\le\frac{1}{2})=\frac{P\left(X\le\frac{1}{2},Y\le\frac{1}{2}\right)}{P(Y\le\frac{1}{2})}=\frac{\int_0^{1/4}\int_x^{1/2}2dydx}{\int_0^{1/2}2ydy}=\frac{3/16}{1/4}=\frac{3}{4}$$

exercise

결합확률밀도함수는 $f(x,y)=x+y,\ 0\le x,\ y\le 1$이다.

$P(X\ge\frac{1}{2}|Y\ge\frac{1}{2}),\ P(X\ge\frac{1}{2}|Y=\frac{1}{2})$ 확률을 구하라. (풀이: 부록 54)

exercise

결합확률밀도함수는 $f(x,y)=6(1-y),\ 0 \le x,\ y \le 1$이다. $P(X \ge \frac{1}{2} | Y \le \frac{3}{4})$ 확률을 구하라. (풀이: 부록 55)

03 독립

지금까지 이변량 결합확률밀도함수($p_{X,\,Y}(x,y)$, $f_{X,\,Y}(x,y)$), 주변확률밀도함수($p_X(x)$, $f_X(x)$), 그리고 조건부 확률밀도함수($p_{X|Y}(x|y)$, $f_{X|Y}(x|y)$)에 대하여 살펴보았다.

definition

(이산형) 만약 $p_{X,\,Y}(x,y)=p_X(x)p_Y(y)$을 만족하면 확률변수 $(X,\,Y)$는 서로 독립이다.

(연속형) 만약 $f_{X,\,Y}(x,y)=f_X(x)f_Y(y)$을 만족하면 확률변수 $(X,\,Y)$는 서로 독립이다.

$(X,\,Y)$ 독립이면 조건부 확률밀도함수는 주변 확률밀도함수와 동일하다.

$$p_{X|Y}(x|y)=p_X(x),\ f_{(X|Y)}(x|y)=f_X(x)$$

theorem

확률변수 X의 확률밀도함수는 $f(x)$, 확률변수 Y의 확률밀도함수는 $f(y)$, $y \in S_Y$이다. 결합확률밀도함수 $f(x,y)$가 두 확률변수의 함수의 곱($g(x)h(y)$)으로 표현되며 $x \in S_X$이다. $f(y)$, $y \in S_Y$(영역이 서로 의존하지 않으면) 두 확률변수 (X, Y)는 서로 독립이고 역도 성립한다(필요 충분 조건).

theorem

$P(a < X \leq b, c < Y \leq d) = P(a < X \leq b)P(c < X \leq d)$이면 두 확률변수 (X, Y)는 서로 독립이고 역도 성립한다.

theorem

$F_{X,Y}(x,y) = F_X(x)F_Y(y)$이면 두 확률변수 (X, Y)는 서로 독립이고 역도 성립한다.

example

이산형 결합확률밀도함수는 $p(x,y) = \dfrac{x+y}{21}$, $x = 1,2,3,\ y = 1,2$이다. 두 확률변수는 서로 독립인가?

풀이

$P(X=1, Y=1) = \dfrac{2}{21} \neq P(X=1)P(Y=1) = \dfrac{5}{21}\dfrac{9}{21} = \dfrac{45}{21^2}$ 독립이 아니다.

X 주변확률밀도함수: $p_X(x) = \Sigma_y \dfrac{x+y}{21} = \dfrac{x+1}{21} + \dfrac{x+2}{21} = \dfrac{2x+3}{21}$, $x = 1,2,3$

Y 주변확률밀도함수: $p_Y(y) = \Sigma_x \dfrac{x+y}{21} = \dfrac{3y+6}{21}$, $y = 1,2$

example

이변량 결합확률밀도함수 $f(x,y) = e^{-(x+y)}$, $0 < x, y$을 갖는 (X, Y)는 서로 독립인가?

풀이

결합확률밀도함수가 $g(x) = e^{-x}$, $h(y) = e^{-y}$의 곱으로 표현되고 각 영역도 $S_X = \{x; 0 < x\}$와 $S_Y = \{y; 0 < y\}$ 독립이므로 (X, Y)는 서로 독립이다.

- 정의에 의한 방법

  X 주변확률밀도함수: $f(x) = \int_0^\infty e^{-(x+y)} dy = e^{-x}$, $0 < x$

  Y 주변확률밀도함수: $f(y) = \int_0^\infty e^{-(x+y)} dx = e^{-y}$, $0 < y$

  $f(x,y) = f(x)f(y)$이므로 서로 독립이다.

example

이변량 결합확률밀도함수 $f(x,y) = x + y$, $0 < x, y < 1$을 갖는 (X, Y)는 서로 독립인가?

풀이

결합확률밀도함수를 x의 함수와 y의 함수 곱으로 표현되지 않으므로 (X, Y)는 서로 독립이 아니다.

- 정의에 의한 방법

  $f(x) = \int_0^1 x + y dy = x + \frac{1}{2}$, $0 < x < 1$

  $f(y) = \int_0^1 x + y dx = y + \frac{1}{2}$, $0 < y < 1$

  $f(x,y) \neq f(x)f(y)$이므로 (X, Y)는 서로 독립이 아니다.

example

결합확률밀도함수는 $f(x,y) = \frac{1}{2}$, $0 \le x \le y \le 2$을 갖는 (X, Y)는 서로 독립인가?

풀이

영역 $S=\{(x,y);0 \le x \le y \le 2\}$이 $S_X=\{x;0 \le x \le 2\}$과 $S_Y=\{y;0 \le y \le 2\}$의 곱으로 표현되지 않으므로 (X, Y)는 서로 독립이 아니다.

• 정의에 의한 방법

$f(x)=\int_x^2 \frac{1}{2}dy=\frac{y}{2}|_x^2=\frac{2-x}{2},\ 0 \le x \le 2$

$f(y)=\int_0^y \frac{1}{2}dx=\frac{x}{2}|_0^y=\frac{y}{2},\ 0 \le y \le 2$

$f(x,y) \ne f(x)f(y)$이므로 (X, Y)는 서로 독립이 아니다.

exercise

결합확률밀도함수는 $f(x,y)=3y,\ 0<y<x<1$을 갖는 (X, Y)는 서로 독립인가?

(풀이: 부록 56)

exercise

결합확률밀도함수는 $f(x,y)=12xy(1-y),\ (0<x,\ y<1)$을 갖는 (X, Y)는 서로 독립인가?

(풀이: 부록 57)

04 기댓값

definition

이변량 확률변수 (X, Y)의 함수 $g(X, Y)$ 기댓값

$$E(g(X, Y))=\sum_x \sum_y g(X, Y)p(x,y)$$

$$E(g(X, Y))=\int_x \int_y g(X, Y)f(x,y)dydx$$

theorem

이변량 확률변수 (X, Y)가 독립이면 $E(XY) = E(X)E(Y)$이다.

증명

$$E(XY) = \int\int xyf(x,y)dxdy = (independence)\int\int xyf(x)f(y)dxdy$$
$$= \int xf(x)dx\int yf(y)dy = E(X)E(Y)$$

theorem

이변량 확률변수 (X, Y)가 독립이면 각각의 함수 $g(X)$, $h(Y)$에 대해서도 다음이 성립한다.

$$E(g(X)h(Y)) = E(g(X))E(h(Y))$$

example

결합확률밀도함수는 $f(x,y) = 2x,\ 0 \le x,\ y \le 1$일 경우 $E(XY)$, $E(X)$, $V(X)$을 구하라.

풀이

$$E(XY) = \int\int xyf(x,y)dxdy = \int_0^1\int_0^1 xy(2x)dydx = 2\int_0^1 x^2\int_0^1 ydydx$$
$$= 2\int_0^1 x^2\left(\frac{1}{2}\right)dx = \frac{1}{3}x^3|_0^1 = \frac{1}{3}$$

$$E(X) = \int_0^1\int_0^1 x(2x)dydx = 2\int_0^1 x^2\int_0^1 1dydx = 2\int_0^1 x^2dx = \frac{2}{3}x^3|_0^1 = \frac{2}{3}$$

$$E(Y) = \int_0^1\int_0^1 y(2x)dydx = 2\int_0^1 x\int_0^1 ydydx = 2\int_0^1 x\left(\frac{1}{2}\right)dx = \frac{1}{2}x^2|_0^1 = \frac{1}{2}$$

확률변수 (X, Y)가 독립이므로 $E(XY) = \frac{1}{3} = E(X)E(Y) = \frac{2}{3}\frac{1}{2} = \frac{1}{3}$

$$E(X^2) = \int_0^1\int_0^1 x^2(2x)dydx = 2\int_0^1 x^3\int_0^1 1dydx = 2\int_0^1 x^3dx = \frac{2}{4}x^4|_0^1 = \frac{1}{2}$$

$$V(X) = E(X^2) - E(X)^2 = \frac{1}{2} - \left(\frac{2}{3}\right)^2 = \frac{1}{18}$$

example

결합확률밀도함수가 $f(x,y)=8xy,\ 0<x<y<1$일 경우 $E(XY^2)$, $E(Y)$, $E\left(\dfrac{X}{Y}\right)$을 구하라.

풀이

$$E(X^2Y)=\int_0^1\int_0^y xy^2(8xy)dxdy=\int_0^1\frac{8}{3}y^6dy=\frac{8}{21}$$

$$E(Y)=\int_0^1\int_0^y y(8xy)dxdy=\int_0^1 y(4y^3)dy=\frac{4}{5}$$

$U=\dfrac{X}{Y}$라 놓자. U의 확률분포함수는

$F_U(u)=P(U\le u)=P(X\le uY)=\int_0^1\int_0^{uy}8xydxdy=\int_0^1 4u^2y^3dy=u^2$,

$0<u<1$이다. 그러므로 $f(u)=F_U'(u)=2u,\ 0<u<1$이다.

$$E\left(U=\frac{X}{Y}\right)=\int_0^1 udu=\frac{2}{3}$$

exercise

결합확률밀도함수가 $f(x,y)=2(1-x),\ 0<x,y<1$일 경우 $E(XY)$을 구하라.

(풀이: 부록 58)

exercise

결합확률밀도함수가 $f(x,y)=15x^2y,\ 0<x<y<1$일 경우 $E(X+Y)$을 구하라.

(풀이: 부록 59)

definition

이변량 확률변수 벡터 $\underline{X}=(X,Y)'$의 결합분포의 적률생성함수는 $M_{X,Y}(\underline{t})=E(e^{\underline{t}'\underline{x}})$ $\leftrightarrow\ M_{X,Y}(t_1,t_2)=E(e^{t_1X+t_2Y})$으로 정의한다.

확률변수 X, Y의 주변확률밀도함수의 적률생성함수는 각각 $M(t_1,0), M(0,t_2)$이다.

example

결합확률밀도함수는 $f(x,y)=e^{-y},\ 0<x<y<\infty$이다. 이변량 결합분포 적률생성함수 $M_{X,Y}(t_1,t_2)$을 구하고 확률변수 (X, Y) 주변확률밀도함수의 적률생성함수를 구하라.

풀이

$$M(t_1,t_2)=\int_0^\infty\int_x^\infty \exp(t_1x+t_2y-y)dydx$$
$$=\int_0^\infty \exp(t_1x)\frac{1}{(1-t_2)}\exp(-(1-t_2)x)dx=\frac{1}{(1-t_2)}\frac{1}{(1-t_1-t_2)}.$$

단, $t_2<1,\ t_1+t_2<1$이다.

$$M_X(t_1,0)=\frac{1}{t_1},\ t_1<1,\ M_Y(0,t_2)=\frac{1}{(1-t_2)^2},\ t_2<1$$

X 주변확률밀도함수: $f(x)=\int_x^\infty e^{-y}dy=e^{-x},\ 0<x<\infty$

Y 주변확률밀도함수: $f(y)=\int_0^y e^{-y}dx=ye^{-y},\ 0<y<\infty$

example

결합확률밀도함수가 $f(x,y)=3x,\ 0\le y\le x\le 1$일 경우 $E(X-Y)$을 구하라.

풀이

$$E(X)=\int_0^1\int_0^x x(3x)dydx=\int_0^1 3x^2(x)dx=\frac{3}{4}x^4|_0^1=\frac{3}{4}$$
$$E(Y)=\int_0^1\int_0^x y(3x)dydx=\int_0^1 3x\left(\frac{1}{2}x^2\right)dx=\frac{3}{2}\left(\frac{1}{4}x^4\right)|_0^1=\frac{3}{8}$$
$$E(X-Y)=E(X)-E(Y)=\frac{3}{4}-\frac{3}{8}=\frac{3}{8}$$
$$E(X-Y)=\int_0^1\int_0^x(x-y)3xdydx=\int_0^1\int_0^x(x-y)3xdydx$$
$$=\int_0^1\int_0^x x3xdydx-\int_0^1\int_0^x yxdydx=\frac{3}{4}-\frac{3}{8}=\frac{3}{8}$$

exercise

결합확률밀도함수가 $f(x,y)=6(1-y),\ 0 \le x \le y \le 1$일 경우 $E(X-3Y)$을 구하라. (풀이: 부록 60)

exercise

결합확률밀도함수가 $f(x,y)=x+y,\ 0 \le x,\ y \le 1$일 경우 $E(2X+3Y)$을 구하라. (풀이: 부록 61)

definition

이변량 확률변수 벡터 $\underline{X}=(X,Y)'$의 기댓값 벡터는 $E(\underline{X})=\begin{bmatrix} E(X) \\ E(Y) \end{bmatrix}$이다.

example

결합확률밀도함수는 $f(x,y)=3x,\ 0 \le y \le x \le 1$일 경우 $E\left(\begin{bmatrix} X \\ Y \end{bmatrix}\right)$을 구하라.

풀이

$$E(X)=\int_0^1\int_0^x x(3x)dydx=\int_0^1 3x^2(x)dx=\frac{3}{4}x^4|_0^1=\frac{3}{4}$$

$$E(Y)=\int_0^1\int_0^x y(3x)dydx=\int_0^1 3x\left(\frac{1}{2}x^2\right)dx=\frac{3}{2}(\frac{1}{4}x^4)|_0^1=\frac{3}{8}$$

$E\left(\begin{bmatrix} X \\ Y \end{bmatrix}\right)=\begin{bmatrix} 3/4 \\ 3/8 \end{bmatrix}$(차수가 2인 열 벡터이다.)

definition

이변량 확률변수 (X,Y)에서 $X=x$가 주어졌을 때 Y의 조건부 기댓값

$$E(Y \mid x)=\int yf_{(Y|X)}(y \mid x)dy=\frac{\int yf(x,y)dy}{f_X(x)},\ y\in S_Y$$

example

결합확률밀도함수는 $f(x,y)=2,\ 0<x<y<1$이다. $E(Y\mid x), V(Y\mid x)$을 구하라.

풀이

$f(x)=\int_y^1 2dy=2(1-x),\ 0<x<1$

$f(y\mid x)=\dfrac{f(x,y)}{f(x)}=\dfrac{2}{2(1-x)}=\dfrac{1}{1-x},\ 0<x<y<1$

$E(Y\mid x)=\int_x^1 \dfrac{1}{1-x}ydy=\dfrac{1}{2(1-x)}y^2|_x^1=\dfrac{1+x}{2},\ 0<x<1$

$E(Y^2\mid x)=\int_x^1 \dfrac{1}{1-x}y^2dy=\dfrac{1}{3(1-x)}y^3|_x^1=\dfrac{x^2+x+1}{3},\ 0<x<1$

$V(Y\mid x)=\dfrac{x^2+x+1}{3}-\left(\dfrac{1+x}{2}\right)^2$

theorem

이변량 확률변수 (X,Y)에 대하여 다음이 성립한다.

(1) $E(E(Y\mid X))=E(Y)$

(2) $V(E(Y\mid X))=V(Y)$

example

결합확률밀도함수는 $f(x,y)=6y,\ 0<y<x<1$이다. 위의 정리를 보여라.

풀이

확률변수 Y 주변확률밀도함수:

$f(y)=\int_y^1 6ydx=(6y)x|_y^1=6y(1-y),\ 0<y<1$

$E(Y)=\int y(6y(1-y))dy=6(\frac{1}{3}y^3-\frac{1}{4}y^4)|_0^1=\frac{1}{2}$ ……………………………… (1)

확률변수 X 주변확률밀도함수: $f(x)=\int_0^x 6ydx=3x^2,\ 0<y<1$

$X=x$가 주어졌을 때 Y의 조건부 확률밀도함수:

$f(y \mid x)=\frac{6y}{3x^2}=\frac{2y}{x^2},\ 0<y<x<1$

$X=x$가 주어졌을 때 Y의 조건부 기댓값:

$E(Y \mid x)=\int_0^x y\left(\frac{2y}{x^2}\right)dy=\frac{2}{3}x,\ 0<x<1$

$E(Y \mid x)=\frac{2}{3}X$는 확률변수이므로 $U=g(X)=\frac{2}{3}X$의 확률밀도함수를 구해야 $E(E(Y \mid x))$ 기댓값을 구할 수 있다. $0<x<1\ \rightarrow\ 0<u<\frac{2}{3}$이고 $X=\frac{3}{2}U$이다.

$\frac{2}{3}X$는 증가함수이므로 $f_X(u)=f\left(x=\frac{3}{2}u\right)|J|=3\left(\frac{3}{2}u\right)^2\left|\frac{3}{2}\right|=\frac{81}{8}u^2$, $0<u<\frac{2}{3}$이다.

그러므로 $E(E(Y \mid x))=\int_0^{2/3}u\left(\frac{81}{8}u^2\right)du=\frac{81}{8*4}u^4|_0^{\frac{2}{3}}=\frac{1}{2}$ .... (2)

exercise

결합확률밀도함수가 $f(x,y)=2e^{-(x+y)},\ 0<x<y<\infty$일 경우 $E(Y \mid x)$을 구하라. (풀이: 부록 62)

05 상관계수

두 변수 간의 직선(선형) 관계 정도를 측정하는 기댓값을 공분산이라 한다. 공분산은 확률변수 값의 크기(단위)에 의존하므로 변수의 표준화와 동일한 개념이며 표준편차로 나누어준 값을 상관계수라 한다.

- 선형 관계: 상관계수는 두 변수 사이의 선형 관계를 측정한다. 이때 두 변수가 일정한 비율로 증가 또는 감소하는 관계를 가지는 경우 상관계수는 높아진다. 비선형적인 관계가 있는 경우 상관계수는 적절히 반영하지 못할 수 있다.
- 범위: 상관계수의 값은 -1과 1 사이에 있고 -1은 완전한 음의 상관관계를, 1은 완전한 양의 상관관계를 나타내며 0은 두 변수 간에 상관관계가 없음을 의미한다.
- 부호: 상관계수의 부호는 두 변수 간의 관계 방향을 나타낸다. 양의 상관계수는 한 변수가 증가하면 다른 변수도 증가하는 양의 관계를 나타내며 음의 상관계수는 한 변수가 증가하면 다른 변수는 감소하는 음의 관계를 나타낸다.
- 무작위성: 상관계수는 두 변수 간의 순수한 상관관계만을 측정하며 인과관계를 증명하지 않으므로 두 변수 간의 상관관계가 있을 수 있지만 그것이 직접적인 인과관계인지는 다른 접근 방법을 사용하여 검증해야 한다.

definition

확률변수 X의 기댓값과 분산을 $E(X), V(X)$, 확률변수 Y의 기댓값과 분산을 $E(Y), V(Y)$라 하자.
이변량 확률변수 (X, Y)의 공변량(covariance)은 다음과 같이 정의한다.

$$COV(X, Y) = E((X - E(X))(Y - E(Y)))$$

definition

이변량 확률변수 (X, Y)의 상관계수(correlation coefficient)는 다음과 같이 정의한다.

$$\rho = \frac{COV(X, Y)}{\sqrt{V(X)}\sqrt{V(Y)}}$$

상관계수 해석

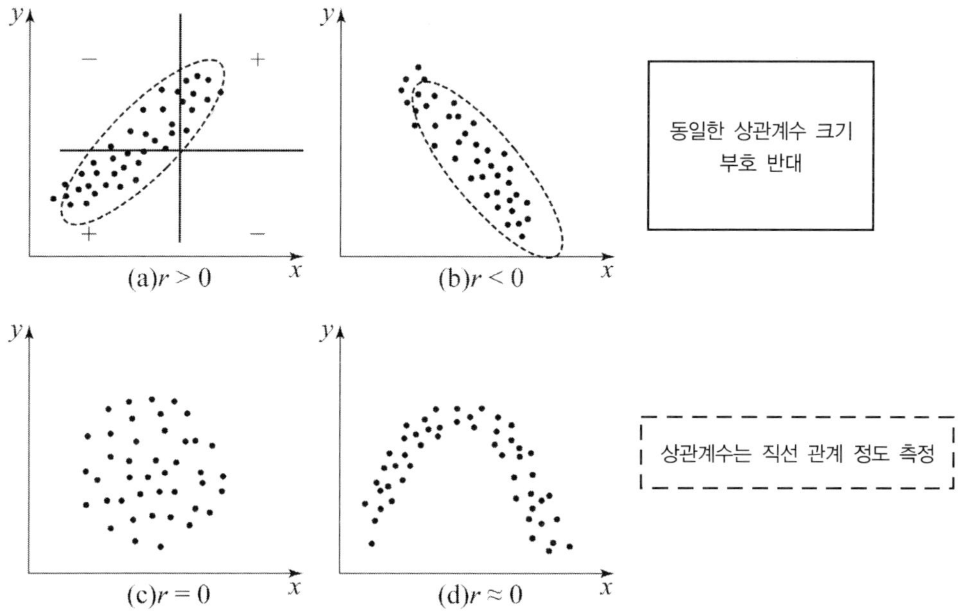

theorem

공분산 간편식:

$COV(X, Y) = E((X - E(X))(Y - E(Y))) = E(XY) - E(X)E(Y)$

만약 두 확률변수가 서로 독립이면 공분산은 0이다. 그러나 역은 성립하지 않는다. 즉, 공분산이 0이어도 서로 독립이 아닐 수 있다.

증명

$$E(XY) = \int\int xyf(x,y)dxdy = (\because indepent f(x,y) = f(x)f(y))$$

$= \int xf(x)dx\int yf(y)dy = E(X)E(Y)$ 이므로 $COV(X, Y) = 0$.

example

결합확률밀도함수가 $f(x,y) = 3x,\ 0 \le y \le x \le 1$일 경우 공분산 $COV(X, Y)$을 구하라.

풀이

$$E(XY) = \int_0^1\int_0^x xy(3x)dydx = \int_0^1 3x^2\left(\frac{1}{2}x^2\right)dx = \frac{3}{10}5|_0^1 = \frac{3}{10}$$

$$E(X) = \int_0^1\int_0^x x(3x)dydx = \int_0^1 3x^2(x)dx = \frac{3}{4}x^4|_0^1 = \frac{3}{4}$$

$$E(Y) = \int_0^1\int_0^x y(3x)dydx = \int_0^1 3x\left(\frac{1}{2}x^2\right)dx = \frac{3}{2}\left(\frac{1}{4}x^4\right)|_0^1 = \frac{3}{8}$$

$$COV(X, Y) = \frac{3}{10} - \left(\frac{3}{4}\right)\left(\frac{3}{8}\right) = \frac{3}{160}$$

example

결합확률밀도함수가 $f(x,y) = x + y,\ 0 \le x,\ y \le 1$일 경우 상관계수 $corr(X, Y)$을 구하라.

풀이

$$E(XY) = \int_0^1\int_0^1 xy(x+y)dxdy = \int_0^1 \frac{1}{3}y + \frac{1}{2}y^2dy = \frac{1}{6}y^2 + \frac{1}{6}y^3|_0^1 = \frac{1}{3}$$

$$E(X) = \int_0^1\int_0^1 x(x+y)dxdy = \int_0^1 \frac{1}{3} + \frac{1}{2}ydy = \frac{1}{3}y + \frac{1}{4}y^2|_0^1 = \frac{7}{12}$$

$$E(X^2) = \int_0^1\int_0^1 x^2(x+y)dxdy = \int_0^1 \frac{1}{4} + \frac{1}{3}ydy = \frac{1}{4}y + \frac{1}{6}y|_0^1 = \frac{5}{12}$$

$$V(X) = E(X^2) - E(X)^2 = \frac{5}{12} - \left(\frac{7}{12}\right)^2 = \frac{11}{144}$$

동일하게 $E(Y)=\frac{7}{12}$, $V(Y)=\frac{11}{144}$

$$COV(X,Y)=\frac{7}{12}\frac{7}{12}-\frac{48}{144}=\frac{1}{144},$$

$$corr(X,Y)=\rho=\frac{COV(X,Y)}{\sqrt{V(X)}\sqrt{V(Y)}}=\frac{1/144}{11/144}=\frac{1}{11}$$

exercise

결합확률밀도함수가 $f(x,y)=6(1-x)$, $0\le x\le y\le 1$일 경우 $COV(X,Y)$을 구하라.

example

다음은 공분산은 0이지만 서로 독립은 아니다.

풀이

$$E(X)=0*\frac{5}{16}+1*\frac{6}{16}+2*2*\frac{5}{16}=1,\ E(Y)=1$$

$$E(XY)=(0)(0)\frac{1}{16}+(0)(1)\frac{1}{16}+\cdots+(1)(2)\frac{1}{16}=1$$

그러므로 $COV(X,Y)=E(XY)-E(X)E(Y)=1-1=0$ 공분산은 0이다.

$P(X=0,Y=0)=\frac{1}{16}\ne P(X=0)P(Y=0)=\frac{5}{16}\frac{5}{16}$ 독립이 아니다.

X \ Y	0	1	2	주변 합
0	1/16	3/16	1/16	5/16
1	3/16	0	3/16	6/16
2	1/16	3/16	1/16	5/16
주변 합	5/16	6/16	5/16	1

exercise

이산형 결합확률밀도함수가 $p(x,y)=\frac{1}{3}$, $S=\{(x,y);(-1,0),(0,1),(1,0)\}$일 경우 $COV(X,Y)$을 구하고, (X,Y)가 서로 독립인지 밝혀라.

theorem

이변량 확률변수 (X,Y)의 평균과 분산을 각각 $(\mu_X,\mu_Y),(\sigma_X^2,\sigma_Y^2)$라 하고 상관계수를 ρ라 하자. $E(Y\mid x)$는 확률변수 X의 선형함수이다. (증명 생략)

$$E(Y\mid x)=\mu_Y+\rho\frac{\sigma_Y}{\sigma_X}(x-\mu_X)$$

그리고 $E(V(Y)\mid X)=\sigma_Y^2(1-\rho^2)$이다.

example

결합확률밀도함수는 $f(x,y)=2,\ 0\le x\le y\le 1$이다. $E(Y|x)$을 구하라.

풀이

확률변수 X의 주변 확률밀도함수: $f_X(x)=\int_x^1 2dy=2(1-x),\ 0\le x\le 1$

$X=x$ 주어졌을 때 확률변수 Y의 조건부 확률밀도함수:

$$f_{Y|X=x}(y|x)=\frac{2}{2(1-x)}=\frac{1}{(1-x)},\ 0\le x\le y\le 1$$

$$E(Y|x)=\int_x^1 y\frac{1}{(1-x)}dy=\frac{(x+1)}{2}$$

06 다변량 확률변수

1 개념

definition

확률실험의 표본공간을 S에서 정의된 n개의 확률변수 $X_i(w)=x_i, i=1,2,...,$ $n, w\in S$에 대하여 다음을 n-차 랜덤벡터라 정의한다.

- 랜덤벡터: $\underline{X}=(X_1,X_2,...,X_n)'$
- 영역: $D=\{(x_1,x_2,...,x_n);x_1=X_1(w),X_2(w),...,x_n=X_n(w),w\in S\}$
- 다변량 확률분포함수: $F_{\underline{X}}(\underline{x})=P(X_1\le x_1,X_2\le x_2,...,X_n\le x_n)$
- 다변량 결합확률밀도함수:

  (연속형) $f_{\underline{x}}(\underline{x})=\dfrac{\partial^n}{\partial x_1\partial x_2 ... \partial x_n}F_{\underline{x}}(\underline{x})=f(x_1,x_2,...,x_n)$

  (이산형) $p_{\underline{x}}(\underline{x})=p(x_1,x_2,...,x_n)$

definition

확률변수 $(X_1,X_2,...,X_n)$의 함수 $U=g(X_1,X_2,...,X_n)$(확률변수) 기댓값은 다음과 같이 정의된다.

(연속형) $E(U)=\int\int\cdots\int uf(x_1,x_2,...,x_n)dx_1dx_2 ... dx_n$

(이산형) $E(U)=\sum_{x_1}\sum_{x_2}\cdots\sum_{x_n}p(x_1,x_2,...,x_n)$

definition

동일한 모집단 분포 $f(x)$으로부터 서로 독립적으로 추출한 크기 n인 표본 $(X_1, X_2, \ldots, X_n)$을 확률표본이라 한다.

- 확률변수 X_i의 확률밀도함수: $f(x_i) = f(x)$(동일한 모집단 분포)
- $(X_1, X_2, \ldots, X_n)$ 결합확률밀도함수:

  $f(x_1, x_2, \ldots, x_n) = (iid) f(x_1) f(x_2) \ldots f(x_n) = f(x)^n$

theorem

확률표본 $(X_1, X_2, \ldots, X_n)$의 평균은 $(\mu_1, \mu_2, \ldots, \mu_n)$, 분산은 $(\sigma_1^2, \sigma_2^2, \ldots, \sigma_n^2)$인 경우 확률표본의 선형함수 $U = \Sigma_i^n a_i X_i$의 평균은 $\Sigma_i^n a_i \mu_i$이고 분산은 $\Sigma_i^n a_i^2 \sigma_i^2$이다. 단, a_i는 상수이다.

theorem

확률표본 $(X_1, X_2, \ldots, X_n)$의 선형함수 $U = \Sigma_i^n a_i X_i$의 적률생성함수는 다음과 같다.

$$M_{\Sigma_i a_i X_i}(t) = \Pi_i^n M_{X_i}(a_i t)$$

2 공분산행렬

랜덤 확률 벡터 $\underline{X} = (X_1, X_2, \ldots, X_n)'$의 평균 벡터와 공분산행렬은 다음과 같이 정의된다.

- 기호: $E(X_i) = \mu_i$,

  $COV(X_i, Y_j) = \sigma_{ij} = E(X_i - \mu_i)(X_j - \mu_j) = \sigma_{ji} \text{ for } i \neq j, \sigma_{ii} = \sigma_i^2 \text{ for } i = j$

- 랜덤 확률변수 벡터: $\underline{X} = \begin{bmatrix} X_1 \\ X_2 \\ \vdots \\ X_n \end{bmatrix}$

- 평균 벡터: $E(\underline{X}) = \begin{bmatrix} \mu_1 \\ \mu_2 \\ \vdots \\ \mu_n \end{bmatrix}$

- 공분산 행렬: $COV(\underline{X}) = \Sigma = \begin{pmatrix} \sigma_{11} & \cdots & \sigma_{1n} \\ \vdots & \ddots & \vdots \\ \sigma_{n1} & \cdots & \sigma_{nn} \end{pmatrix}$

theorem

만약 X_i가 서로 독립이면 공분산이 0이므로 공분산행렬은 대각원소가 분산인 대각행렬이다.

$$COV(\underline{X}) = \begin{pmatrix} \sigma_{11} & \cdots & 0 \\ \vdots & \ddots & \vdots \\ 0 & \cdots & \sigma_{nn} \end{pmatrix}$$

definition

$\underline{X} \sim (E(\underline{X}) = \underline{\mu}, COV(\underline{X}) = \Sigma)$이고 $\underline{a} = (a_1 a_2 \ldots a_n)'$이 상수 벡터인 경우 다음이 성립한다.

$E(\underline{a}'\underline{X}) = \underline{a}'\underline{\mu} = \sum_i^n a_i \mu_i$

$COV(\underline{a}'\underline{X}) = \underline{a}' COV(\underline{X}) \underline{a} = \underline{a}' \Sigma \underline{a}$

theorem

$X_i \sim iidN(\mu_i, \sigma_i^2)$이면 $\sum_i^n a_i X_i \sim N(\sum_i^n a_i \mu_i, \sum_i^n a_i^2 \sigma_i^2)$이다.

증명

$X_i \sim N(\mu_i, \sigma_i^2)$ 적률생성함수: $M_{X_i}(t) = \exp\left(\mu_i t + \frac{\sigma_i^2 t^2}{2}\right)$

$$M_{\sum_i^n a_i X_i}(t) = \Pi_i^n M_{X_i}(a_i t) = \Pi_n^n \exp\left(\mu_i (a_i t) + \frac{\sigma_i^2 (a_i t)^2}{2}\right)$$

$$= \exp\left(\sum_i^n (\mu_i a_i) t + \frac{\sum_i^n (\sigma_i^2 a_i) t^2}{2}\right)$$

그러므로 정규분포로부터 확률표본 합은 $\sum_i^n a_i X_i \sim N(\sum_i^n a_i \mu_i, \sum_i^n a_i^2 \sigma_i^2)$

theorem

$X \sim iidN(\mu, \sigma^2)$의 확률표본 $(X_1, X_2, \ldots, X_n)$의 평균 $\frac{\sum_i^n X_i}{n} \sim N(\mu, \frac{\sigma^2}{n})$이다.

증명

위의 정리에서 $a_i = \frac{1}{n}$ for $all\ i$이므로 정리가 성립한다.

theorem

$X \sim iidN(\mu, \sigma^2)$의 확률표본 $(X_1, X_2, \ldots, X_n)$의 분산 $S^2 = \frac{\sum_i^n (X_i - \overline{X})^2}{n-1}$이면 $\frac{(n-1)S^2}{\sigma^2} \sim \chi^2(n-1)$

증명

(1) 표본평균 $\overline{X}$, 표본분산 S^2 서로 독립이다. (여기서는 증명 생략)

(2) $W = \sum_i^n \left(\frac{X_i - \mu}{\sigma}\right)^2 = \sum_i^n \left(\frac{X_i - \overline{X}}{\sigma}\right)^2 + \sum_i^n \left(\frac{\overline{X} - \mu}{\sigma}\right)^2$

(3) $W \sim \chi^2(n)$이고 $\sum_i^n \left(\frac{\overline{X} - \mu}{\sigma}\right)^2 \sim \chi^2(1)$이므로 (1)과 가법성에 의해

$$\frac{(n-1)S^2}{\sigma^2} \sim \chi^2(n-1)$$

theorem

위의 (2) 정리를 통합하면 다음과 같다. $X \sim iidN(\mu,\sigma^2)$의 확률표본 $(X_1, X_2, \ldots, X_n)$의 평균 $\overline{X} = \frac{\sum_i^n X_i}{n}$, 분산 $S^2 = \frac{\sum_i^n (X_i - \overline{X})^2}{n-1}$에 대하여 다음이 성립한다.

(1) 표본평균 $\overline{X}$, 표본분산 S^2 서로 독립이다.

(2) $\bar{X} \sim N\left(\mu, \frac{\sigma^2}{n}\right)$

(3) $\frac{(n-1)S^2}{\sigma^2} \sim \chi^2(n-1)$

3 중심극한 정리

평균, 분산이 (μ, σ^2)인 모집단으로부터 확률표본의 분포(샘플링 분포) 표본크기가 충분히 크면($n > 20 \sim 30$) 정규분포에 근사한다.

theorem

모집단 $B(p)$으로부터 확률표본 $(X_1, X_2, \ldots, X_n)$ 합 $\sum_i^n X_i$의 분포는 표본크기 n이 충분히 크면 정규분포에 근사한다.
$\sum_i^n X_i \sim N(np, np(1-p))$. 이로부터 표본비율 $\hat{p} = \left(\frac{\sum_i^n X_i}{n}\right) \sim N\left(p, \frac{p(1-p)}{n}\right)$ 분포를 따른다.

제 4 장

추 정

01 확률표본

통계학에서 확률변수를 데이터(열, 변수 x행, 관측치)라 하며, 데이터와 관련된 정보로 확률밀도함수가 있다. 추론에서는 확률밀도함수를 요약하는 값을 모수라 하며 추론 관심 대상이 되는 값으로 모집단 평균, 분산, 비율 등이 대표적인 예이다. 확률밀도함수의 모수는 확률밀도함수의 형태를 결정한다.

예를 들어 이항분포의 모수는 실험 횟수(n)와 성공확률(p)이고, 감마분포의 모수는 형태모수, α와 비율모수, β이다. 모집단 모수는 θ로 표현되고 θ 값을 추정(estimation)하거나 가설검정(hypothesis testing)을 통계적 추론이라 하고 이를 위하여 모집단으로부터 확률표본을 추출하게 된다.

확률표본으로부터 모수에 '가장' 적절한 값, 통계량(확률표본의 함수, $T=T(X_1, X_2, \ldots, X_n)$)을 계산하고 이를 이용하여 추론(inference)하게 된다. 통계적 추론에서 모집단의 확률밀도함수를 $f(x;\theta), p(x;\theta)$로 하여 모수 포함하여 표현한다.

- $f(x), p(x)$의 형태는 알려져 있지 않다.
- 모수 θ는 고정된 값이나 모른다. 베이지안 추론에서는 모수 θ을 확률변수로 하여 추론한다.

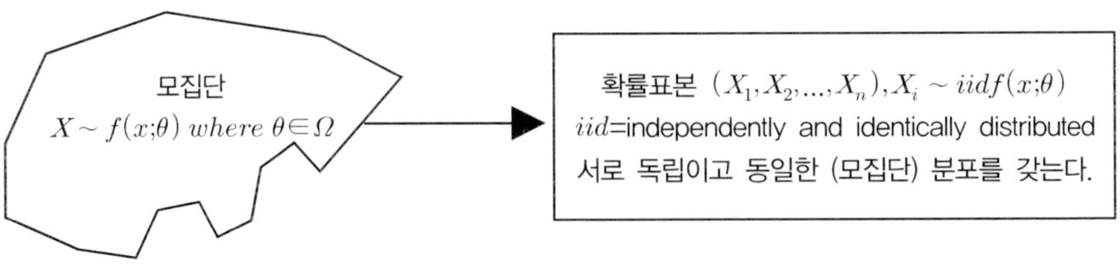

example

베르누이 분포를 따르는 모집단 $f(x) \sim B(p)$에서 모비율을 추정하려 한다면 모수는 p이다.

example

이항분포를 따르는 모집단 $f(x) \sim B(n,p)$에서 모집단 평균(np)을 추정하려 한다면 모수는 p(실험 횟수 n은 알려져 있음)이다.

example

감마분포를 따르는 모집단 $f(x) \sim Gamma(\alpha,\beta)$에서 모집단 평균($\frac{\alpha}{\beta}$)을 추정하려 한다면 모수는 (α,β) 2개이다.

1 확률표본

definition

알려지지 않은 모집단 확률분포함수 $f(x;\theta), \theta \in \Omega$에 대한 정보를 얻기 위하여 추출한 크기 n의 표본 $(X_1, X_2, \ldots, X_n)$이 서로 독립이고 동일한 확률밀도함수를 가지면 이를 확률표본이라 한다.

- 확률표본 결합분포함수:

$$f(x_1,x_2,\ldots,x_n;\theta) = (ind.) f(x_1;\theta) f(x_2;\theta) \ldots f(x_n;\theta) = (iden.) \Pi_i^n f(x_i;\theta)$$
$$= f(x;\theta)^n$$

- 확률표본의 관측값 표현: $X_i = x_i$(대문자는 확률변수, 소문자는 관측값)

example

어느 지역의 매미 수명(단위: 일)을 추정하려고 한다. 수명 확률변수는 비율(rate) 확률밀도함수는 모수 β인 지수분포를 따르고 확률표본 $(X_1, X_2, \ldots, X_n)$을 추출하였다고 하자. 10일 이상 생존할 확률은?

풀이

$$f(x_1, x_2, \ldots, x_n; \theta)$$
$$= \Pi_i^n f(x_i;\theta) = \Pi_i^n \frac{1}{\beta}\exp\left(-\frac{x_i}{\beta}\right) = \frac{1}{\beta^n}\exp\left(-\frac{x_1 + x_2 + \cdots + x_n}{\beta}\right)$$
$$P(X_1 > 10, X_2 > 10, \ldots, X_n > 10)$$
$$= \frac{1}{\beta^n}\int_{10}^{\infty} \ldots \int_{10}^{\infty}\exp\left(-\frac{x_1 + x_2 + \cdots + x_n}{\beta}\right)dx_1 dx_2 \ldots dx_n = e^{-10n/\beta}$$
$$P(X_1 > 10, X_2 > 10, \ldots, X_n > 10) = (iid)P(X > 10)^n = (e^{-10/\beta})^n$$

2 히스토그램 추정

여기서는 누적 확률분포함수 $F(x)$을 갖는 확률표본 $(X_1, X_2, \ldots, X_n)$의 확률밀도함수를 히스토그램으로 추정하는 비모수적 방법을 다룬다. 확률표본 정의(iid)에 의해 확률표본의 히스토그램은 모집단의 히스토그램과 동일하다.

이산형

이산형 확률변수의 히스토그램은 확률밀도함수와 동일하므로 이산형 확률표본의 히스토그램은 모집단 확률밀도함수와 동일하다.

이산형 확률변수 X의 영역을 $S = \{a_1, a_2, \ldots, a_m\}$이라 하면 X의 확률밀도함수는 다음과 같다.

$$\hat{P}(X = a_j) = \hat{p}(a_j) = \frac{1}{n}\Sigma_i^n I_i(X_i)\ where\ I_j(X_j) = \begin{cases} 1, X_i = a_j \\ 0, X_i \neq a_j \end{cases}$$

example

$f(x) \sim Poisson(\lambda = 2)$에서 크기 20인 확률표본을 생성하고 히스토그램과 확률밀도함수를 추정하라.

풀이

x	0	1	2	3	4
$p(x)$	0.14	0.27	0.27	0.18	0.14
$\hat{p}(x)$	0.25	0.15	0.35	0.15	0.10

python

```
import scipy.stats as st
import numpy as np
import pandas as pd
rs=np.array(st.poisson.rvs(2,size=20,random_
state=1))
x,freq=np.unique(rs, return_counts=True)
data=pd.DataFrame([x,freq]).T #데이터 전치
data.columns=['x','freq']
data
```

	x	freq
0	0	5
1	1	3
2	2	7
3	3	3
4	4	2

```
#히스토그램
data.plot.bar(x='x',y='freq',rot=0)
```

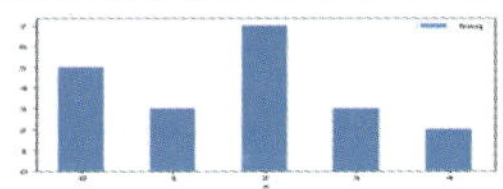

```
#히스토그램 확률밀도함수
data['freq']/20
```

```
(array([0.135,
0.27067057, 0.27067057,
0.18044704]),
0.14287653950145296)
```

```
#히스토그램 확률밀도함수
data['freq']/20
```

```
0.25 1 0.15 2
0.35 3 0.15 4
0.10
```

연속형

확률표본 $(X_1, X_2, \ldots, X_n)$가 주어졌을 때 연속형 확률변수의 영역을, $h > 0$의 $(x-h, x+h)$ 구간의 확률을 구하자.

$$\hat{f}(x) = \frac{\#of\{x-h < X_i < x+h\}}{2hn}$$

지시함수 $I_i(x) = \begin{cases} 1, x-h < X_i < x+h \\ 0, otherwise \end{cases}$, $i = 1,2,\ldots,n$을 이용하여 확률밀도함수 비모수적 추정량은 다음과 같다. I_i는 직각형 커널(rectangular kernel), $2h$는 밴드폭(bandwidth)이다.

- 커널 추정량: $f(x) = \frac{1}{2hn}\Sigma_i^n I_h(X_i)$
- 최적 밴드폭 추정량: $h = \left(\frac{4\hat{\sigma}^5}{3n}\right)^{1/5} \approx 1.06\hat{\sigma}n^{-1}/5,\ A = \min\left(\hat{\sigma}, \frac{IQR}{1.34}\right)$로 $\hat{\sigma}$을 대체하기도 한다.

example

$f(x) \sim \text{exp}onential(\beta = 0.5)$에서 크기 20인 확률표본을 생성하고 히스토그램과 확률밀도함수 커널 추정량을 구하라.

python

```
import scipy.stats as st
import numpy as np
data=st.expon.rvs(0,2,size=20,random_state=10)
hist,bin=np.histogram(data,density=True,bins=5)
x = np.linspace(bin.min(),bin.max())
hist,bin,x
```

```
(array([0.28575573, 0.20411123, 0.24493348, 0. , 0.08164449]),
array([0.00791216, 1.23273452, 2.45755687, 3.68237922, 4.90720157,
6.13202393]), array([0.00791216, 0.13289404, 0.25787591, 0.38285778,
0.50783965, 0.63282153, 0.7578034 , 0.88278527, 1.00776714, 1.13274902,
1.25773089, 1.38271276, 1.50769464, 1.63267651, 1.75765838,
1.88264025, 2.00762213, 2.132604 , 2.25758587, 2.38256774, (이하 생략)
```

```
import matplotlib.pyplot as plt
# plot the histogram
plt.figure(figsize=(8,6))
```

```
plt.bar(bin[:-1], hist, width=np.diff(bin), ec='k', align='edge',
label='histogram')
```

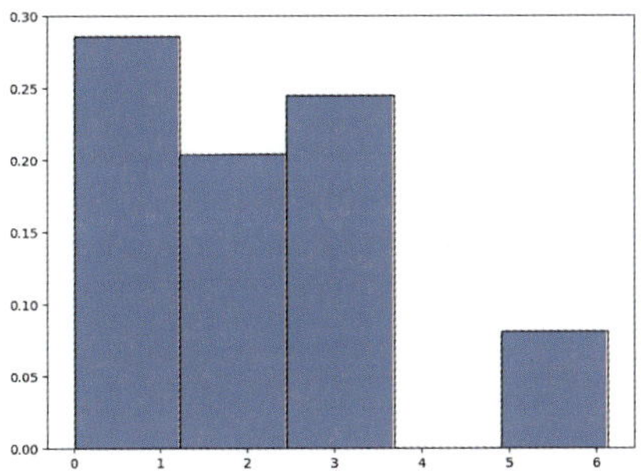

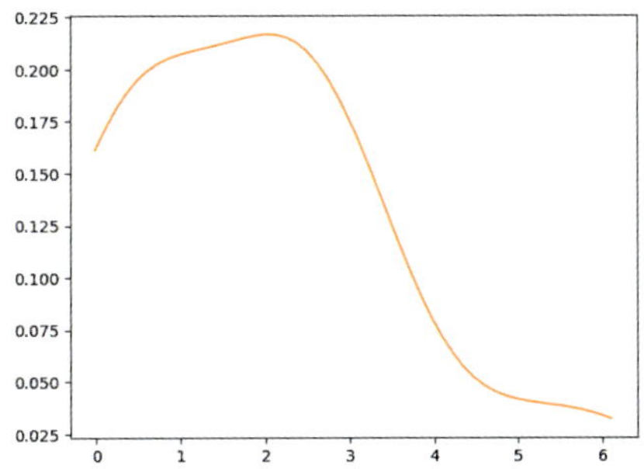

```
# plot the real KDE
kde =st.gaussian_kde(data)
plt.plot(x, kde.pdf(x), c='C1',label='KDE')
```

```
#커널 추정량
kde.pdf(x)
```

```
array([0.16118642, 0.17182361,
0.18099091, 0.18860188,
0.19467605, 0.19933238,
0.20277222, 0.20525351,
0.20705919, 0.20846356, (이하 생략)
```

3 통계량

확률표본 $(X_1, X_2, \ldots, X_n)$이 추출될 때 값들의 요약 정보를 계산하는 데 정의된 요약 정보는 수학 함수 $T(X_1, X_2, \ldots, X_n)$로 나타낼 수 있으며 이 함수의 정의역은 랜덤벡터 $(X_1, X_2, \ldots, X_n)$의 표본 공간을 포함한다. 함수 T는 실수값이나 벡터값이 될 수 있으며 확률표본은 각 X_i들이 독립적이고 동일하게 분포되어 있어 모집단 분포의 특성을 포함하고 있고 표본분포라고 불린다.

definition

확률표본 $(X_1, X_2, \ldots, X_n)$의 함수 $T = T(X_1, X_2, \ldots, X_n)$을 통계량(statistic)이라 한다. 통계량 T의 확률밀도함수를 샘플링 분포라 한다.

definition

확률표본 $(X_1, X_2, \ldots, X_n)$의 함수 $\bar{X} = \frac{1}{n}\Sigma_i^n X_i$ 통계량을 표본평균이라 한다.

definition

확률표본 $(X_1, X_2, \ldots, X_n)$의 함수 $S^2 = \frac{1}{n-1}\Sigma_i^n (X_i - \bar{X})^2$ 통계량을 표본분산이라 한다.

theorem

(1) $\Sigma_i^n (x_i - a)^2$ 표본분산을 최소화하는 $a = \bar{x}$이다.

(2) 간편식: $\Sigma_i^n (x_i - \bar{x})^2 = \Sigma_1^n x_i^2 - n\bar{x}$

풀이

(1) $\min\limits_a Q = \min\limits_a \Sigma_i^n (x_i - a)^2$

$= \min\limits_a \Sigma_i^n (x_i^2 - 2ax_i + a^2) = \min\limits_a \Sigma x_i^2 - 2a\Sigma x_i + na^2.$

$\frac{\partial\, Q}{\partial\, a} = -2\Sigma x_i + 2na = 0.$ 그러므로 $a = \frac{\Sigma x_i}{n}$이다.

(2) $\Sigma_i^n (x_i - \bar{x})^2 = \Sigma_i^n (x_i^2 - 2x_i\bar{x} + \bar{x}^2)$

$= \Sigma_i^n x_i^2 - 2\bar{x}\Sigma_i^n x_i + n(\bar{x})^2 = \Sigma_i^n x_i^2 - n\bar{x}^2$

$\because\ -2\bar{x}\Sigma x_i = -2\bar{x}\left(\frac{\Sigma x_i}{n}\right)n = -2n\bar{x}^2$

theorem

평균 μ, 분산 σ^2인 모집단으로부터 확률표본 $(X_1, X_2, \dots, X_n)$의 표본평균, 표본분산에 대하여 다음이 성립한다.

증명

$$E(\overline{X}) = E(\frac{1}{n}\Sigma_1^n X_i) = \frac{1}{n}\Sigma_i^n E(X_i) = \frac{1}{n}\Sigma_i^n \mu = \mu$$

$$V(\overline{X}) = V\left(\frac{1}{n}\Sigma x_i\right) = (ind)\frac{1}{n^2}\Sigma V(X_i) = \frac{1}{n^2}\Sigma\sigma^2 = \frac{\sigma^2}{n}$$

$$E(S^2) = E\left(\frac{1}{n-1}(\Sigma x_i^2 - n\overline{X}^2)\right) = \frac{1}{n-1}(nE(X^2) - n\overline{X}^2)$$

$$= \frac{1}{n-1}\left(n(\sigma^2 + \mu^2) - n(\frac{\sigma^2}{n} + \mu^2)\right) = \sigma^2.$$

표본분산은 모집단 분산의 불편 추정량이다.

4 순서통계량

임의표본에서 가장 작은 값, 가장 큰 값 또는 중간값과 같은 샘플 값들은 평균, 분산과 같이 추가적인 요약 정보를 제공할 수 있다. 예를 들어, 지난 30년 동안 기록된 최대 강수량, 최저 겨울 온도는 미래 비상 대비 계획을 할 때 유용한 데이터이고 지난달에 판매된 주택의 중앙 가격은 생활 비용을 추정하는 데 유용하다. 이러한 것들은 모두 순서통계량(order statistics)이라고 한다.

definition

모집단 $f(x), x \in S = \{x; a < x < b\}$으로부터의 확률표본 $(X_1, X_2, \dots, X_n)$ 크기순으로 정렬하고 $X_{(1)} \le X_{(2)} \le \dots \le X_{(n)}$ 이를 순서통계량이라 한다.

- 최솟값(minimum value): $X_{(1)} = \min_i(x_1, x_2, \ldots, x_n)$
- 최댓값(maximum value): $X_{(n)} = \max_i(x_1, x_2, \ldots, x_n)$
- 범위(range): $R = X_{(n)} - X_{(1)}$
- 중앙값(median): $P(X \le \tilde{x}_m) = \frac{1}{2}$을 만족하는 $\tilde{x}_m$
- 표본 데이터 중앙값: $M = X_{(\frac{n+1}{2})}$ (표본크기 n 홀수), $M = \frac{1}{2}\left(X_{(\frac{n}{2})} + X_{(\frac{n}{2}+1)}\right)$ (표본크기 n 짝수)

theorem

순서통계량 $X_{(1)}, X_{(2)}, \ldots, X_{(n)}$의 결합확률밀도함수는 다음과 같다.

$$g(x_{(1)}, x_{(2)}, \ldots, x_{(n)}) = n!f(x_{(1)})f(x_{(2)}) \ldots f(x_{(n)}),\ a < x_{(1)} < x_{(2)} < \cdots < x_{(n)} < b$$

최솟값, 최댓값 확률밀도함수

모집단 $f(x)$으로부터의 확률표본 $(X_1, X_2, \ldots, X_n)$의 최댓값 $X_{(n)}$, 최솟값 $X_{(1)}$ 확률밀도함수를 구하라.

풀이

$$F_{X_{(n)}}(x) = P(X_{(n)} \le x) = P(X_{(n)} = \max_i(all\ X_i) \le x) = [P(X_i \le x)]^n = F(x)^n$$

$$f_{X_{(n)}}(x) = nF(x)^{n-1}f(x)$$

$$F_{X_{(1)}}(x) = P(X_{(1)} \le x) = P(X_{(1)} \ge x) = 1 - P(X_{(1)} = \min_i(all\ X_i) \ge x)$$

$$= [P(X_i \le x)]^n = 1 - (1 - F(x))^n$$

$$f_{X_{(1)}}(x) = n(1 - F(x))^{n-1}f(x)$$

최솟값, 최댓값 이변량 결합확률밀도함수

$$f_{X_{(1)}, X_{(n)}}(x_1, x_n) = 2f(x_1)f(x_n)$$

$x_{(k)}$ 확률밀도함수

$$f_{X_{(k)}}(x) = \frac{n!}{(k-1)!(n-k)!}[F(x)]^{k-1}[1-F(x)]^{n-k}$$

풀이

$$P(x \le X_{(k)} \le x + \Delta x) \approx P((k-1) from < x_{(k)}, 1 near\ x_{(k)}, (n-k) from > x_{(k)})$$
$$= \binom{n}{(k-1), 1, (n-k)}[F(x)]^{k-1} f(x_{(k)})[1-F(x)]^{n-k}$$

$(x_{(i)}, x_{(j)})$ 이변량 결합확률밀도함수

$$f_{X_{(i)}, X_{(j)}}(x_i, x_j)$$
$$= \frac{n!}{(i-1)!(j-i-1)!(n-j)!}[F(x_i)]^{i-1}[F(x_j)-F(x_i)]^{j-i-1}[1-F(x_j)]^{n-j} f(x_i) f(x_j)$$

example

Fuse 수명 X의 확률밀도함수는 $f(x) = \frac{1}{100}e^{-x/100} \sim exponential(\beta = 100)$, $0 < x$이다. 두 개의 Fuse를 직렬로 연결하여 사용하는 시스템의 수명 확률밀도함수를 구하라.

풀이

직렬로 연결한 시스템의 수명은 $\max(x_1, x_2) = X_{(2)}$ 확률변수이다.

$$F_X(x) = \int_0^x \frac{1}{100}\exp\left(-\frac{x}{100}\right)dx = 1 - \exp\left(-\frac{x}{100}\right)$$

$$f_{X_{(2)}}(x) = \frac{1}{50}(e^{-x/100} - e^{-x/50})$$

exercise

Fuse 수명 X의 확률밀도함수는 $f(x) = \frac{1}{100}e^{-x/100}$, $0 < x$이다. 두 개의 Fuse를 병렬로 연결하여 사용하는 시스템의 수명 확률밀도함수를 구하라. (풀이: 부록 63)

example

모집단 $U(0,1)$에서 확률표본 $(X_1, X_2, ..., X_n)$에서 순서통계량 $X_{(2)}$ 확률밀도함수를 구하라.

풀이

$f(x) = 1, 0 < x < 1$

$F_X(x) = \int_0^1 1dx = x$

$$f_{X_{(2)}}(x) = \frac{n!}{(2-1)!(n-1)!}[x_{(2)}]^{2-1}[1-x_{(2)}]^{n-1}$$
$$= nx_{(2)}(1-x_{(2)})^{n-1}, 0 < x_{(2)} < 1$$

5 (백)분위수

definition

확률분포함수 $F(x)$을 갖는 확률변수 X에 대하여 다음을 만족하는 Q_p을 p (백)분위수(pth quantile 100pth percentile)라 한다.

$$Q_p = F^{-1}(p)$$

theorem

k번째 순서통계량 X_k의 기댓값은 다음과 같다.

$E(F(X_k)) = \int_a^b F(X_k)f(x_k)dx_k$

변수 변환: $z = F(X_k)$

$$E(F(X_k)) = \int_0^1 \frac{n!}{(k-1)!(n-k)!} z^k (1-z)^{n-k} dz$$
$$= \frac{n!k!(n-k)!}{(k-1)!(n-k)!(n+1)!} = \frac{k}{n+1}$$

$\frac{k}{n+1} = p$th 분위수, 100pth 백분위수: X_k

표본 백분위

표본 데이터의 $p$th백분위수는 $k=(n+1)p$가 정수이면 X_k이나 실수인 경우에는 다음 방법으로 구한다. $(n+1)p=k+r$, $0<r<1$, r은 소수 부분으로 가중치로 사용된다.

$p$th백분위수: $(1-r)X_k+rX_{(k+1)}$

사분위(quartile)

표본 데이터의 $p=25, 50, 75$인 순서통계량을 1사분위수(first quartile)(Q_1), 2사분위수(second quartile)(Q_2), 3사분위수(third quartile)(Q_3)라 한다. 2사분위수는 중앙값(median)이라 한다.

- 사분위범위(inter-quartile range): $IQR=Q_3-Q_1$

상자수염그림(box whisker plot)

- 5개 요약통계량 표현: (최솟값, 1사분위, 중앙값, 3사분위, 최댓값)
- 하한 펜스(lower fence): $Q_1-1.5IQR$
- 상한 펜스 upper fence : $Q_3+1.5IQR$
- 상한, 하한 펜스를 벗어나는 값들을 이상치라 한다.

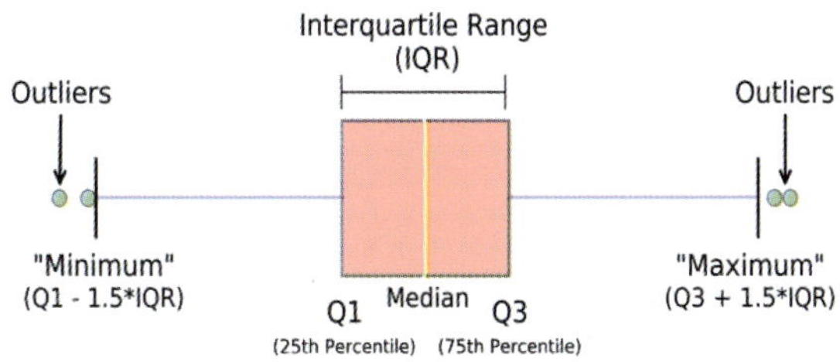

example

모수 $\lambda=5$인 포아송분포로부터 15개 데이터를 추출하고 5개 요약통계량과 상자수염그림을 구하라.

python

```
import scipy.stats as st
import numpy as np
data=st.poisson.rvs(5,size=15,rando
m_state=7)
data
```

```
array([ 6, 3, 3, 4, 6, 6, 6, 7,
6, 6, 8, 5, 3, 10, 6])
```

```
np.percentile(data, [25, 50, 75])
```

```
array([4.5, 6. , 6. ])
```

```
import pandas as pd
pd.Series(data).describe()
```

```
count     15.000000
mean       5.666667
std        1.914854
min        3.000000
25%        4.500000
50%        6.000000
75%        6.000000
max       10.000000
dtype: float64
```

```
import matplotlib.pyplot as plt
fig = plt.figure(figsize =(10, 7))
plt.boxplot(data)
plt.show()
```

*) 중앙값과 3사분위이 동일하여 겹쳐져 있음

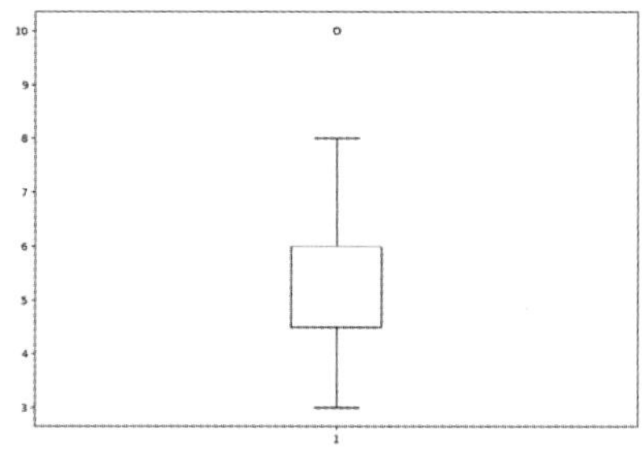

6 Q-Q plot

모집단의 분포를 알 수 없는 경우 이론적 분포를 가정하고 확률표본의 확률밀도함수를 이용하여 적합(분포의 적합성 검정, goodness of fits)여부를 검정한다.

(1) 확률변수 X는 알려진 분포함수 $F\left(\frac{(x-a)}{b}\right)$을 갖는다고 하자.

(2) 변수 변환 $Z=\frac{X-a}{b}$는 분포함수 $F(z)$을 갖는다.

(3) $Q_{X,p}$=확률표본 X의 pth 분위수, $Q_{Z,p}$=확률표본 Z의 pth 분위수

(4) $p = P(X \le Q_{X,p}) = P\left(Z \le \dfrac{Q_{Z,p} - a}{b}\right)$이므로 $Q_{X,p} = bQ_{Z,p} + a$이다. 즉, 확률표본의 백분위수와 이론적 확률분포의 백분위수는 직선관계가 있다.

(5) x-축 확률표본 백분위수($p_k = \dfrac{k}{n+1}$), y-축 이론분포 백분위수($Q_{Z,pk}$)의 산점도 그림을 Q-Q(quantile-quantile) 그림이라 한다.

* 모집단 분포의 모수는 확률표본 데이터에서 구한 추정량으로 대체한다.

example

모수 $\beta = 1$인 지수분포로부터 20개 데이터를 추출하고 Q-Q plot을 그려라.

python

```
import scipy.stats as st
import numpy as np
import pylab
data=st.expon.rvs(0,1,size=20,random_s
tate=7)
stats.probplot(data, dist="expon",
plot=pylab)
pylab.show()
```

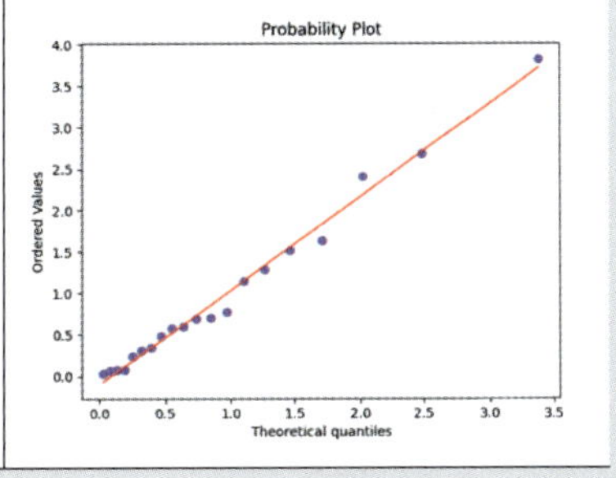

7 수렴

표본크기가 무한대(이론적이고 가상적인 개념)로 접근하는 경우 표본 통계량의 변화에 대한 내용을 $n \to \infty$ 확률표본 $\overline{X}_n$의 분포에 대한 중심으로 다룬다.

확률수렴(convergence in probability)

definition

$\{X_n\}$ 확률변수 시퀀스, X 확률변수일 때 다음을 만족하면 X_n은 X에 확률수렴한다 (X_n convergence in probability)고 정의한다.

$$X_n \xrightarrow{p} X$$

$$\lim_{n\to\infty} P(|X_n - X| \geq \epsilon) = 0 \text{ for } all\, \epsilon > 0 \leftrightarrow \lim_{n\to\infty} P(|X_n - X| < \epsilon) = 1 \text{ for } all\, \epsilon > 0$$

theorem

(WLLN weak law of large numbers) $\{X_n\}$은 평균 μ, 분산 $\sigma^2 < \infty$을 갖는 iid 확률변수 시퀀스라 하면 표본평균($\overline{X_n}$)은 평균(μ)에 확률수렴한다.

$$\overline{X_n} \xrightarrow{p} \mu$$

증명

$E(\bar{X}_n) = \mu,\ V(\overline{X_n}) = \dfrac{\sigma^2}{n}$

Chebyshev inequality 정리: $P(|X - \mu| > k\sigma) \leq \dfrac{1}{k^2}$

$P(|\bar{X}_n - \mu| \geq \epsilon) = P(|(\bar{X}_n - \mu| \geq (\epsilon\sqrt{n}/\sigma)(\sigma/\sqrt{n})) \leq \dfrac{\sigma^2}{n\epsilon^2} \to 0$

theorem

$X_1, X_2,$ ...이 확률변수 X에 확률수렴 하면 연속함수 g에 대하여 $g(X_1), g(X_2), \ldots$은 $g(X)$에 확률수렴한다.

$$X_n \xrightarrow{p} X\text{이면 } g(X_n) \xrightarrow{P} g(X).\ \text{단, } g\text{는 연속형 함수이다.}$$

theorem

$X_n \xrightarrow{p} X,\ Y_n \xrightarrow{p} Y$이면 $X_n Y_n \xrightarrow{p} XY$

definition

확률분포함수 $F(x;\theta)$를 갖는 모집단으로부터 확률표본 $(X_1, X_2, \ldots, X_n)$의 통계량 $T_n = t(x_1, x_2, \ldots, x_n)$이 다음을 만족하면 모수 θ의 일치 추정량이라 한다.

$$T_n \xrightarrow{p} \theta \leftrightarrow \text{표본평균은 모평균의 일치 추정량}$$

example

$\{X_n\}$은 평균 μ, 분산 $\sigma^2 < \infty$을 갖는 iid 확률변수 시퀀스라 하자.

$S_n^2 = \dfrac{1}{n-1}\Sigma_i^n (X_i - \bar{X}_n)$은 분산 σ^2의 일치 추정량이다. $S_n^2 \xrightarrow{P} \sigma^2$

증명

$S_n^2 = \dfrac{1}{n-1}\Sigma_i^n (X_i - \bar{X}_n)^2 = \dfrac{n}{n-1}(\dfrac{1}{n}\Sigma_i^n X_i^2 - \bar{X}_n^2) \xrightarrow{P} 1(E(X^2) - \mu^2) = \sigma^2$ 표본분산은 모분산 일치 추정량이다.

ALL sure convergence

definition

$\{X_n\}$ 확률변수 시퀀스, X 확률변수일 때 다음을 만족하면 X_n은 X에 거의 확실하게 수렴한다고 정의한다.

$$P(\lim_{n \to \infty} |X_n - X| < \epsilon) = 1 \text{ for } all\ \epsilon > 0$$

definition

평균 μ, 분산 $\sigma^2 < \infty$을 갖는 확률표본 평균 $\overline{X}_n$은 평균에 거의 확실히 수렴한다 (strong law of large number).

$$P(\lim_{n\to\infty}|\overline{X}_n - \mu| < \epsilon) = 1 \text{ for } all\ \epsilon > 0$$

분포수렴

definition

$\{X_n\}$ 확률변수 시퀀스, X 확률변수이고 F_{X_n}, F_X 각각 X_n, X 확률분포함수일 때 다음을 만족하면 X_n은 X에 분포수렴한다(X_n convergence in distribution)고 정의한다. $X_n \xrightarrow{D} X$

$$\lim_{n\to\infty} F_{X_n}(x) = F_X(x) \text{ for } all\ x \in C(F_X)$$

확률변수 X의 분포를 X_n의 한계(limiting asymptotic)분포라 한다.

theorem

X_n 확률변수 시퀀스가 X 확률변수에 확률수렴하면 X_n은 X에 분포수렴한다.

$$\text{if } X_n \xrightarrow{P} X,\ then\ X_n \xrightarrow{D} X$$

example

$X_1, X_2, \ldots$은 $U(0,1)$으로부터 확률표본이다. 최댓값 X_n의 극한분포를 구하라.

증명

$U(0,1)$로부터 확률표본이므로 $n\to\infty$로 가면 X_n은 1에 근사해야 한다.

$$P(|X_n - 1| \geq \epsilon) = P(X_n \geq 1+\epsilon) + P(X_n \leq 1-\epsilon) = P(X_n \leq 1-\epsilon)$$

확률표본이므로 $P(X_n \le 1-\epsilon) = \Pi_i^n P(X_i \le 1-\epsilon) = (1-\epsilon)^n$.

만약 $\epsilon = \frac{t}{n}$라 놓으면 $P\left(X_n \le 1-\frac{t}{n}\right) = \left(1-\frac{t}{n}\right)^n \rightarrow e^{-t}$이다.

$P(n(1-X_n) \le t) \rightarrow e^{-t}$이므로 $n(1-X_n)$ 극한 분포는 지수분포($\beta=1$)이다.

• 극한 확률분포함수 구하기

X_n의 확률밀도함수를 이용하여 극한 확률분포함수를 구하는 것은 쉽지 않아 누적 확률분포함수를 이용하는 것이 편리하다.

X_n 확률밀도함수를 $p_n(x) = \begin{cases} 1, x = 2+\frac{1}{n} \\ 0, otherwise \end{cases}$ 이라 하자.

극한 확률밀도함수는 $\lim_{n\to\infty} p_n(x) = 0 \text{ for } all\ x$, 즉 극한 확률밀도함수가 존재하지 않는다. X_n 누적 확률분포함수는 $F_n(x) = \begin{cases} 0, x < 2+\frac{1}{n} \\ 1, x \le 2+\frac{1}{n} \end{cases}$ 이므로 극한 확률분포함수는 $F(x) = \begin{cases} 0, x < 2 \\ 1, x \le 2 \end{cases}$이다.

• 중심극한정리

$X_1, X_2, \ldots$은 평균, 분산이 $E(X_i) = \mu < \infty$, $V(X_i) = \sigma^2 < \infty$로부터 확률표본이다. $\frac{\sqrt{n}(\bar{X}_n - \mu)}{\sigma}$의 극한분포는 표준정규분포이다(중심극한 정리).

example

$X_1, X_2, \ldots$은 평균, 분산이 $E(X_i) = p$, $V(X_i) = p(1-p)$인 베르누이분포로부터 확률표본이다. 표본비율 $\hat{p} = \frac{\sum x_i}{n}$의 극한분포를 구하라.

풀이

중심극한 정리에 의해 $\frac{\sqrt{n}(\hat{p}-p)}{p(1-p)} \xrightarrow{D} N(0,1)$

example

T_n은 $t(df=n)$이면 극한분포는 표준정규분포이다. $t_{df=n} \xrightarrow{D} N(0,1)$

example

$X_1, X_2, \ldots, X_n$가 $NB(r,p)$의 확률표본이라 하면 $E(X_i) = \dfrac{r(1-p)}{p}$, $V(X_i) = \dfrac{r(1-p)}{p^2}$이므로 중심극한정리에 의해 $\dfrac{\sqrt{n}(\bar{X}_n - r(1-p)/p)}{\sqrt{r(1-p)/p^2}}$ 극한분포는 표준정규분포에 근사한다.

• △-방법 정리

X_n 시퀀스에 대하여 $\sqrt{n}(X_n - \theta) \xrightarrow{D} N(0, \sigma^2)$이며 $g(x)$가 미분 가능한 연속형 함수이면 $g(X_n)$ 시퀀스에 대하여 $\sqrt{n}(g(X_n) - g(\theta)) \xrightarrow{D} N(0, \sigma^2 (g'(\theta))^2)$이 성립한다.

활용

X_n은 평균, 분산이 $E(X_i) = p$, $V(X_i) = p(1-p)$인 베르누이분포로부터의 확률표본이다.

이 경우 $X_n = \hat{p} = \dfrac{\sum x_i}{n}$이므로 $\dfrac{\sqrt{n}(\hat{p} - p)}{p(1-p)} \xrightarrow{D} N(0,1)$

오즈비 $\dfrac{p}{1-p}$ 추정한다고 하자. $X_n = \dfrac{\hat{p}}{1-\hat{p}}$이고 $g(p) = \dfrac{p}{1-p}$이다.

$$E(X_n) = \frac{p}{1-p},\ V\left(\frac{\hat{p}}{1-\hat{p}}\right) \approx [g'(p)]^2 V(\hat{p}) = \left[\frac{1}{(1-p)^2}\right]^2 \frac{p(1-p)}{n} = \frac{p}{n(1-p)^3}$$

$$\sqrt{n}\left(X_n = \frac{\hat{p}}{1-\hat{p}} - g(p)\right) \xrightarrow{D} N\left(0, \frac{p}{n(1-p)^3}\right)$$

8 확률변수 생성

이 절에서는 이론적 확률분포함수 $f(x;\theta)$을 따르는 확률표본 데이터를 생성하는 generation 방법 중 하나인 direct 방법(균일분포 $U(0,1)$에 대하여 $X=g(U)$ 변환이 생성하길 원하는 분포함수를 갖는 경우 사용)을 예제 위주로 설명한다.

example

부품 수명이 지수분포(β)를 따른다고 하자. 부품 품질 관리자는 c개의 부품 중 적어도 t개가 h시간 이상일 확률을 구하고 싶다고 하자.

1개 부품 수명이 h 이상일 확률:

$p_1 = P(X \geq h \mid X \sim exponential(\beta)) = \int_h^\infty \frac{1}{\beta} e^{-h/\beta} dx = e^{-h/\beta}$

【 generation 】 모수 λ인 지수분포에서 $X_1, X_2, \ldots, X_c$ 데이터를 생성한다.

c개 중 수명이 h 이상인 부품 개수가 적어도 t개일 확률:

$p_2 = \sum_{k=t}^{c} \binom{c}{k} p_1^k (1-p_1)^{c-k}$

【 계산 】 만약 생성한 c개 데이터 중 h 이상인 데이터가 적어도 t개이면 $Y_j = 1$, 그렇지 않으면 $Y_j = 0$이라 놓는다. 이 과정을 무한 반복하여 Y_j의 평균을 구하면 c개의 부품 중 적어도 t개가 h시간 이상일 확률이다.

example

지수분포(β)을 따르는 확률변수를 생성하자.

(1) $X \sim exponential(\lambda)$이므로 $F_X(x) = \int_0^x \frac{1}{\beta} e^{-\frac{x}{\beta}} dx = 1 - e^{-\frac{x}{\beta}}$

(2) $U = 1 - e^{-\frac{x}{\beta}}$ 변환을 하자. U의 영역은 $0 \leq U \leq 1$이고 $X = -\beta \ln(1-U)$

(3) $F_X^{-1}(U) = -\beta \ln(1-U)$는 지수분포 ($\beta$)을 갖는다.

• **BOX-Muller 알고리즘**

$U(0,1)$에서 서로 독립인 U_1, U_2을 생성하였고 R, θ을 다음과 같이 정의하면 $X = Rcos\theta, Y = Rsin\theta$는 서로 독립이고 $N(0,1)$을 따른다.

$$R = \sqrt{-2\ln U_1}, \theta = 2\pi U_2$$

example

이항분포$(n=3, p=0.75)$을 따르는 확률변수를 생성하자.

$$P(X=0|X \sim B(3,0.75)) = 0.016, P(X=1) = 0.141, P(X=2) = P(X=3) = 0.422$$

$U \sim U(0,1)$을 생성하고 $X = \begin{cases} 0, 0 < U \le 0.016 \\ 1, 0.016 < U \le 0.156 \\ 2, 0.156 < U \le 0.578 \\ 3, 0.578 < U \le 1 \end{cases}$

02 추정방법

1 기초

모집단 확률분포함수 $f(x;\theta), \theta \in \Omega$의 확률표본에서 얻은 통계량이 추정에 사용된다면 이를 추정량(estimator)이라 한다. 근사할 것이라고 생각하는 하나의 값으로 제시한다면 이를 점추정(point estimate), θ을 포함하고 있을 가능성이 높은 구간을 제시하는 것은 구간추정(interval estimate)이라 한다. 계산되는 공식을 추정량, 실제 데이터를 이용하여 계산된 값을 추정치(estimates)라 한다.

definition

모집단 확률분포함수 $f(x;\theta), \theta \in \Omega$의 확률표본에서 얻은 통계량 $T = T(X_1, X_2, \ldots, X_n)$이 모수 추정에 사용되면 이를 추정량이라 하고 $\hat{\theta}$이라 표현한다.

- 추정량: $\hat{\theta} = T(X_1, X_2, \ldots, X_n)$ 대문자로 표현
- 추정치: $t(x_1, x_2, \ldots, x_n)$ 관측된 값으로 소문자로 표현

2 적률법

적률을 이용하여 모수 추정하는 가장 오래된 방법으로 매우 간단하나 좋은 추정량의 조건을 갖추지 않을 수 있다.

• 추정량 구하는 방법

알려지지 않은 모집단 확률분포함수 $f(x;\theta), \theta \in \Omega$, 확률표본 $(X_1, X_2, \ldots, X_n)$에서 모집단의 k차 적률 $\mu'_k = E(X^k)$과 표본의 k차 적률 $m'_k = E(X_i^k)$이라 하자.

$\mu'_k = m_k$이라 놓고 풀면 모수 추정량을 얻게 된다. 만약 모수 한 개 이상이면 적률에 의한 방정식을 모수 수만큼 얻어 사용하면 된다.

example

모집단 $B(n,p)$으로부터 확률표본 $(X_1, X_2, \ldots, X_n)$이다. 적률방법으로 추정량 $\hat{p}$을 구하라. 단, n은 알려져 있다.

풀이

모집단적률: $\mu'_1 = E(X) = np$

표본적률: $m'_1 = E(X) = \bar{X}$

방정식: $np = \bar{X}$

모비율추정량: $\hat{p} = \bar{X}$

example

모집단 $N(\mu,\sigma^2)$으로부터 확률표본 $(X_1,X_2,\dots,X_n)$이다. 적률방법으로 추정량 $\hat{\mu},\hat{\sigma}^2$을 구하라.

풀이

모집단적률: $\mu_1^{'} = E(X) = \mu, \mu_2^{'} = E(X^2) = \sigma^2 + \mu^2$

표본적률: $m_1^{'} = E(X) = \bar{X},\ m_2^{'} = E(X^2) = \frac{1}{n}\sum X_i^2$

방정식: $\mu = \bar{X},\ \sigma^2 + \mu^2 = \frac{\sum X_i^2}{n}$

평균추정량: $\hat{\mu} = \bar{x}$

분산추정량: $\widehat{\sigma^2} = \frac{1}{n}\sum X_i^2 - \bar{X}^2 = \frac{1}{n}\sum (X_i - \bar{X})^2$

example

모집단 $U(0,\theta)$으로부터 확률표본 $(X_1,X_2,\dots,X_n)$이다. 적률방법으로 추정량 $\hat{\theta}$을 구하라.

풀이

모집단적률: $\mu_1^{'} = E(X) = \frac{\theta}{2}$

표본적률: $m_1^{'} = \bar{X}$

$\bar{X} = \frac{\theta}{2}$이므로 적률에 의한 추정량은 $\hat{\theta} = 2\bar{X}$이다.

추정량 $\hat{\theta} = 2\bar{X}$은 불편 추정량은 $(E(2\bar{X}) = 2\theta \neq \theta)$ 아니지만 일치 추정량이다.

【 정리 】 만약 $\lim_{n\to\infty} V(\hat{\theta})(= 4\frac{\theta^2}{12n}) = 0$이면 $\hat{\theta}$는 일치 추정량이다.

example

모집단 $U(0,\theta)$으로부터 확률표본 $(X_1, X_2, \ldots, X_n)$이다. 적률방법으로 모수 θ^2을 구하라.

풀이

모수 θ에 대한 추정량이 $\hat{\theta}$이고 g가 연속함수인 경우 $g(\theta)$ 추정량은 $g(\hat{\theta})$이다. 위의 예제에서 $\hat{\theta} = 2\overline{X}$였으므로 $\widehat{\theta^2} = 4\overline{X}^2$이다.

exercise

모집단 $U(0,3\theta)$으로부터 확률표본 $(X_1, X_2, \ldots, X_n)$이다. 적률방법으로 $\frac{1}{\theta}$의 추정량을 구하라. (풀이: 부록 64)

example

모집단 $Gamma(\alpha, \beta)$으로부터 확률표본 $(X_1, X_2, \ldots, X_n)$이다. 적률방법으로 모수 α, β 추정량을 구하라.

풀이

모집단적률: $\mu_1' = E(X) = \alpha\beta, \mu_2' = E(X^2) = \alpha\beta^2 + (\alpha\beta)^2$

표본적률: $m_1' = E(X) = \bar{X},\ m_2' = E(X^2) = \frac{1}{n}\sum X_i^2$

방정식: $\alpha\beta = \bar{X},\ \alpha\beta^2 + \alpha\beta^2 = \frac{\sum X_i^2}{n}$

추정량: $\hat{\alpha} = \frac{n\bar{X}}{n\sum(X_i - \bar{X})^2},\ \hat{\beta} = \frac{\sum(X_i - \bar{X})^2}{n\bar{X}}$

불편 추정량은 아니지만 $\overline{X}$는 $\alpha\beta$의 일치 추정량이고 $\frac{1}{n}\sum X_i^2$은 $\alpha\beta^2 + (\alpha\beta)^2$의 일치 추정량이다. 적률에 의해 구한 추정량은 일치 추정량이기는 하지만 불편성 보장은 물론 MVUE라는 보장이 없다. 쉽게 얻을 수 있다는 장점이 있어 추정량을 이해하기 위한 시작점이 된다.

3 최대우도 추정량 MLE

최종적으로 최량 추정량, MVUE(minimum variance unbiased estimator, 최소분산 불편 추정량)를 구하기 위하여 (1) Factorial criterion에 의해 충분 통계량을 구하고 (2) 충분 통계량의 함수이면서 불편성을 갖는 추정량을 구하면 Rao-Blackwell 정리에 의해 MVUE가 된다. 그러나 불편 추정량을 구하는 것이 그렇게 쉽지만은 않다.

한편, 적률에 의한 추정량은 일치성은 보장하지만 불편성, MVUE는 아닐 가능성이 높다. 이제 MVUE일 가능성이 높은 추정 방법을 소개하고자 한다. 추출된(수집된) 확률표본(데이터)이 어떤 모수 값일 경우 그 값들이 추정될 가능성이 가장 높은가? 이를 최대우도 추정량이라 한다.

주머니 속에 공이 3개 들어 있다. 공의 색깔은 하얀색, 파란색일 수 있다. 그러나 각 몇 개씩 들어 있는지는 모른다고 가정하자. 2개의 공을 뽑아 색을 보고 주머니에 있는 공의 색을 맞춘다고 하자. 공 2개를 뽑았더니 파란색이었다. 그렇다면 주머니의 공은 무슨 색인가?

하얀 공일 확률: $1/3(=\binom{2}{2}\binom{1}{0}/\binom{3}{2})$, 파란 공일 확률: $1(=\binom{3}{2}/\binom{3}{2})$

파란 공이 가능성이 높다. 이렇게 모수에 대한 추정량을 구하는 방법이 최대우도 추정법이다.

definition

알려지지 않은 모집단 확률분포함수 $f(x;\theta), \theta \in \Omega$에 대한 정보를 얻기 위하여 추출한 크기 n의 (확률)표본 $\underline{X} = (X_1, X_2, \ldots, X_n)$의 결합확률밀도함수를 모수 포함 함수로 표현한 것을 우도함수(likelihood function)라 하며 모수함수이다.

- 우도함수: $L(\theta; x_1, x_2, \ldots, x_n) = L(\theta; \underline{x}) = \Pi_i^n f(x_i;\theta)$

【 의미 】 확률표본(데이터) 결합확률(표본 데이터가 수집되었다면 어떤 모수 값일 가능성이 가장 높은가)을 최대화하는 모수 값을 MLE라 한다.

definition

우도함수를 최대화하는 θ를 최대우도(maximum likelihood)추정량이라 한다.

$\frac{\partial L(\theta)}{\partial \theta} = 0$을 만족하는 추정량 $\hat{\theta}(\underline{x})$을 MLE이라 한다.

【 로그우도함수 】 우도함수는 항상 0보다 크므로 우도함수를 최대화하는 θ 계산

↔ 로그우도함수를 최대화하는 θ 계산

example

어느 지역의 암 환자 비율을 추정하려고 한다. 암 환자 비율(p), 확률변수는 베르누이 확률밀도함수를 따르고 확률표본 $(X_1, X_2, ..., X_n)$을 추출하였다고 하자.

풀이

모집단 확률밀도함수: $f(x;\theta = p) = p^x(1-p)^{1-x}, x = 0, 1$

우도함수: $L(\theta;\underline{x}) = \Pi_i^n f(x_i;p) = \Sigma_i^n p^{x_i}(1-p)^{1-x_i} = p^{\Sigma x_i}(1-p)^{n-\Sigma x_i}$

로그우도함수: $l(\theta) = \ln(L(\theta)) = \Sigma x_i \ln(p) + (n - \Sigma x_i)\ln(1-p)$

MLE : $\frac{\partial l(\theta)}{\partial \theta} = \Sigma x_i\left(\frac{1}{p}\right) + (n - \Sigma x_i)\frac{1}{1-p}(-1) = 0$, 그러므로 $\hat{p} = \frac{\Sigma x_i}{n}$

example

빼빼로 중량이 $N(\mu, \sigma^2)$을 따른다고 하자. 중량 평균을 추정하기 위하여 확률표본 $(X_1, X_2, ..., X_n)$을 추출하였다고 하였다. 모집단 모수 $\underline{\theta} = (\mu, \sigma)$는 2개이나 평균에 관심이 있으므로 μ는 목표 모수, 분산 σ^2은 불필요(nuisance) 모수이다.

풀이

모집단 확률밀도함수: $f(x;\mu,\sigma) = \frac{1}{2\sqrt{\pi\sigma}}\exp\left(-\frac{(x-\mu)^2}{2\sigma^2}\right), -\infty < x < \infty$

로그우도함수: $l(\mu, \sigma^2) = \frac{n}{2}\ln(2\pi) - \frac{1}{2}\Sigma\left(\frac{x_{i-\mu}}{\sigma}\right)^2$

MLE: $\frac{\partial l(\mu,\sigma)}{\partial \mu} = 0$, $\frac{\partial l(\mu,\sigma^2)}{\partial \sigma^2} = 0$ 그러므로 $\hat{\mu} = \bar{X}$, $\hat{\sigma}^2 = \frac{\Sigma(x_i - \bar{x})^2}{n}$.

example

모집단 확률분포 $U(0,\theta)$, 확률표본 $(X_1, X_2, \ldots, X_n)$에서 MLE를 구하라.

풀이

모집단 확률밀도함수: $f(x;\theta) = \frac{1}{\theta},\ 0 < x < \theta$

우도함수: $L(\theta) = \Pi\left(\frac{1}{\theta}\right) I_{x_i,\theta} = \Pi\left(\frac{1}{\theta}\right) I_{\max\{x_i\},\theta}$

$I_{[a,b]}$은 지시함수로 (a< x <b)이면 1, 그렇지 않으면 0이다.

MLE : 우도함수가 최대화되려면 $\hat{\theta} = \max\{x_i\} = x_{(n)}$

example

Laplace 분포 $f(x;\theta) = \frac{1}{2} e^{-|x-\theta|},\ -\infty < x < \infty,\ -\infty < \theta < \infty$을 따르는 확률표본 $(X_1, X_2, \ldots, X_n)$을 이용하여 θ에 대한 MLE를 구하라.

풀이

로그우도함수: $l(\theta) = -n ln(2) - \sum_i^n |x_i - \theta|$

미분: $\frac{\partial l}{\partial \theta} = \sum_i^n sgn(x_i - \theta) = 0,\ where\ sgn(t) = \begin{cases} -1, t < 0 \\ 0, t = 0 \\ 1, t > 0 \end{cases}$

그러므로 $\hat{\theta} = Median$: MLE는 중위값이다.

example

$N(\mu, 1),\ where\ \mu > 0$을 따르는 확률표본 $(X_1, X_2, \ldots, X_n)$을 이용하여 μ에 대한 MLE를 구하라.

풀이

로그우도함수를 최대화하는 MLE $\hat{\mu} = \overline{X}$이므로 $\hat{\mu} = \begin{cases} \overline{X} \text{ if } \overline{X} \geq 0 \\ 0 \text{ if } \overline{X} < 0 \end{cases}$

example

$B(n,p)$을 따르는 확률표본 $(X_1, X_2, \dots, X_n)$을 이용하여 n에 대한 MLE를 구하라. 단, p는 알려져 있다. (적용) 동전의 공정성을 평가하기 위하여 몇 번을 던져야 하는가?

풀이

우도함수: $L(k;\underline{x},p) = \Pi_i^n \binom{k}{x_i} p^{x_i}(1-p)^{k-x_i}$

k에 대한 우도함수 미분은 쉽지 않다.

만약 $k < x_{(n)}$이면 $L(k;\underline{x},p) = 0$이므로 다음 조건을 만족하는 $k \ge x_{(n)}$이 MLE 이다.

$$\frac{L(k;\underline{x},p)}{L(k-1;\underline{x},p)} \ge 1, \frac{L(k+1;\underline{x},p)}{L(k;\underline{x},p)} < 1$$

그러므로 최대화 조건은 $(k(1-p))^n \ge \Pi_1^n (k-x_i)$ and $((k+1)(1-p))^n \ge \Pi_1^n (k+1-x_i)$이다.

결론적으로 $(1-p)^n = \Pi_i^n (1-x_i z)$ for $0 \le z \le 1/x_{(n)}$을 풀면 된다$(z = \frac{1}{k})$.

theorem

$f(x;\theta), \theta \in \Omega$을 따르는 확률표본 $(X_1, X_2, \dots, X_n)$이고 $\hat{\theta}$은 MLE, $\theta \to \tau(\theta)$ 일대일 맵핑이라면 $\tau(\theta)$ MLE는 $\tau(\hat{\theta})$이다.

• **invariance 성질**

$f(x;\theta), \theta \in \Omega$을 따르는 확률표본 $\underline{X} = (X_1, X_2, \dots, X_n)$이고 $\hat{\theta}$은 MLE, θ의 임의의 함수 $\tau(\theta)$에 대하여 $\tau(\theta)$ MLE은 $\tau(\hat{\theta})$이다.

example

$N(\mu, \sigma^2)$에서 $\underline{\theta} = (\mu, \sigma^2)$의 MLE는 $\hat{\mu} = \bar{X}, \hat{\sigma}^2 = \frac{\sum (x_i - \bar{x})^2}{n}$.

invariance 성질에 의해 표준편차 $\sigma = \sqrt{\sigma^2}(\tau(\theta))$ MLE는 $\hat{\sigma} = \sqrt{\frac{\sum (x_i - \bar{x})^2}{n}}$ 이다.

example

$B(p)$에서 확률표본 $(X_1, X_2, \ldots, X_n)$이다. $V(X)$의 MLE를 구하라.

풀이

$V(X) = p(1-p)$이고 모수 p에 대한 MLE은 $\hat{p} = \dfrac{\sum X_i}{n}$이므로 분산의 MLE는 $\widehat{V(X)} = \dfrac{\sum X_i}{n}\left(1 - \dfrac{\sum X_i}{n}\right)$이다.

theorem

모수 θ에 대한 MLE $\hat{\theta}_{mle}$은 일치 추정량이다. 자세한 내용은 다음 절에서 논의한다.

4 베이즈 추정량

베이지안 접근법은 통계학에 대한 고전적인 접근법과 근본적으로 다른데 고전적인 접근법에서는 모수 θ가 알려지지 않지만 고정된 값으로 간주된다. 모수 θ에 대한 정보는 확률표본 $\underline{X} = (X_1, X_2, \ldots, X_n)$을 추출한 후 계산된 통계량을 기초하여 얻어진다. 베이지안 접근법에서 모수 θ는 확률변수로서의 변동성을 갖는 양으로 간주되며 이를 사전 확률밀도함수라 한다. 이는 분석자의 믿음에 기반한 주관적인 분포로서 데이터가 관찰되기 전에 정의하고 그런 다음 모수 θ인 모집단에서 표본을 추출하고 이 표본 정보를 사용하여 사전분포를 업데이트한다. 이 업데이트된 사전분포를 사후분포라고 하고 이러한 업데이트는 베이즈 정리를 사용하여 수행한다.

definition 사후분포

$\pi(\theta)$ 모수 사전(prior) 확률밀도함수, $L(\theta; \underline{x})$을 우도 함수이면 확률표본 $\underline{X} = (X_1, X_2, \ldots, X_n)$이 주어진 경우 모수에 대한 조건부 확률밀도함수를 사후(posterior)

확률밀도함수라 한다.

$$\pi(\theta \mid \underline{x}) = \frac{\pi(\theta)L(\theta;\underline{x})}{m(\underline{x})} \propto \pi(\theta)L(\theta;\underline{x}),\ where\ m(\underline{x}) = \int \pi(\theta)L(\theta;\underline{x})d\theta$$

• **Bayes 추정량**

최소 squared error loss function(제곱 오차 손실함수) $Loss(\theta,\hat{\theta}) = (\theta - \hat{\theta})^2$: 사후 확률함수 평균

최소 absolute error loss function(절대 오차 손실함수) $Loss(\theta,\hat{\theta}) = |\theta - \hat{\theta}|$: 사후 확률함수 중앙값

example

$B(p)$에서 추출한 확률표본 $\underline{X} = (X_1, X_2, \ldots, X_n)$을 이용하여 베이즈 추정량을 구하라.

풀이

우도함수: $L(p;\underline{x}) = \binom{n}{y} p^y (1-p)^{n-y}$ $where\ y = \Sigma_i^n x_i$

사전확률: (1) uniform prior $\pi(p) \sim U(0,1)$,

(2) conjugate prior $\pi(p) \sim Beta(\alpha,\beta)$

conjugate prior

사후 확률밀도함수와 동일한 분포를 갖는 사전 확률밀도함수를 conjugate prior라 한다. 비율의 사후 확률밀도함수가 베타분포이므로 사전 확률밀도함수가 베타분포이면 이를 conjugate prior라 한다.

- uniform prior 사후확률: $\pi(p \mid \underline{x}) \propto 1_{(0,1)}^p \binom{n}{y} p^y (1-p)^{n-y} \sim Beta(y+1, n-y+1)$
- conjugate prior 사후확률:

  $\pi(p \mid \underline{x}) \propto Beta(\alpha,\beta)\binom{n}{y} p^y (1-p)^{n-y} \sim Beta(\alpha+y, \beta+n-y)$
- 베이즈 추정량(제곱 오차 손실함수 적용):

  $\hat{p} = \frac{y+1}{(n+2)}$(uniform prior), $\hat{p} = \frac{\alpha+y}{(n+\alpha+\beta)}$(conjugate prior)

example

$N(\theta,\sigma^2)$에서 추출한 확률표본 $\underline{X}=(X_1,X_2,\ldots,X_n)$을 이용하여 (θ,σ^2) 베이즈 추정량을 구하라.

풀이

conjugate 사전 확률밀도 함수: $\pi(\theta)\sim N(\mu,\tau^2)$

사후 확률밀도함수: $\pi(\theta \mid \underline{x})\sim N\left(\dfrac{\tau^2}{\tau^2+\sigma^2}\bar{x}+\dfrac{\sigma^2}{\tau^2+\sigma^2}\mu, \dfrac{\sigma^2\tau^2}{\tau^2+\sigma^2}\right)$

제곱 오차 손실함수 최소화 베이즈 추정량: $\hat{\theta}=\dfrac{\tau^2}{\tau^2+\sigma^2}\bar{x}+\dfrac{\sigma^2}{\tau^2+\sigma^2}\mu$

03 최량 추정량

점추정은 과녁에 화살을 쏘는 것과 같다. 모집단으로부터 확률표본을 얻고 이로부터 모수에 대한 예측값(추정치)을 얻는다. 즉 과녁에 한 발의 화살을 쏘는 것과 같다. 과연 bull-eye일까? 좋은 추정치라면 한 번에 bull-eye일까?

화살을 한 발 쏘아 bull-eye를 했다고 하자. 명궁이라 할 수 있는가? 아닐 것이다. 2발, 아니 20발쯤 연속 명중시킨다면 명궁이라 할 수 있을 것이다. 이처럼 한 번의 추정치로는 그 추정치가 좋은지를 판단할 수는 없다. 추정치의 정확성을 측정하려면 추정치를 여러 번 구해야 한다. 즉 추정치의 평균과 분산이 필요하게 되는 것이다.

목표 모수 θ에 대한 추정량 $\hat{\theta}$을 여러 번 얻는다면($\hat{\theta}$ 확률밀도함수, $f(\hat{\theta})$, 샘플링 분포도 얻을 수 있음) 그 추정량은 모수 θ를 중심으로 흩어져 있을 것이다. 모수 부근에 있을 가능성은 높고 멀어질수록 가능성은 떨어질 것이다.

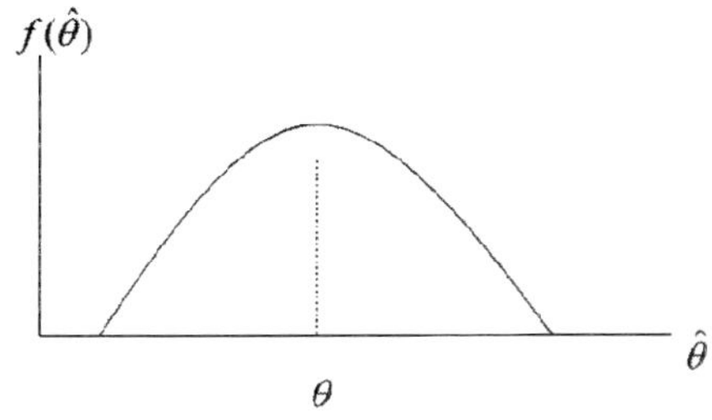

1 평균제곱오차

이전 절에서는 모수의 점추정량을 찾는 여러 방법을 살펴보았다. 여기서는 여러 추정량 중 어느 것을 선택해야 하는지 기준에 대해 논의하기로 한다.

definition

모수 θ, 추정량 $\hat{\theta}$에 대하여 다음을 추정량 평균제곱오차(mean square error)라 정의하며 모수 θ의 함수이다.

$$MSE(\hat{\theta}) = E_{\theta}(\hat{\theta} - \theta)^2$$

평균제곱오차 가장 작은 추정량을 최량 추정량이라 한다.

definition

모수 θ, 추정량 $\hat{\theta}$에 대하여 다음을 추정량 분산(추정분산)이라 정의하며 모수 θ의 함수이다.

$$V_{\theta}(\hat{\theta}) = E_{\theta}(\hat{\theta} - E(\hat{\theta}))^2$$

2 불편성

definition

모수 θ, 추정량 $\hat{\theta}$에 대하여 다음을 추정 편의(bias)라 정의하고 모수 θ의 함수이다. 편의가 $B(\hat{\theta})=0$인 추정량을 불편 추정량(unbiased estimator)이라 한다.

$$Bias(\hat{\theta}) = E_\theta(\hat{\theta}) - \theta$$

theorem

$$\begin{aligned} MSE(\hat{\theta}) &= E_\theta(\hat{\theta} - E(\hat{\theta}) + E(\hat{\theta}) - \theta)^2 \\ &= E_\theta(\hat{\theta} - E(\hat{\theta}))^2 + E_\theta(E(\hat{\theta}) - \theta)^2 = V_\theta(\hat{\theta}) + B(\hat{\theta})^2 \end{aligned}$$

불편 추정량이면 $MSE(\hat{\theta}) = V(\hat{\theta})$

example

$N(\mu, \sigma^2)$의 모수 μ MLE 추정량 $\hat{\mu} = \overline{x}$의 MSE을 구하라. 단, σ^2는 알려져 있다.

풀이

$E(\overline{x}) = \mu$이므로 불편 추정량이다.

$V(\overline{x}) = \dfrac{\sigma^2}{n}$이므로 $MSE(\overline{x}) = \dfrac{\sigma^2}{n}$이다.

example

$f(x;\theta) = \dfrac{1}{\theta}e^{-x/\theta}$, $0 < x$에서 표본크기 3인 확률표본 (X_1, X_2, X_3)을 추출하였다. 다음 추정량 중 MSE가 가장 작은 것은?

(1) $\hat{\theta}_1 = X_1$

(2) $\hat{\theta}_2 = \dfrac{X_1 + X_2}{2}$

(3) $\hat{\theta}_3 = \dfrac{X_1 + 2X_2}{3}$

(4) $\hat{\theta}_4 = \dfrac{X_1 + X_2 + X_3}{3}$

풀이

$E(X) = \theta,\ V(X) = \theta^2$

$E(\hat{\theta}_1) = \theta, E(\hat{\theta}_2) = \theta, E(\hat{\theta}_3) = \theta, E(\hat{\theta}_4) = \theta$이므로 모두 불편 추정량이다.

$MSE(\hat{\theta}_1) = V(\hat{\theta}_1) = \theta^2,\ MSE(\hat{\theta}_2) = \dfrac{\theta^2}{2},\ MSE(\hat{\theta}_3) = \dfrac{5\theta^2}{9},\ MSE(\hat{\theta}_4) = \dfrac{\theta^2}{3}$

4번째 추정량 MSE가 가장 적다.

example

$f(x;\theta) \sim U(\theta, \theta+1)$에서 표본크기 n인 확률표본 $(X_1, X_2, ..., X_n)$을 추출하였다. 추정량 $\overline{X}$가 편의 추정량임을 보이고 MSE를 구하라.

풀이

$E(X) = \dfrac{2\theta+1}{2},\ V(X) = \dfrac{1}{12}$

편의 $B(\overline{x}) = \dfrac{2\theta+1}{2} - \theta = \dfrac{1}{2}$

추정분산 $V(\overline{x}) = \dfrac{1}{12n}$이므로 $MSE(\overline{x}) = \dfrac{1}{12n} + \dfrac{1}{4}$이다.

example

$f(x;\theta) \sim N(\mu, \sigma^2)$에서 표본크기 n인 확률표본 $(X_1, X_2, ..., X_n)$을 추출하였다. MLE 추정량 $\hat{\mu} = \dfrac{\sum X_i}{n}, \widehat{\sigma^2} = \dfrac{\sum(X_i - \overline{X})^2}{n} = \dfrac{(n-1)S^2}{n}\ where\ S^2 = \dfrac{\sum(X_i - \overline{X})^2}{n-1}$이 불편 추정량인지 보이고 MSE를 구하라.

풀이

3장에서 표본평균 $\overline{X} \sim N(\mu, \dfrac{\sigma^2}{n})$, 표본분산 $\dfrac{(n-1)S^2}{\sigma^2} \sim \chi^2(n-1)$이다.

$E(\hat{\mu}) = \mu$이므로 불편 추정량, $MSE(\hat{\mu}) = V(\hat{\mu}) = \dfrac{\sigma^2}{n}$

$E(\widehat{\sigma^2}) = \frac{n-1}{n}\sigma^2$이므로 불편 추정량이 아니다.

$$MSE(\widehat{\sigma^2}) = V(\widehat{\sigma^2}) + B(\widehat{\sigma^2}) = \frac{2(n-1)}{n^2}\sigma^4 + \frac{1}{n^2}\sigma^4 = \frac{2n-1}{n^2}\sigma^4$$

MSE 최소 추정량 구하기 힘들다

이전 절에서 최소 MSE를 갖는 추정량을 최량 추정량으로 정의하였는데, 실제 MSE를 최소화하는 추정량을 구하는 것은 쉽지 않다(수학적 접근이 매우 어려움). 하여, 불편 추정량 가운데 최소 MSE(불편 추정량 편의가 0이므로 추정분산과 동일)를 갖는 추정량을 구하고 이를 최량 추정량으로 사용한다. MVUE 최소분산 불편 추정량이다.

example

$f(x;\theta) \sim B(n,p)$에서 표본크기 n인 확률표본 $(X_1, X_2, \ldots, X_n)$ 을 추출하였다. 다음 추정량에 대하여 (1) 불편 추정량인지 보이고 (2) MSE를 비교하라.

(1) $\hat{p}_1 = \frac{\sum X_i}{n}$

(2) $\hat{p}_2 = \frac{\sum X_i + 1}{n+2}$

풀이

$E(X) = p,\ V(X) = p(1-p)$

$E\left(\frac{\sum X_i}{n}\right) = p$이므로 $\hat{p}_1$는 불편 추정량이다.

$E\left(\frac{\sum X_i + 1}{n+2}\right) = \frac{p+1}{n+2}$이므로 $\hat{p}_2$는 불편 추정량이 아니다. $B(\hat{p}_2) = \frac{1-np-p}{n+2}$

$$MSE(\hat{p}_1) = MSE\left(\frac{\sum X_i}{n}\right) = V\left(\frac{\sum X_i}{n}\right) = \frac{p(1-p)}{n}$$

$$MSE(\hat{p}_2) = MSE\left(\frac{\sum X_i + 1}{n+2}\right) = V\left(\frac{\sum X_i + 1}{n+2}\right) + B^2\left(\frac{\sum X_i + 1}{n+2}\right)$$

$$= \frac{np(1-p)}{(n+2)^2} + \frac{(1-np-p)^2}{(n+2)^2}$$

그러므로 $MSE(\hat{p}_1) > MSE(\hat{p}_2)$ for $0 < p < 1$

example

$f(x;\theta) \sim Poisson(\lambda)$에서 표본크기 n인 확률표본 $(X_1, X_2, \dots, X_n)$을 추출하였다. 포아송분포는 평균, 분산이 동일하므로 표본평균($\bar{x}$), 표본분산(S^2) 모두 불편 추정량이다. 어느 추정량을 사용할 것인가? 추정분산이 적은 통계량을 사용해야 한다.

표본평균 추정분산: $V(\bar{x}) = \dfrac{\lambda}{n}$

표본분산 추정분산: $\dfrac{(n-1)S^2}{\sigma^2(=\lambda)} \sim \chi^2(n-1)$이므로 $V\left(\dfrac{(n-1)S^2}{\sigma^2(=\lambda)}\right) = 2(n-1)$.

$V(S^2) = \dfrac{2\lambda^2}{n-1}$

3 상대효율

앞에서 살펴보았듯이 모수 θ에 대한 불편 추정량은 무수히 많이 존재한다. 두 불편 추정량 $\hat{\theta}_1, \hat{\theta}_2$을 생각해보자. 만약 $V(\hat{\theta}_1) \le V(\hat{\theta}_2)$라면 $\hat{\theta}_1$은 $\hat{\theta}_2$에 비해 상대적으로 효율적이라고 정의한다.

definition

$eff(\hat{\theta}_1, \hat{\theta}_2) = \dfrac{V(\hat{\theta}_2)}{V(\hat{\theta}_1)}$: 추정량 $\hat{\theta}_2$에 대한 $\hat{\theta}_1$의 상대효율이라 한다.

$\hat{\theta}_1, \hat{\theta}_2$가 불편 추정량이면 추정분산과 추정평균제곱오차는 동일하므로 추정분산이 적은 추정량이 (즉 효율적인 추정량) 좋은 추정량이다.

example

$f(x;\theta) \sim U(0,\theta)$에서 표본크기 n인 확률표본 $(X_1, X_2, \dots, X_n)$을 추출하였다. ($\hat{\theta}_1 = 2\overline{X}, \hat{\theta}_2 = \dfrac{n+1}{n} X_{(n)}$) 추정량이 불편 추정량임을 보이고 상대효율을 구하라.

풀이

$E(X)=\dfrac{\theta}{2}, V(\theta)=\dfrac{\theta^2}{12}$

$E(\hat{\theta}_1)=E(2\overline{X})=2\dfrac{\theta}{2}=\theta$ 불편 추정량이다. $V(\hat{\theta}_1)=V(2\overline{X})=4\dfrac{\theta^2}{12n}=\dfrac{\theta^2}{3n}$

순서통계량 $Y=X_{(n)}$ 확률밀도함수: $f(y)=n\left(\dfrac{y}{\theta}\right)^{n-1}\left(\dfrac{1}{\theta}\right), 0<y<\theta$

$E(Y)=\dfrac{n}{n+1}\theta, V(Y)=\left(\dfrac{n}{n+2}-(\dfrac{n}{n+2})^2\right)\theta^2$

$E(\hat{\theta}_2)=E\left(\dfrac{n+1}{n}X_{(n)}\right)=\dfrac{n+1}{n}\dfrac{n}{n+1}\theta=\theta$ 불편 추정량이다.

$V(\hat{\theta}_2)=\dfrac{1}{n(n+2)}\theta^2$

$eff(\hat{\theta}_1,\hat{\theta}_2)=\dfrac{V(\hat{\theta}_2)}{V(\hat{\theta}_1)}=\dfrac{3}{n+2}$이므로 $n\geq 1$이면 $\hat{\theta}_2$이 $\hat{\theta}_1$에 비해 상대적으로 효율적이다.

example

$f(x;\theta)=\dfrac{1}{\theta}e^{-x/\theta}, 0<x$에서 표본크기 n인 확률표본 $(X_1,X_2,\ldots,X_n)$을 추출하였다. $(\hat{\theta}_1=\dfrac{X_1+X_2}{2},\hat{\theta}_2=\overline{X}_n)$ 불편 추정량임을 보이고 상대효율을 구하라.

풀이

$E(X)=\theta, V(\theta)=\theta^2$

$E(\hat{\theta}_1)=E\left(\dfrac{X_1+X_2}{2}\right)=\theta$ 불편 추정량이다. $V(\hat{\theta}_1)=V\left(\dfrac{X_1+X_2}{2}\right)=\dfrac{\theta^2}{2}$

$E(\hat{\theta}_2)=E\left(\dfrac{X_1+X_2+\cdots+X_n}{n}\right)=\theta$ 불편 추정량이다. $V(\hat{\theta}_2)=V(\overline{X}_n)=\dfrac{\theta^2}{n}$

$eff(\hat{\theta}_1,\hat{\theta}_2)=\dfrac{V(\hat{\theta}_2)}{V(\hat{\theta}_1)}=\dfrac{2}{n}$이므로 $n\geq 2$이면 $\hat{\theta}_2$이 $\hat{\theta}_1$에 비해 상대적으로 효율적이다.

4 일치성

동전의 앞면이 나오는 확률(이를 모수 $\theta = p$)을 알아보기 위하여 동전을 던지는 실험을 생각해보자. n번 동전을 던졌을 때 앞면이 나오는 횟수를 X라 하자. 그러면 앞면에 대한 MLE 추정량은 $\hat{p} = \dfrac{X}{n}$이다. n이 적으면 이 추정량이 p에 가까운 값을 얻지 못하겠지만 무한히 많이 던진다면 근사할 것이다. 이를 확률로 나타내면 다음과 같다.

매우 작은 임의의 양의 실수 ϵ에 대해 $P(\left|\dfrac{X}{n} - p\right| \le \epsilon)$ 확률은 1에 가까워질 것이다.

definition

매우 작은 임의의 양의 실수 ϵ에 대해 다음 조건을 만족하는 확률표본 $(X_1, X_2, \ldots, X_n)$으로부터 추정량 $\hat{\theta}_n$을 모수 θ에 대한 일치 추정량(consistent estimator)이라 한다.

$$\lim_{n \to \infty} P(|\hat{\theta}_n - \theta| < \epsilon) = 1$$

theorem

불편 추정량 $\hat{\theta}_n$ 추정분산이 0에 근사하면($\lim_{n \to \infty} V(\hat{\theta}_n) = 0$) 일치 추정량이다.

증명

Chebyshev 부등식: $P(|X - \mu| \ge k\sigma) \le \dfrac{1}{k^2}$

$\hat{\theta}_n$ 평균 $E(\hat{\theta}_n) = \theta$(불편 추정량이므로) $\hat{\theta}_n$ 분산 $V(\hat{\theta}_n)$이므로 다음이 성립한다.

$P\left(|\hat{\theta}_n - \theta| > k\sqrt{V(\hat{\theta}_n)}\right) \le \dfrac{1}{k^2}$

만약 $k = \dfrac{\epsilon}{\sqrt{V(\hat{\theta}_n)}}$이라 놓으면 $P(|\hat{\theta}_n - \theta| > \epsilon) \le \dfrac{V(\hat{\theta}_n)}{\epsilon^2}$

그러므로 $\lim_{n \to \infty} P(|\hat{\theta}_n - \theta| > \epsilon) \le \lim_{n \to \infty} \dfrac{V(\hat{\theta}_n)}{\epsilon^2}$이다.

$\lim_{n \to \infty} V(\hat{\theta}_n) = 0$이면 $\lim_{n \to \infty} P(|\hat{\theta}_n - \theta| > \epsilon) = 0$이므로 불편 추정량 $\hat{\theta}_n$은 일치 추정량이다.

example

표본평균 $\overline{X}$가 모집단 평균 μ에 대한 일치 추정량이라는 것을 달리 표현한 것이 **대수의 법칙(law of large number)**이다. $\overline{X}$은 $E(\overline{X}) = \mu$이므로 불편 추정량, $V(\overline{X}) = \frac{\sigma^2}{n}$은 0에 근사하므로 표본평균은 모집단 평균의 일치 추정량이다.

theorem

$\hat{\theta}_n$은 θ의 일치 추정량(다시 표현하면 $\hat{\theta}_n$ converges in probability to θ, $\hat{\theta}_n \xrightarrow{p} \theta$)이고 $\hat{\theta}_n'$은 θ'의 일치 추정량이라 하면 다음이 성립한다.

① $\hat{\theta}_n \pm \hat{\theta}_n'$은 $\theta \pm \theta'$의 일치 추정량이다.

② $\hat{\theta}_n \hat{\theta}_n'$은 $\theta\theta'$의 일치 추정량이다.

③ $\hat{\theta}_n / \hat{\theta}_n'$은 θ / θ'의 일치 추정량이다. 단, $\theta' \neq 0$

④ 만약 $g(.)$가 θ의 실수 함수이면 $g(\hat{\theta}_n)$은 $g(\theta)$의 일치 추정량이다.

example

모집단 $f(x;\theta), E(X) = \mu, E(X^2) = \mu_2', E(X^4) = \mu_4'$에서 확률표본 $(X_1, X_2, \ldots, X_n)$의 표본분산 $S^2 = \frac{1}{n-1}\Sigma(X_i - \overline{X})^2$ 모집단 분산의 일치 추정량임을 보여라.

풀이

$$S^2 = \frac{1}{n-1}\Sigma(X_i - \overline{X})^2 = \frac{1}{n-1}(\Sigma X_i^2 - n\overline{X}^2) = \frac{n}{n-1}(\frac{1}{n}\Sigma X_i^2 - \overline{X}^2)$$

$\frac{1}{n}\Sigma X_i^2$은 평균 $E(X_i^2) = \mu_2'$ 분산 $V(X_i^2) = \mu_4' - (\mu_4')^2$인 모집단으로부터 확률표본 평균이다.

평균은 모집단 평균에 대한 일치 추정량이므로 $\frac{1}{n}\sum_{i=1}^{n} X_i^2$는 μ_2'의 일치 추정량이다.

위의 정리에 의해 $\overline{X}^2$은 μ^2의 일치 추정량이다.

그러므로 $\frac{1}{n}\sum_{i=1}^{n} X_i^2 - \overline{X}^2$은 σ^2일치 추정량이다. 또한 $\lim_{n \to 0}\frac{n}{n-1} = 1$이므로 S^2은 σ^2의 일치 추정량이다. 그리고 S^2은 σ^2의 불편 추정량이다.

• Slutsky's theorem

n이 무한히 커지면 U_n의 확률분포함수가 표준정규분포에 근사한다고 가정하자. 만약 W_n이 확률적으로 1에 근사한다면 U_n/W_n도 표준정규분포를 따른다.

example

$f(x;\theta), E(X)=\mu, V(X)=\sigma^2$에서 확률표본 $(X_1, X_2, \ldots, X_n)$이다. 대표본인 경우 $\dfrac{\overline{X}-\mu}{S/\sqrt{n}}$이 표준 정규분포($\sim N(0,1)$)에 근사함을 보여라.

풀이

중심극한정리에 의해 n이 충분히 크다면 $\dfrac{\overline{X}-\mu}{\sigma/\sqrt{n}} \sim N(0,1)$이다.

그리고 $\dfrac{S^2}{\sigma^2} \to 1$이므로 Slutsky's theorem $\dfrac{\overline{X}-\mu}{S/\sqrt{n}} \sim N(0,1)$ 표준정규분포를 따른다.

모집단이 정규분포를 따르면 소표본이더라도 $\dfrac{\overline{X}-\mu}{S/\sqrt{n}} \sim t(n-1)$이 성립한다. 이 경우 표본 크기 n이 커지면 위의 예제에 의해 $\dfrac{\overline{X}-\mu}{S/\sqrt{n}}$는 정규분포에 근사한다. 그러므로 $t(n) \to N(0,1)$ 분포수렴한다.

example

$f(x;\theta)=\theta x^{\theta-1}, 0<x<1$에서 확률표본 $(X_1, X_2, \ldots, X_n)$이다. 표본평균이 $\dfrac{\theta}{\theta+1}$ 일치 추정량임을 보여라.

풀이

$$E(X)=\int_0^1 x\theta x^{\theta-1}dx=\frac{\theta}{\theta+1},\ E(X^2)=\int_0^1 x^2\theta x^{\theta-1}dx=\frac{\theta}{\theta+2}$$

$$V(X)=\frac{\theta}{\theta+2}+\left(\frac{\theta}{\theta+1}\right)^2=\frac{2\theta^3+4\theta^2+\theta}{(\theta+2)(\theta+1)^2}$$

$E(\overline{X}) = \frac{\theta}{\theta+1}$: 불편 추정량이다.

$V(\overline{X}) = \frac{1}{n}\left(\frac{2\theta^3 + 4\theta^2 + \theta}{(\theta+2)(\theta+1)^2}\right)$이므로 $\lim_{n\to\infty} V(\hat{\theta}_n) = 0$이다. 표본평균은 일치 추정량이다.

example

$f(x;\theta) \sim U(\theta, \theta+1), \theta < x < \theta+1$에서 확률표본 $(X_1, X_2, \ldots, X_n)$이다. $\hat{\theta} = \overline{X} - \frac{1}{2}$ 추정량이 θ에 대한 일치 추정량임을 보여라.

풀이

$E(X) = \theta + \frac{1}{2}$, $V(X^2) = \frac{1}{12}$

$E\left(\overline{X} - \frac{1}{2}\right) = \theta$: 불편 추정량이다.

$V\left(\overline{X} - \frac{1}{2}\right) = \frac{1}{12n}$ 이므로 $\lim_{n\to\infty} V(\hat{\theta}_n) = 0$이다. $\hat{\theta} = \overline{X} - \frac{1}{2}$은 일치 추정량이다.

5 충분성

지금까지 좋은 추정치의 조건으로 불편성과 일치성을 보였다. 여기서는 좋은 추정량의 성질 중 하나인 충분성(sufficiency)에 대해 논의하겠다. 충분성을 갖는 충분 통계량은 불편 추정량 중 최소분산을 갖는 BEST 추정량을 찾는 데 사용된다.

충분성은 크기 n인 확률표본으로부터 얻은 추정량이 모수에 대한 정보를 모두 가진다. 그러므로 모수에 대해서는 충분 통계량 값만 알고 있다면 더 이상의 정보는 필요 없음을 의미한다. 그럼 이것을 어떻게 수식으로 표현할 것인가?

모수 θ에 대한 추론을 위하여 확률표본 $(X_1, X_2, \ldots, X_n)$ 데이터를 수집하는 경우 표본 크기가 커지는 경우 모든 관측값 $(x_1, x_2, \ldots, x_n)$을 나열하는 것은 해석하기 어려운 긴 숫자

목록일 뿐이다. 확률표본 데이터 정보를 요약한 통계량, 확률표본의 함수를 계산하여 모수에 대한 추론을 수행한다. 예를 들어 모수, 모집단 평균인 경우 통계량 $T=t(x_1,x_2,...,x_n)$을 이용하여 추론을 하게 되는데 통계량에는 데이터 모든 정보가 있는 것은 아니다.

알려지지 않은 모수에 관한 중요한 정보를 버리지 않는 데이터 축소 방법, 모수에 대한 지식 획득과 관련이 없는 정보를 성공적으로 버리는 방법에 대한 내용이 통계량의 충분성 원칙이다.

충분성 원칙

모수에 대한 모든 정보를 가진 통계량을 충분 통계량이라 한다. 모수에 대한 추론은 충분 통계량에 의해 수행되어야 한다.

definition

$X \sim f(x;\theta)$에서 확률표본 $(X_1,X_2,...,X_n)$에서 계산된 통계량 $T(\underline{X})=t(\underline{x})$가 주어졌을 때 조건부 확률표본 결합밀도함수가 모수 θ에 의존하지 않으면 $T(\underline{X})$는 모수 θ 충분 통계량이다.

definition

$X \sim f(x;\theta,\theta\in\Omega)$에서 확률표본 $(X_1,X_2,...,X_n)$에서 계산된 통계량 $Y=T(\underline{X})$이고 확률밀도함수 $g(y;\theta)$이다. Y는 모수 θ에 대한 충분 통계량이다. ⇔ (필요 충분 조건)

$$\frac{L(\theta;x_1,x_2,...,x_n)}{g(y;\theta)}=h(x_1,x_2,...,x_n)$$

- factorization criterion

우도함수가 다음과 같이 2개의 비음수 함수 곱으로 표현된다. ⇔ (필요충분조건) 통계량 U는 $f(x;\theta)$의 모수 θ에 대한 충분 통계량이다.

$$L(\theta;x_1,x_2,...,x_n)=g(u;\theta)h(x_1,x_2,...,x_n)$$

example

$f(x;\theta) \sim B(\theta = p), S = \{x; 0 < x < 1\}, \Omega = \{p; 0 < p < 1\}$에서 확률표본 $(X_1, X_2, ..., X_n)$이다. $\hat{\theta} = \dfrac{\sum X_i}{n}$은 모수 θ에 대한 불편 추정량, 일치 추정량이다.

풀이

$Y = \sum X_i \sim B(n, \theta)$을 설정해보자. 추정량 Y는 충분 통계량인가? 만약 Y의 값을 알고 있다면 더 이상 모수 p에 대한 정보를 얻기 위하여 확률표본을 살펴볼 필요가 없다는 것을 의미한다. 이를 수식으로 표현한다면? 통계량이 주어졌을 때 $(X_1, X_2, ..., X_n)$ 조건부 확률분포함수를 생각해보자.

$$p(x_1, x_2, ..., x_n; \theta \mid Y = y) = \frac{p(x_1, x_2, ..., x_n, Y = y)}{P(Y = y)} = \frac{p^y (1-p)^{n-y}}{\binom{n}{k} p^y (1-p)^{n-y}} = 1/\binom{n}{y}$$

은 모수 θ에 의존하지 않는다. 통계량 $Y = \sum X_i$ 값이 주어진다면 확률표본 $(X_1, X_2, ..., X_n)$에는 더 이상 모수에 대한 정보는 없다. 통계량 Y는 충분 통계량이다.

example

$f(x;\theta) = \dfrac{1}{\theta} e^{-x/\theta}, 0 < x$에서 표본크기 n인 확률표본 $(X_1, X_2, ..., X_n)$을 추출하였다. 표본평균 $\overline{X}$이 충분 통계량임을 보여라.

풀이

우도함수 $L(\theta; \underline{x}) = \Pi_i^n \dfrac{1}{\theta} e^{-x_i/\theta} = \left(\dfrac{1}{\theta}\right)^n \exp\left(-\dfrac{\sum x_i}{\theta}\right)$

$g(u = \sum x_i; \theta) = \left(\dfrac{1}{\theta}\right)^n \exp\left(-\dfrac{\sum x_i}{\theta}\right), h(\underline{x}) = 1$이므로 Factorization criterion에 의해 Σx_i는 충분 통계량이다. 그러므로 충분 통계량 Σx_i의 일대일 함수인 $\overline{X}$도 충분 통계량이다.

표본 합, Σx_i, 표본평균, $\overline{X}$도 충분 통계량이다. 이처럼 충분 통계량은 여러 개이다. 충분 통계량의 일대일 대응 함수는 또한 충분 통계량이다. Factorization criterion에 의해 충분 통계량은 무수히 많이 존재함을 알 수 있다. 그리고 충분 통계량은 데이터(확률표본)의 모수에 대한 정보의 가장 좋은 요약 값이다.

theorem

U는 $f(x;\theta)$의 모수 θ에 대한 충분 통계량이고 임의의 일대일 대응 함수, $g(U)$도 충분 통계량이다.

example

$f(x;\theta) \sim P(\theta=\lambda)$에서 표본크기 n인 확률표본 $(X_1, X_2, \ldots, X_n)$을 추출하였다. 표본합 Σx_i이 충분 통계량임을 보여라.

풀이

우도함수 $L(\theta=\lambda;\underline{x}) = \Pi_i^n \dfrac{\lambda^{x_i} e^{-\lambda}}{x_i!} = \dfrac{1}{\Pi_i^n x_i} \lambda^{\Sigma x_i} e^{-n\lambda}$

$g(u=\sum x_i;\theta) = \lambda^{\Sigma x_i} e^{-n\lambda}, h(\underline{x}) = \dfrac{1}{\Pi_i^n x_i}$이므로 Factorization criterion에 의해 Σx_i는 충분 통계량이다.

example

$f(x;\theta) \sim Gamma(\alpha=1, \theta=\beta)$에서 표본크기 n인 확률표본 $(X_1, X_2, \ldots, X_n)$을 추출하였다. 표본합 Σx_i이 충분 통계량임을 보여라.

풀이

우도함수 $L(\theta=\beta;\underline{x}) = \Pi_i^n \beta e^{-\beta x_i} = \beta^n e^{-\beta \Sigma x_i}$

$g(u=\sum x_i;\theta) = \beta^n e^{-\beta \Sigma x_i}, h(\underline{x}) = 1$이므로 Factorization criterion에 의해 Σx_i는 충분 통계량이다.

example

$f(x;\theta) = \dfrac{1}{\theta}, 0 < x < \theta$에서 표본크기 n인 확률표본 $(X_1, X_2, \ldots, X_n)$을 추출하였다. 순서통계량 $x_{(n)}$이 충분 통계량임을 보여라.

풀이

집합 A에 대한 지시함수는 $I_A(x) = \begin{cases} 1, x \in A \\ 0, x \notin A \end{cases}$이다.

우도함수 $L(\theta = \beta; \underline{x}) = \Pi_i^n \frac{1}{\theta} I_{(0,1)}(x_i) = \left(\frac{1}{\theta}\right)^n I_{(0,1)}(x_{(n)})$

$g(u = x_{(n)}; \theta) = \left(\frac{1}{\theta}\right)^n I_{(0,1)}(x_{(n)}), h(\underline{x}) = 1$이므로 Factorization criterion에 의해 $x_{(n)}$는 충분 통계량이다.

example

$f(x;\theta) = e^{-(x-\theta)}, x \geq \theta$에서 표본크기 n인 확률표본 $(X_1, X_2, \ldots, X_n)$을 추출하였다. 순서통계량 $x_{(1)}$이 충분 통계량임을 보여라.

풀이

$f(x;\theta) = e^{-(x-\theta)} I_{(\theta, \infty)}(x)$

우도함수 $L(\theta = \beta; \underline{x}) = \Pi_i^n e^{-(x_i - \theta)} I_{(\theta,\infty)}(x_i) = e^{-(\Sigma x_i - n\theta)} I_{(\theta,\infty)}(x_{(1)})$

$g(u = x_{(1)}; \theta) = e^{n\theta} I_{(\theta,\infty)}(x_{(1)}), h(\underline{x}) = e^{-\Sigma x_i}$이므로 Factorization criterion에 의해 $x_{(1)}$는 충분 통계량이다.

definition

$T(X), T'(X)$ 모두 모수 θ에 대한 충분 통계량이고 $T(X)$가 $T'(X)$의 함수이면 $T(X)$는 최소(minimal) 충분 통계량이라 한다.

데이터의 정보를 가장 적게 손실하면서도 파라미터의 추정에 필요한 충분한 정보를 제공하는 통계량을 나타낸다. 최소 충분 통계량은 데이터를 가장 간결하게 표현하는 통계량 중 하나로 모델의 파라미터 추정을 효율적으로 수행하는 데 사용한다.

example

$f(x;\theta) \sim N(\mu=\theta,\sigma^2)$에서 표본크기 n인 확률표본 $(X_1, X_2, \ldots, X_n)$을 추출하였다. 충분 통계량을 구하라. 단, σ^2는 알려져 있다.

풀이

$$f(x;\theta) = \frac{1}{\sqrt{2\pi}\,\sigma}\exp\left(-\frac{(x-\mu)^2}{2\sigma^2}\right)$$

우도함수: $L(\mu;\underline{x}) = (\frac{1}{\sqrt{2\pi}\,\sigma})^n \exp(-\frac{\sum(x_i-\overline{x})^2 + n(\overline{x}-\mu)^2}{2\sigma^2})$

그러므로 $\overline{X}$는 충분 통계량이다. 또한 $(\overline{X}, S^2)$도 충분 통계량이다.

$\overline{X}$는 $(\overline{X}, S^2)$의 함수이므로 $\overline{X}$는 최소 충분 통계량이다.

6 Rao-Blackwell 정리 및 MVUE

• MVUE 정의

$f(x;\theta)$에서 표본크기 n인 확률표본 $(X_1, X_2, \ldots, X_n)$을 추출하였고 $T(\underline{x})$은 모수 θ의 충분 통계량이다. 만약 $T(\underline{x})$ 불편 추정량이고 다른 불편 추정량의 추정 분산보다 적은 추정 분산을 가진다면 $T(\underline{x})$를 최소분산 불편 추정량(minimum variance unbiased estimator)이라 한다.

충분 통계량은 모수에 대한 좋은 추정량을 발견하는 데 주요 역할을 한다. 추정량 $\hat{\theta}$을 모수 θ의 불편 추정량, 통계량 U을 모수 θ에 대한 충분 통계량이라 하자. 불편 추정량인 충분 통계량 함수는 불편 추정량 중 최소분산을 갖는다. 만약 최소분산을 갖는 불편 추정량을 찾는다면 충분 통계량의 함수인 추정량에 한정하면 된다. 이에 관련된 이론이 Rao-Blackwell 정리라 한다.

- Rao-Blackwell 정리

추정량 $\hat{\theta}$는 모수 θ의 불편 추정량이고 추정 분산을 $V(\hat{\theta})$이라 하자. 만약 통계량 U를 모수 θ에 대한 충분 통계량이라 하면 $E(\hat{\theta}|U)$은 불편 추정량이고 불편 추정량 중 최소분산을 갖는다.

풀이

(정리) X_1, X_2 확률변수에 대하여 (1) $E(X_2) = E(E(X_2|X_1))$ (2) $V(X_2) \geq V(E(X_2|X_1))$

X_1 = 모수 θ 충분 통계량 U, X_2 = 모수 θ 불편 통계량 $\hat{\theta}$이라 하자.

(1) $E(\hat{\theta}) = E(E(\hat{\theta}|U))$이므로 $E(\hat{\theta}|U)$ 불편 추정량이다.

(2) $V(\hat{\theta}) \geq V(E(\hat{\theta}|U))$이므로 불편 추정량이면서 이전보다 추정분산이 적은 추정량을 얻는다.

R-B 정리는 최소분산을 갖는 불편 추정량은 충분 통계량으로 만들어질 수 있다. 만약 우리가 불편 추정량을 갖고 있다면 R-B 정리를 이용하여 이 불편 추정량을 향상시킬 수 있다. 이렇게 얻는 추정량에 R-B 정리를 반복 적용하면 된다. 그러나 만약 동일한 충분 통계량을 사용한다면 더 이상 나아지는 것도 없다.

$\hat{\theta}^* = E(\hat{\theta}|U)$을 새로 얻은 불편 추정량이라 하자. $E(\hat{\theta}^*|U) = \hat{\theta}^*$이므로 충분 통계량은 수없이 많다. 그럼 어떤 충분 통계량을 시작점으로 하여 R-B 정리에 사용될까? Factorization criterion이 가장 좋은 충분 통계량을 얻게 한다. 가장 좋은 통계량이란 데이터(확률표본)에 있는 모수에 대한 정보를 가장 잘(best) 요약한 것을 의미하며 이를 최소 충분 통계량이라 한다.

theorem

$f(x;\theta)$에서 표본크기 n인 확률표본 $(X_1, X_2, \ldots, X_n)$을 추출하였고 $T(\underline{x})$을 모수 θ의 충분 통계량이라 하자. 또 다른 확률표본 $(Y_1, Y_2, \ldots, Y_n)$에 대하여 $\dfrac{L(x_1, x_2, \ldots, x_n;\theta)}{L(y_1, y_2, \ldots, y_n;\theta)}$가 모수 θ의 함수가 성립한다. ⇔ (필요 충분 조건) $T(\underline{x}) = T(\underline{y})$. 그리고 $T(\underline{x})$을 최소(minimal) 충분 통계량이라 한다.

일반적으로 Factorization criterion에서 얻은 충분 통계량과 최소 충분 통계량은 같다. 이런 통계량이 갖는 성질을 completeness(완비성)라 한다.

definition

모수 θ에 의존하지 않는 통계량 $S(\underline{x})$을 보조(ancillary) 통계량이라 한다.
확률 분포의 모수에 관련된 정보가 아닌 추가적인 정보를 제공하는 통계량을 나타내고 모수 추정이나 가설검정과 같은 통계적 추론에서 사용되는데, 주로 추정된 모수들의 분포나 특성을 이해하고 분석하는 데 활용된다.

example

$f(x;\theta) \sim U(\theta, \theta+1)$에서 표본크기 n인 확률표본 $(X_1, X_2, \ldots, X_n)$을 추출하였다. 통계량 $R = x_{(n)} - x_{(1)}$의 확률밀도함수가 모수 θ에 의존하지 않으므로 보조 통계량이다.

example

$f(x;\theta) \sim B(\theta = p)$에서 표본크기 n인 확률표본 $(X_1, X_2, \ldots, X_n)$을 추출하였다. 충분 통계량 $\sum X_i$의 확률밀도함수는 $B(np, np(1-p))$로 모수 $\theta = p$에 의존하므로 보조통계량은 아니다. 그러나 $\dfrac{\sum X_i - np}{\sqrt{np(1-p)}}$ 확률밀도함수는 표준정규분포($N(0,1)$)에 근사하므로 모수에 의존하지 않아 보조 통계량이다. 다음 장에서 이를 검정 통계량이라 한다.

definition 완비성

충분 통계량 $T(\underline{x}) \sim f(t;\theta)$을 갖는다고 하자. 만약 $E_\theta(g(T)) = 0$ for *all* θ가 $P_\theta(g(T) = 0) = 1$ for *all* θ을 포함하면 $T(\underline{x})$는 완비 통계량이다.

example

$f(x;\theta) \sim B(\theta = p)$에서 표본크기 n인 확률표본 $(X_1, X_2, ..., X_n)$을 추출하였다. 충분통계량 $\sum X_i$은 완비 통계량이다.

증명

$T = \sum X_i \sim B(n,p)$이다.

$0 = E_p(g(T)) = \sum_t^n g(t)\binom{n}{t}p^t(1-p)^{n-t}$

$= (1-p)^n \sum_t^n g(t)\binom{n}{t}\left(\frac{p}{1-p}\right)^t$ for *all* $0 < p < 1$

$0 = \sum_t^n g(t)\binom{n}{t}\left(\frac{p}{1-p}\right)^t$이 조건이 만족하기 위해서는 $P_\theta(g(T) = 0) = 1$이므로 완비 통계량이다.

example

$f(x;\theta) \sim U(0,\theta)$에서 표본크기 n인 확률표본 $(X_1, X_2, ..., X_n)$을 추출하였다. 충분통계량 $T = x_{(n)}$은 완비 통계량이다.

증명

$T \sim f(t;\theta) = nt^{n-1}\theta^{-n}, 0 < t < \theta$이다.

$E_\theta(g(T))$은 모수 θ의 함수이고 상수이므로 $E_p(g(T)) = 0$을 보이는 것과

$\frac{\partial}{\partial\theta}E_\theta(g(T)) = 0$을 보이는 것은 동일하다.

$0 = \frac{\partial}{\partial\theta}E_\theta(g(T)) = \frac{\partial}{\partial\theta}\int_0^\theta g(t)nt^{n-1}\theta^{-n}dt = \theta^{-1}ng(\theta)$

$\theta^{-1}n \neq 0$이므로 $g(\theta) = 0$이어야 한다. 그러므로 $T = x_{(n)}$은 완비 통계량이다.

- **Basu 정리**

최소 충분 통계량이고 완비 통계량 $T(\underline{x})$는 다른 모든 보조 통계량과 독립이다.

theorem

완비 통계량 $T(\underline{x})$는 최소 충분 통계량이다.
모수 θ에 대한 불편 추정량 $\hat{\theta}$와 Factorization criterion의 충분 통계량 U을 가지고 출발하여 R-B 정리를 적용하면 최소분산 불편 추정량(MVUE: Minimum Variance Unbiased Estimator)을 얻게 된다. (1) Factorization에 의해 충분 통계량 U을 구하고 (2) U 확률밀도함수의 완비성을 보이고 (3) 완비 충분 통계량 U의 함수로 된 불편 추정량을 얻으면 이것이 R-B 정리에 의하여 MVUE가 된다.

- **Lehmann and Scheffe 정리**

$f(x;\theta), \theta \in \Omega$에서 표본크기 n인 확률표본 $(X_1, X_2, \ldots, X_n)$을 추출하였고 $T(x_1, x_2, \ldots, x_n)$은 모수 θ의 충분 통계량이라 하자. $T(\underline{x})$의 확률밀도함수 $f(t;\theta)$가 완비성을 갖는다면 불편성을 갖는 $T(\underline{x})$의 함수, $g(T(\underline{x}), E(g(T(\underline{x})) = \theta)$는 유일 최소분산 불편 추정량(MVUE)이다.

theorem

$f(x;\theta)$에서 표본크기 n인 확률표본 $(X_1, X_2, \ldots, X_n)$을 추출하였고 $T(\underline{x})$을 모수 θ의 충분 통계량, $\hat{\theta}_{mle}$는 MLE 추정량이라 하자. $\hat{\theta}_{mle}$는 충분 통계량, $T(\underline{x})$의 함수이다.

증명

$U = T(\underline{x})$라 하면, 우도함수 $L(\theta; x_1, x_2, \ldots, x_n) = g(y;\theta)h(x_1, x_2, \ldots, x_n)$이다.
$h(x_1, x_2, \ldots, x_n)$는 모수 θ을 포함하고 있지 않으므로 우도함수를 최대화하는 θ을 구하는 것(θ에 대하여 미분한 값을 0으로 놓고 해를 구함)과 $g(y;\theta)$ 최대화하는 θ을 구하는 것은 동일하다. 그러므로 mle는 충분 통계량의 함수이다.
충분 통계량의 완비성을 증명하는 것은 쉽지 않다. 단 지수족 모집단으로부터 확률표본 $(X_1, X_2, \ldots, X_n)$의 통계량 $T = \sum K(X_i)$는 모수 θ의 완비 충분 통계량이다.

definition

확률밀도함수를 다음과 같이 쓸 수 있다면 지수족이라 한다.

$f(x;\theta)=h(x)g(\theta)\exp(c(\theta)K(x)) \leftrightarrow \exp(c(\theta)K(x)+h(x)+g(\theta))$

$h(x), K(x)$: 확률변수 x의 함수, $g(\theta), c(\theta)$: 모수 θ의 함수

theorem

지수족 확률밀도함수를 갖는 경우 $c(\theta)$의 최소 충분 통계량은 $\sum K(x)$이다.

example

$f(x;\theta)=\dfrac{1}{\theta}, 0<x<\theta$에서 표본크기 n인 확률표본 $(X_1, X_2, \ldots, X_n)$을 추출하였다. MVUE를 구하라.

풀이

(1) 앞에서 보였듯이 $T=X_{(n)} \sim f(t;\theta)=\dfrac{nt^{n-1}}{\theta^n}, 0<t<\theta$는 충분 통계량이다.

(2) $E_\theta(g(T))=\int_0^\theta g(t)\dfrac{nt^{n-1}}{\theta^n}dt=(\theta>0, n\geq 1)\int_0^\theta g(t)t^{n-1}dt=0$

$0=g(\theta)\theta^{n-1}$을 만족하려면 $g(\theta)=0$이어야 하므로 $T=X_{(n)}$는 완비 통계량이다.

(3) $E(T)=\int_0^\theta t\dfrac{nt^{n-1}}{\theta^n}dt=\dfrac{n}{n+1}\theta$이므로 $\dfrac{n+1}{n}X_{(n)}$은 MVUE이다.

example

$f(x;\theta)=B(\theta=p)$에서 표본크기 n인 확률표본 $(X_1, X_2, \ldots, X_n)$을 추출하였다. MVUE를 구하라.

풀이

$f(x;\theta=p)=\binom{n}{x}\exp\left(x\log\left(\dfrac{p}{1-p}\right)+n\log(1-p)\right)$이므로 지수족이고

$K(x_i)=x_i$이다.

그러므로 $\sum x_i$는 완비 충분 통계량이며 $\sum x_i \sim B(n,p)$이다.

$E(\sum x_i) = np$이므로 $\overline{X} = \dfrac{\sum x_i}{n}$는 MVUE이다.

example

$f(x;\theta=\lambda) = e^{-\lambda}\dfrac{\lambda^x}{x!}$에서 표본크기 n인 확률표본 $(X_1, X_2, \ldots, X_n)$을 추출하였다. MVUE를 구하라.

풀이

$f(x;\lambda) = \dfrac{1}{x!}\exp\{x\log\lambda - \lambda\}$이므로 지수족이고 $K(x_i) = x_i$이다.

그러므로 $\sum x_i$는 완비 충분 통계량이며 $\sum x_i \sim P(n\lambda)$이다.

$E(\sum x_i) = n\lambda$이므로 $\overline{X} = \dfrac{\sum x_i}{n}$는 MVUE이다.

example

$f(x;\theta) = \left(\dfrac{2x}{\theta}\right)e^{-x^{2/\theta}} \sim Weibull(\gamma = 2, \theta)$에서 표본크기 n인 확률표본 $(X_1, X_2, \ldots, X_n)$을 추출하였다. MVUE를 구하라.

풀이

$f(x;\theta) = 2x\left(\dfrac{1}{\theta}\right)\exp(-x^2/\theta)$이므로 지수족이고 $K(x_i) = x_i^2$이다.

그러므로 $\sum x_i^2$는 완비 충분 통계량이다.

변수변환 방법에 따라 $W = X^2, X = \sqrt{W}, J = \dfrac{1}{2\sqrt{w}}$이므로 $W \sim exponential(\theta)$이다.

$E(\sum x_i^2) = n\theta$이므로 $\dfrac{\sum x_i^2}{n}$은 MVUE이다.

example

$f(x;\theta=\mu)=N(\mu,\sigma^2)$에서 표본크기 n인 확률표본 $(X_1, X_2, ..., X_n)$을 추출하였다. 모수 $\theta=\mu$ MVUE를 구하라. 단, σ^2은 알려져 있다.

풀이

$f(x;\theta)=\dfrac{1}{\sqrt{2\pi}\,\sigma}e^{(-\mu/2\sigma^2)}\exp\left(\dfrac{\mu}{\sigma^2}x-\dfrac{x^2}{2\sigma^2}\right)$이므로 지수족이고 $K(x_i)=x_i$이다.

$E(\sum x_i)=n\mu$이므로 $\overline{X}=\dfrac{\sum x_i}{n}$는 MVUE이다.

theorem

추정량 $\hat{\theta}$은 모수 θ에 대한 MVUE이고 $g(.)$은 일대일 함수이면 $g(\theta)$의 MVUE는 $g(\hat{\theta})$ 중 불편성을 갖는 추정량이다.

example

$f(x;\theta)=B(\theta=p)$에서 표본크기 n인 확률표본 $(X_1, X_2, ..., X_n)$을 추출하였다. $\dfrac{p(1-p)}{n}$에 대한 MVUE를 구하라.

풀이

앞에서 모수 $\theta=p$에 대한 MVUE는 $\overline{X}=\dfrac{\sum x_i}{n}$임을 보였다.

그러므로 $\dfrac{p(1-\theta p)}{n}$에 대한 MVUE을 구하기 위하여 분포를 알고 있는 $Y=\sum x_i \sim B(n,p)$ 함수를 이용하는 것이 적절하다. Y는 완비 충분 통계량이므로 $Y(1-Y)$도 완비 충분 통계량이다.

$E(Y(1-Y))=E(Y)-E(Y^2)=E(Y)-(V(X)+E(Y)^2)=np-np(1-p)-n^2p^2=(n-1)p(1-p)$이므로 $\dfrac{\theta(1-\theta)}{n}$의 MVUE는 $\dfrac{Y(1-Y)}{n(n-1)}$이다.

example

$f(x;\theta)=\left(\frac{1}{\theta}\right)e^{-x/\theta}\sim exponential(\theta)$에서 표본크기 n인 확률표본 $(X_1, X_2, \ldots, X_n)$을 추출하였다. $V(X)=\theta^2$ MVUE를 구하라.

풀이

$f(x;\theta)=\left(\frac{1}{\theta}\right)\exp(-x/\theta)$이므로 지수족이고 $K(x_i)=x_i$이다.

$\sum x_i$는 완비 충분 통계량이므로 $\overline{X}$는 모수 θ의 MVUE이다.

그러므로 $V(X)=\theta^2$의 MVUE을, $\overline{X}^2$의 함수 중 불편 추정량을 찾으면 된다.

$E(\overline{X}^2)=V(\overline{X})+E(\overline{X})^2=\frac{\theta^2}{n}+\theta^2=\frac{n+1}{n}\theta^2$이므로 $\frac{n\overline{X}^2}{n+1}$은 MVUE이다.

04 신뢰구간

1 개념

구간추정이란 확률표본 관측치를 이용하여 모수 구간의 한계값을 계산하는 규칙이다. 추정된 구간은 2가지 성질을 갖는다.

① 구간은 목표 모수를 포함하고 있다.

② 상대적으로 좁은 구간이다.

구간 추정량(interval estimator)을 신뢰구간(confidence interval)이라 하고 구간의 극값을 상한(upper limit), 하한(lower limit)이라 한다. 신뢰구간이 모수를 포함할 확률을 신뢰계수 혹은 신뢰수준(confidence level)이라 한다.

$\hat{\theta}_L$을 신뢰구간 하한, $\hat{\theta}_U$을 신뢰구간 상한이라 하자. 만약 $P(\hat{\theta}_L \le \theta \le \hat{\theta}_U) = 1-\alpha$이라면 $(1-\alpha)$는 신뢰수준이다. $(\hat{\theta}_L, \hat{\theta}_U)$을 $(1-\alpha)100\%$ 양측 신뢰구간(two-sided confidence interval)이라 한다.

$P(\theta \le \hat{\theta}_U) = 1-\alpha$: $(1-\alpha)100\%$ 상한 신뢰구간

$P(\hat{\theta}_L \le \theta) = 1-\alpha$: $(1-\alpha)100\%$ 하한 신뢰구간

$(1-\alpha)100\%$ 양측 신뢰구간을 구할 때 주축 통계량의 분포가 좌우 대칭이면 양쪽 꼬리 부분에 동일하게 $\frac{\alpha}{2}$을 배분하면 동일 신뢰수준에서 가장 좁은 신뢰구간을 얻는다. 좌우 대칭이 아닌 경우에는 꼬리가 긴 쪽에 보다 많은 확률을 배분하면 신뢰구간 폭이 좁아지나 정확한 왜곡 정도를 알지 못하므로 균등 배분한다.

95% 신뢰구간의 의미

① 신뢰구간은 MVUE(실제로는 주축 통계량, 다음 절에서 설명) 확률밀도함수를 이용하여 구한다.

② 신뢰구간 안의 확률은 95%이고 구간 밖 양쪽 꼬리 부분은 각각 2.5%이다.

③ 95% 신뢰구간 안에 참 모수가 포함될 확률이 95%가 아니라 100번의 확률표본을 이용하여 구한 신뢰구간 중 95개 신뢰구간은 참 모수를 포함하고 다른 5개에는 포함하지 않음을 의미한다.

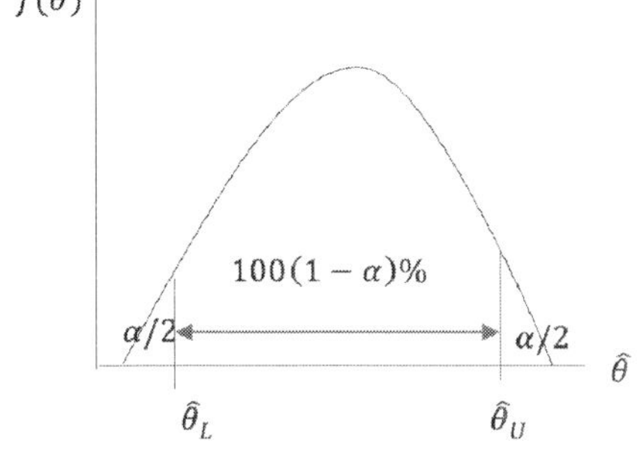

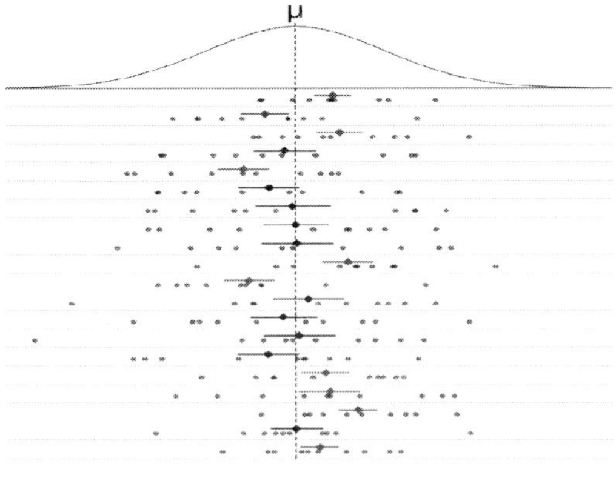

2 신뢰구간 구하기

신뢰구간을 구하는 방법은 다음과 같다. 이를 주축(pivotal) 통계량 방법이라 한다.

① 모수 θ에 대한 MVUE을 구한다.

② MVUE의 함수이면서 확률분포함수는 모수 θ에 의존하지 않는 주축 통계량을 구한다.

③ 주축 통계량의 확률분포함수를 이용하여 신뢰구간을 구한다.

example

모집단 $f(x;\theta)=\left(\frac{1}{\theta}\right)e^{-x/\theta} \sim exponential(\theta)$에서 모수 θ을 추정하기 위하여 표본크기 1인 확률표본 (X_1)을 추출하였다. 90% 신뢰구간을 구하라.

풀이

① 모수 θ에 대한 MVUE는 표본평균이므로 X_1이다.

② $X \sim exponential(\beta) \rightarrow \frac{X}{\beta} \sim exponential(1)$이므로 $\frac{X}{\beta}$ 주축 통계량이다.

③ 구간 상한 $P\left(\frac{X}{\beta} \le a\right) = 0.05(a = 2.996)$,

구간 하한 $P\left(\frac{X}{\beta} \ge b\right) = 0.05(b = 0.051)$

④ 그러므로 모수 θ에 대한 90% 신뢰구간은 (0.051, 2.996)이다.

example

모집단 $f(x;\theta)=\left(\frac{1}{\theta}\right), 0 < x < \theta$에서 모수 θ을 추정하기 위하여 표본크기 1인 확률표본 (X_1)을 추출하였다. 95% 하한 신뢰구간을 구하라.

풀이

① 모수 θ에 대한 MVUE는 최댓값이므로 X_1이다.

② $X \sim U(0,\theta) \rightarrow \frac{X}{\theta} \sim U(0,1)$이므로 $\frac{X}{\theta}$ 주축 통계량이다.

③ 구간 상한 $P\left(\frac{X}{\theta} \le a\right) = 0.95\,(a = 0.95)$

④ 그러므로 모수 θ에 대한 95% 상한 신뢰구간은 (0, 0.95)이다.

3 대표본 신뢰구간

모수가 $\theta = \mu, p$인 경우 MVUE $\hat{\theta} = \frac{\sum X_i}{n} = \overline{X}$이고 확률표본 $(X_1, X_2, \ldots, X_n)$의 표본크기가 크면 대표본 이론(중심극한정리)에 의해 주축 통계량 $Q = \frac{\hat{\theta} - \theta}{\sqrt{V(\hat{\theta})}}$은 표준정규분포를 따른다.

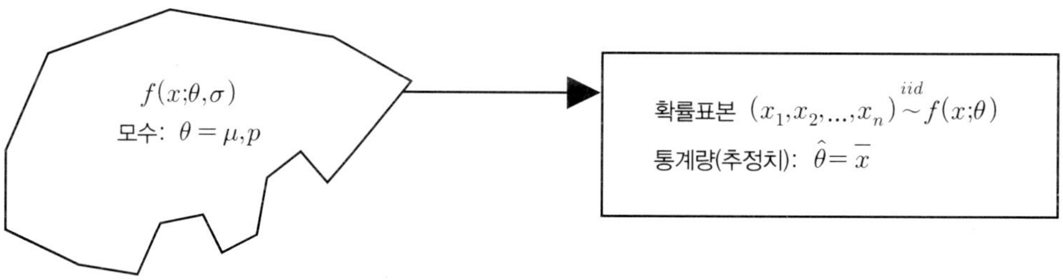

- MVUE 추정치: $\hat{\theta} = \overline{x}$, 확률표본의 함수이므로 $\hat{\theta}$의 분포함수는 sampling distribution 이다.
- 불편성: $E(\overline{x}) = \mu, p$
- 최소분산: $V(\overline{x}) = \frac{\sigma^2}{n}, \frac{p(1-p)}{n}$
- 대표본 이론: $\frac{\hat{\theta} - \theta}{\sqrt{V(\hat{\theta})}} \sim N(0,1)$
- 주축 통계량: $Q = \frac{\hat{\theta} - \theta}{\sqrt{V(\hat{\theta})}}$

4 표본크기 설정

실험 설계란 정보(상품)를 구매하는 행위이다. 원하는 만큼의 정보를 최소의 가격(표본 데이터 개수)으로 얻으면 좋은 구매 행위이다. 예를 들어 철강 생산 공장의 하루 평균 생산량 μ를 추정하려 한다고 하자. 신뢰수준 95%에서 추정오차(δ)가 5톤 이내가 되게 하려면 표본의 크기를 얼마로 하면 될까? 단, 모집단 분산을 σ^2이라 하자.

표본평균 $\overline{X}$의 평균과 분산은 각각 $E(\overline{X})=\mu$, $V(\overline{X})=\dfrac{\sigma^2}{n}$이므로 모평균에 대한 신뢰구간은 $(\mu-z_{0.975}\dfrac{\sigma}{\sqrt{n}}, \mu+z_{0.975}\dfrac{\sigma}{\sqrt{n}})$. 단, $z_{0.975}=1.96$

추정오차: $z_{0.975}\dfrac{\sigma}{\sqrt{n}}$이므로 $z_{0.975}\dfrac{\sigma}{\sqrt{n}}=5$을 풀면 $n=\dfrac{1.96^2\sigma^2}{25}$(최적 표본크기).

만약 $\sigma^2=21^2$이라는 사전 정보가 있다면 $n=67.8$ → 최적 표본크기는 68개이다.

example

행정수도 법안 찬성률을 조사하고자 한다. 추정오차가 0.04 미만이고 신뢰수준을 90%로 하고자 한다. 모집단 찬성률(p)이 0.6이라는 사전 정보가 있다고 한다. 혹은 모집단 비율이 0.6 근처에 놓이게 하려고 한다.

풀이

$$E(\hat{p})=p,\ V(\hat{p})=\frac{p(1-p)}{n}$$

추정오차 $z_{0.95}\sqrt{\dfrac{p(1-p)}{n}}=0.04 \rightarrow 1.645\sqrt{\dfrac{0.6(1-0.6)}{n}}=0.04 \rightarrow n=406$

example

은행 A에서 기다리는 시간 평균과 은행 B에서 기다리는 시간 평균의 차이를 조사하고자 한다. 각 은행의 기다리는 시간을 조사하였더니 범위는 8분이었다. 신뢰수준 95%에서 추정오차가 1분 미만이 되게 하려고 한다. 표본의 크기는 얼마여야 하는가?

풀이

기다리는 시간은 지수분포이므로 지수분포 분산은 평균의 제곱이다.

추정오차: $z_{0.975}\dfrac{8}{\sqrt{n}}=1$이므로 $n=30.8$, 즉 최적 표본크기는 31이다.

5 소표본 신뢰구간

대표본의 경우 모집단의 분포와 상관없이 μ의 MVUE 추정량 $\overline{X}$는 정규분포를 따른다. 그러므로 대표본 신뢰구간에 의해 모집단 평균 μ에 대한 $(1-\alpha)100\%$ 신뢰구간은 다음과 같다.

$$\overline{X}\pm z_{(1-\frac{\alpha}{2})}\frac{\sigma}{\sqrt{n}}$$

모집단 정규분포임을 가정하면 $\dfrac{\overline{X}-\mu}{\sigma/\sqrt{n}}\sim N(0,1)$, $\dfrac{(n-1)S^2}{\sigma^2}\sim\chi^2(n-1)$이고 $\overline{X}$와 S^2은 서로 독립이므로 다음이 성립한다. $\dfrac{\overline{X}-\mu}{S/\sqrt{n}}\sim t(n-1)$

그러므로 소표본인 경우 모집단 평균 μ에 대한 $(1-\alpha)100\%$ 신뢰구간은 다음과 같다.

$$\overline{X}\pm t_{(1-\frac{\alpha}{2})}\frac{S}{\sqrt{n}}$$

example

철강 하루 생산량 평균을 추정하기 위하여 16일을 조사하여 다음 결과를 얻었다. 표본평균은 25톤이고 분산은 1.6톤이었다. 하루 생산량 평균에 대한 95% 신뢰구간을 구하라. 단 하루 철강 생산량의 분포는 정규분포를 따른다고 한다.

풀이

$$\overline{X}\pm t_{(1-\frac{\alpha}{2})}\frac{S}{\sqrt{n}}\ \leftrightarrow\ 25\pm 2.131\frac{0.4}{\sqrt{16}}\ \leftrightarrow\ (24.8, 25.2)$$

6 모분산 신뢰구간

모집단 정규분포임을 가정하면 $\frac{(n-1)S^2}{\sigma^2} \sim \chi^2(n-1)$이므로 σ^2에 대한 $(1-\alpha)100\%$ 신뢰구간은 다음과 같다.

$$P\left(\chi^2_{\left(\frac{\alpha}{2}\right)} \le \frac{(n-1)S^2}{\sigma^2} \le \chi^2_{\left(1-\frac{\alpha}{2}\right)}\right) = 1-\alpha$$

$(1-\alpha)100\%$ 신뢰구간: $\left(\frac{(n-1)S^2}{\chi^2_{\left(1-\frac{\alpha}{2}\right)}}, \frac{(n-1)S^2}{\chi^2_{\left(\frac{\alpha}{2}\right)}}\right)$

제 5 장

검 정

01 개념

추론통계학(inference statistics)은 모집단의 특성치인 모수 θ에 대한 추정치(점추정치, 구간추정치)를 구하는 추정(estimation)과 모수 값에 대한 가설의 진위 여부(통계적 유의성)를 알아보는 가설검정(hypothesis testing)이 있다.

가설검정은 과학적 연구와 유사하다. (1) 자연현상을 관찰하여 (2) 이론을 정립하고(임의의 모수 값) (3) 관측치를 통하여 이론 진위 여부를 테스트한다. 이론의 옳고 그름은 표본 관측치에 의해 판단된다.

[예1] 기존의 약에 비해 두통에 효과적인 새로운 약을 개발하였다고 하자. [예2] 불량률이 5%인 제조 공정을 개선하기 위한 새로운 공정이 제안되었다. [예3] 수능성적과 GPA의 관계는?

가설검정은 무죄 추정의 원칙으로 범인의 유죄 여부를 배심원이 결정하는 과정과 동일하다. '범인은 무죄이다'를 시작으로 '검사가 제시한 여러 증거(표본 데이터)'를 기반하여 범인이 유죄인지 무죄인지 판결한다. 가설검정은 연역적 추론 과정과 유사하여 (1) 자연현상, 사회현상을 관찰하여 이론을 도출하고 (2) 이를 통계적 가설로 만든 후 (3) 적절한 (확률표본) 데이터를 수집 · 분석하여 (4) 가설의 진위를 검증한다.

1 통계적 가설

definition

통계적 가설은 모수에 관한 가정이다. $X \sim f(x;\theta,\ \theta \in \Omega)$의 모수 θ가 가지는 값에 대한 가정이다.

설정한 가설은 통계적 방법으로 테스트할 수 있도록 한 것으로 모수의 값에 관한 것이다.

- 불량률이 5%인 제조 공정을 개선하기 위한 새로운 공정이 제안되었다. 모수는 모집단 비율 $\theta = p$
- 기존의 약에 비해 두통에 효과적인 새로운 약을 개발하였다고 하자. 두 모집단 평균 차이 $\theta = \mu_{old} - \mu_{new}$
- 수능성적과 GPA는 어떤 관계를 가지는가? $GPA = a + b \times SAT$, $b = 0$인가?

definition

모수 $(\theta \in \Omega = \{\theta; \omega_0 \cup \omega_1\},\ \omega_0 \cap \omega_1 = \phi)$에 관한 통계적 가설은 다음과 같이 2개의 가설로 나뉜다.

- 귀무가설(null hypothesis): $H_0 : \theta \in \omega_0$, 집합 ω_0에는 하나의 값 θ_0만 있다.
- 대립가설(alternative hypothesis): $H_1 : \theta \in \omega_1$, 집합 $\omega_1 = \{\theta;\ \theta \neq \theta_0\}$이다.
  - 양측 대립가설: $\omega_1 = \{\theta;\ \theta \neq \theta_0\}$
  - 단측 대립가설: $\omega_1 = \{\theta;\ \theta > \theta_0\}, \omega_1 = \{\theta;\ \theta < \theta_0\}$

우리가 지지하는 가설은 연구가설(research hypothesis) 혹은 대립가설이라 한다. 대립가설과 반대되는 가설을 귀무가설라 한다. 어떤 가설을 지지하는지 아닌지는 관측된 표본 데이터에 의존한다. '귀무(null)'란 아무것도 없다는 의미이다.

2 검정 통계량

검정 통계량은 통계적 가설검정에서 사용되는 중요한 개념으로 확률표본 데이터를 기반으로 계산되며 귀무가설을 평가하는 데 사용된다. 검정 통계량은 일반적으로 확률표본 데이터의 요약된 값으로 귀무가설이 참일 때 얼마나 불일치하는지를 나타내는 역할을 한다. 검정 통계량의 값은 귀무가설의 가정과 확률표본 데이터 간의 차이를 측정하며, 이 값을 기반으로 가설검정의 결과를 판단한다.

예를 들어, 평균값의 차이에 대한 가설검정을 수행한다고 가정해보자. 두 그룹의 평균을 비교하려면 먼저 평균의 차이를 계산하고 이 차이를 그룹 간의 변동을 나타내는 표준 오차로 나누어 표준화된 차이를 얻을 수 있는데, 이 표준화된 차이가 검정 통계량이 된다.

검정 통계량의 값은 주어진 데이터에 따라 달라지며 이 값을 귀무가설에 대한 기댓값과 비교하여 가설검정의 결과를 결정한다. 일반적으로 검정 통계량이 특정한 임계값보다 크거나 작으면 귀무가설을 기각하고 대립가설을 지지하는 결론을 내린다. 이때 임계값은 유의수준에 따라 결정되며, 유의수준은 연구자가 허용하는 오류의 수준을 나타낸다.

definition

$f(x;\theta)$에서 확률표본 $(X_1, X_2, \ldots, X_n)$의 함수인 통계량 $t(x_1, x_2, \ldots, x_n)$이 가설검정에 사용되면 이를 검정 통계량이라 한다.

- 가설검정 방법
  (1) 채택 영역(acceptance region): 어떤 확률표본 값들에 대하여 귀무가설을 참으로 받아들일지 결정
  (2) 기각 영역(rejection region): 어떤 확률표본 값들에 대하여 귀무가설을 기각하고 대립가설을 참으로 받아들일지 결정

'귀무가설 기각'과 '대립가설 수용' 사이의 차이를 이해하는 것은 쉽지 않다. 첫 번째 경우에는 실험자가 어떤 상태를 수용하는지에 대한 내용은 함축되지 않으며, 오직 H_0에 의해 정의된 상태가 기각된다는 것만을 나타낸다. 마찬가지로 '귀무가설 수용'과 '귀무가설 기각하지 않음' 사이에도 차이가 있을 수 있다. 첫 번째 구문은 실험자가 H_0로 지정된 상태(단일 모수 값)를 주장하려고 하는 것을 의미하며, 두 번째 구문은 실험자가 실제로 H_0를 믿지 않지만 기각할 증거가 없다는 것을 의미한다.

3 기각역

definition

확률표본 $(X_1, X_2, \ldots, X_n)$의 영역을 D라 하자. D의 부분집합 RR에 확률표본 값이 포함되고 귀무가설을 기각한다면 RR 영역을 기각역이라 한다.

- 귀무가설: $H_0 : \theta \in \omega_0 = \{\theta ; \theta_0\}$ – 단일(simple)가설
- 대립가설: $H_1, H_a : \theta \in \omega_1 = \{\theta ; \theta \neq \theta_0\}$ - 복합(composite)가설
- 만약 $t(x_1, x_2, \ldots, x_n) \in RR$, 귀무가설을 기각한다. ⇔ 대립가설을 채택한다.
- 만약 $t(x_1, x_2, \ldots, x_n) \in RR^c$, 귀무가설을 채택한다. ⇔ 대립가설을 기각한다.

귀무가설을 기각하는 검정 통계량의 값이 포함된 영역을 기각역이라 한다. 만약 확률표본으로부터 계산된 검정 통계량의 값이 기각역에 포함되면 귀무가설을 기각(대립가설 채택)하고 그렇지 않으면 귀무가설을 채택한다. 굵은 선으로 표시된 부분이 기각역이다. 영역이 시작되는 값을 기각값, 임계값(critical value)이라 한다.

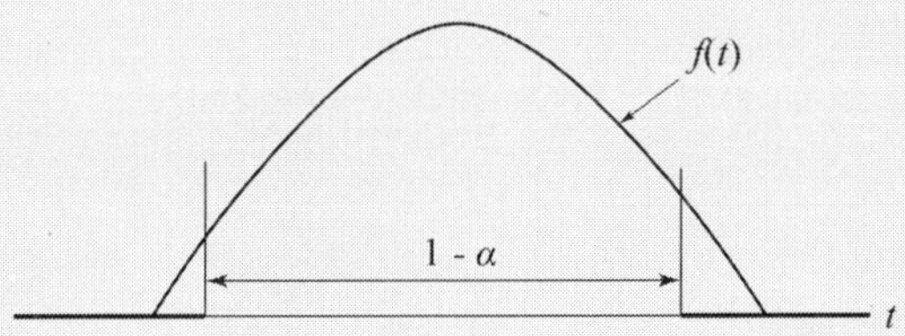

4 1종 오류, 2종 오류

definition

1종 오류: 귀무가설이 사실일 때 귀무가설을 기각할 확률이다. type I error, α라고 표기한다.

2종 오류: 대립가설이 사실일 때 귀무가설을 채택하는 확률이다. type II error, β라 표기한다.

즉 α, β는 통계적 가설검정의 정확도를 측정하는 데 매우 유용하다.

가설 판단 \ 실제 모집단	귀무가설(H_0) 진실	대립가설(H_1) 진실
귀무가설 기각	1종 오류 α	옳은 판단
귀무가설 채택	옳은 판단	2종 오류 β

가설검정의 목표는 모든 가능한 기각 영역 중에서 이러한 오류의 확률을 최소화하는 영역을 선택하는 것이지만, 이는 일반적으로 불가능하다. 이러한 오류의 확률은 종종 풍선 효과를 가지고 있는데 극단적인 경우에 즉시 볼 수 있다. 단순히 $RR = \varnothing$ 라 가정해보자. 이 기각 영역으로 인해 귀무가설을 기각하지 않을 것이므로 제1종 오류의 확률은 0이 되겠지만, 제2종 오류의 확률은 1이 된다. 종종 우리는 두 오류 중에서 제1종 오류를 더 나쁜 오류로 간주한다. 따라서 제1종 오류의 확률을 제한하는 기각 영역을 선택한 다음 이러한 기각 영역 중에서 제2종 오류의 확률을 최소화하는 하나를 선택하려고 노력하게 된다.

검정 시 설정한 1종 오류(검정 크기)를 유의수준(significance level)이라 한다.

definition

만약 $\alpha = \max_{\theta \in \omega_0} P_\theta(t(X_1, X_2, \ldots, X_n) \in RR)$이면 기각역의 크기(size)는 α라 한다.

크기 α의 모든 기각 영역을 고려할 때 제2종 오류의 확률이 더 낮은 영역을 고려한다. 또한 제2종 오류의 여집합을 살펴볼 수 있는데, 귀무가설이 참일 때 귀무가설을 기각하는 것으로 이는 옳은 결정이다. 이후의 결정 확률을 최대화하려고 하므로 이 확률이 최대한 커지게 할 것이다. 즉, $\theta \in \omega_1$인 경우 다음을 최대화하고자 한다.

$$1 - P_\theta(type\ II error) = P_\theta((X_1, X_2, \ldots, X_n) \in RR)$$

1종 오류

1종 오류는 유의수준, 검정 크기와 동일하다. 기각역 RR에 검정 통계량 값이 속할 확률이다.

$$P_{\theta_0}(t(X_1, X_2, \ldots, X_n) \in RR)$$

2종 오류 계산

귀무가설 $H_0 : \theta = \theta_0$, 대립가설 $H_1 : \theta = \theta_1 < \theta_0$의 경우 2종 오류를 계산하는 방법을 살펴보자. 2종 오류를 계산하려면 대립가설에 속한 모수의 값이 하나 필요하다. 대립가설의 모수 값은 구간이기 때문이다. 대립가설의 하나의 값을 θ_1라 하자.

- 2종 오류: $P_{\theta_1}(t(X_1, X_2, \ldots, X_n) \in RR)$ 검정 통계량이 기각역에 속하지 않을 확률이다. 대립가설의 θ_1이 θ_0에 가깝다면 대립가설이 사실임에도 불구하고 귀무가설을 받아들일 가능성이 높다. 즉 2종 오류는 커진다.

5 검정력

definition

다음은 기각역의 검정력 함수(power function)로 정의한다. 검정력 함수는 모수 함수이다.

$$\gamma_{RR}(\theta) = P_\theta(t(X_1, X_2, \ldots, X_n) \in RR;\ \theta \in \omega_1)$$

귀무가설 하의 모수 값에서 검정력은 1종 오류(유의수준)이다.

example

$f(x;\theta) = \frac{1}{\theta}, 0 < x < \theta \sim U(0,\theta)$에서 모수 θ에 대한 다음 가설을 검정하기 위하여 확률표본을 추출하였다.

① 귀무가설: $H_0 : \theta = \theta_0$

② 대립가설: $H_1 : \theta = \theta_1 < \theta_0$ 단측 대립가설

③ 검정 통계량: MVUE의 함수이며 확률밀도함수가 알려진 통계량을 이용한다. (*) 모집단 비율의 MVUE는 $\sum X_i / n$이지만 $\sum X_i \sim B(n,p)$이므로 $T = \sum X_i$을 검정통계량으로 사용한다.

④ 기각역 및 임계값: 만약 $RR = \{t; T \le k\}$이면 귀무가설을 기각한다. 임계값 $\alpha = P_{\theta_0}(T \le k)$에 의해 결정된다.

⑤ 검정력 함수: $\gamma_{RR}(\theta) = P_\theta(T \le k), \theta \le \theta_0$, 대립가설의 참 모수 값이 귀무가설 θ_0에서 멀어질수록 검정력은 커진다.

example

A 교수는 수리통계학 시험을 평균 70점 수준으로 출제했다고 한다. 하지만 시험을 치른 수강생에 따르면 시험이 어려웠으며, 따라서 난이도는 평균 70점 미만이라고 주장한다. 수강생 25명의 점수를 확인한 결과 평균 69점, 표준편차 9점이었다. 수강생들의 주장을 유의수준 5%에서 검정하라. 수리통계학 점수는 정규분포를 따른다.

풀이

① 귀무가설: $H_0 : \mu_0 = 70$

② 대립가설: $H_1 : \mu_1 < 70$ 단측 대립가설

③ 검정 통계량: 모집단 평균 MVUE는 $\overline{X}$이고 $\frac{\overline{X} - \mu_0}{S/\sqrt{n}} = \frac{69-70}{9/\sqrt{25}} = -1.67 \sim t(n-1=24)$이다.

④ 기각역 및 임계값: $0.05 = P_{\mu_0}(t(24) \le k)$ 식에서 의해 결정된다. $k = -1.71$

⑤ 검정력 함수: $\gamma_{RR}(\theta) = P_\mu\left(\frac{69-\mu}{9/\sqrt{25}} \le -1.71\right)$

python

```
import numpy as np
import scipy.stats as st
theta=np.arange(67,70.1,0.1)
t=(69-theta)/0.6
import matplotlib.pyplot as plt
plt.plot(theta,st.t.cdf(t,24))
plt.title('power function')
plt.show()
```

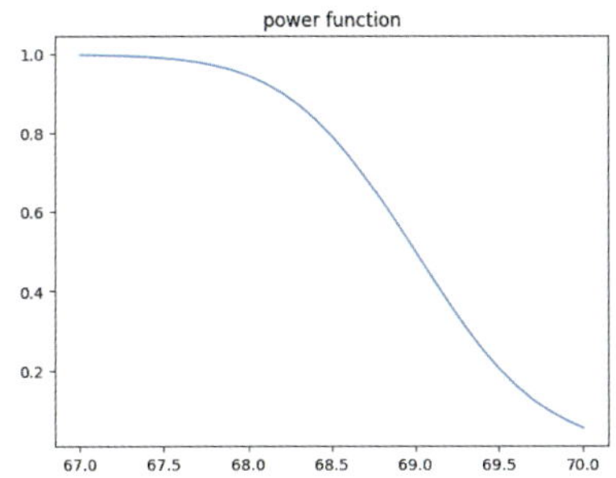

6 유의확률

1종 오류, 2종 오류, 검정력을 계산하는 방법에 대해 다루었다. 가설검정 절차를 보면 ① 가설 설정과 유의수준 α을 설정하고 ② 적절한 검정 통계량 계산 ③ 기각역(유의수준과 검정 통계량의 분포에 따라 계산된다)을 얻고 이에 따라 귀무가설 채택 여부를 결정한다.

설정된 1종 오류를 유의수준(significant level, test level)이라 하고 $(1-\beta)$을 검정력(power of test, test power)이라 한다. 유의수준은 일반적으로 1%, 5%, 10%(물론 5%를 가장 많이 사용하지만)를 사용하게 되므로 기각역이 달라진다. 만약 어떤 사람이 유의수준 5%에서 귀무가설을 기각하지 못했다고 발표한다면 어떻게 해야 할까? 10%일 때는? 그렇다면 우리는 다시 가설검정을 해야 한다. 어째서일까? 기각역이 달라지기 때문이다.

이런 문제를 해결할 방법이 없을까? p-값(p-value), 유의확률(significant probability) 개념을 도입하자. 검정 통계량이 계산되면 귀무가설을 더 기각할 영역의 확률을 p-값이라 한다. 다음은 대립가설이 $H_1: \theta > \theta_0$일 경우의 유의확률 계산 방법이다.

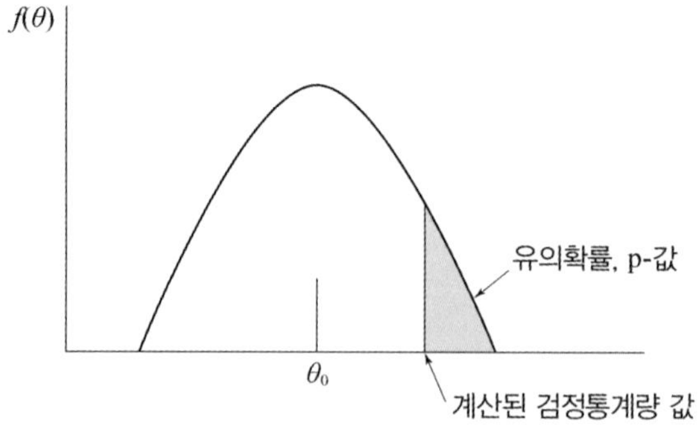

definition

대립가설은 $H_1 : \theta = \theta_1 > \theta_0$이고 확률표본에 의해 계산된 검정 통계량 값을 t^*라 하자.

$RR = \{T > t^*\}$

유의확률: $p-value = P_{\theta_0}(t(X_1, X_2, \ldots, X_n) \in RR)$

귀무가설이 진실이라는 가정 하에 계산된 검정 통계량이 귀무가설을 기각할 최소의 확률을 유의확률 혹은 p-값이라 한다. 그러므로 유의확률이 계산된 유의수준이다. 계산된 검정 통계량이 귀무가설을 기각할 방향(대립가설을 채택할 방향)의 영역 확률을 유의확률이라 한다.

유의확률이 주어지면 귀무가설 채택 여부를 알 수 있다. 유의확률이 유의수준보다 크다면 검정 통계량의 값은 기각역에 속한 것이 아니므로 귀무가설이 채택되고 유의확률이 유의수준보다 적다면 검정 통계량의 값이 기각역에 속하므로 귀무가설을 기각한다.

example

모집단 $f(x;\theta) \sim N(\mu, \sigma^2)$에서 표본 크기 n인 확률표본 $\underline{X} = (X_1, X_2, \ldots, X_n)$을 추출하였다. 모분산 σ^2을 알지 못할 때 부수적인 매개변수(nuisance parameter) 귀무가설 $H_0 : \mu = \mu_0$와 대립가설 $H_1 : \mu = \mu_1 > \mu_0$을 유의수준 α에서 우도비 검정 방법은 $T(\underline{x}) = \dfrac{\sqrt{n}(\bar{x} - \mu_0)}{S} \sim t(n-1)$이다(자세한 내용은 다음 2절에서 다룰 우도비 검정 참고).

$$p-value = P_{\theta_0}(t(X_1, X_2, ..., X_n) \in RR) = P(t(n-1) \geq T(\underline{x}))$$

만약 대립가설 $H_1 : \mu = \mu_1 \neq \mu_0$ (양측 대립가설)이면 $p-value = 2P(t(n-1) \geq |T(\underline{x})|)$

유의확률과 대립가설 형태

유의확률을 계산할 때 계산된 검정 통계량 값이 귀무가설에 설정한 모수 값(확률밀도함수의 중앙)으로부터 멀어지는 구간에 속할 확률을 구하면 된다.

단측대립가설이면 구한 유의확률을 그대로 사용하면 되지만 양측대립가설일 경우에는 계산된 유의확률을 2배하여 유의확률로 사용해야 한다.

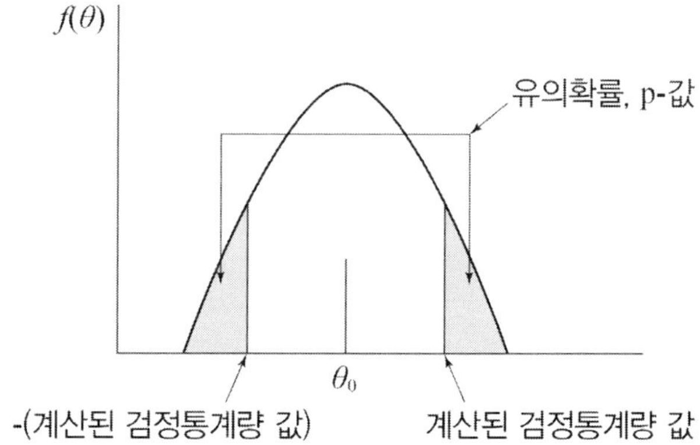

7 가설검정에 관한 코멘트

① 양측검정인가, 단측검정인가? 이는 우리가 무엇에 관심을 두는지에 달려있다. 불량률처럼 '~값 미만'에 관심이 있다면 왼쪽이 단측검정, 수익처럼 '~값 이상'에 관심이 있다면 우측이 대립가설인 단측검정을 실시한다. '차이가 없다'처럼 양쪽 모두에 관심이 있다면 양측검정을 실시한다.

② 1종 오류는 기각역이 정해지면 계산 가능하지만 2종 오류는 대립가설의 값 중 임의의 값이 설정되어야 가능하다. 검정력은 (1-2종 오류)로 정의된다. 또한 우리의 관심이 대립가설에 있으므로 1종 오류를 설정하고(이를 유의수준이라 한다) 2종 오류를 최소화하는 검정 방법을 구하게 된다(1종 오류와 2종 오류를 모두 줄이는 방법은 없다).

③ 앞의 수리통계학 시험 문제에서 실제 평균의 차이가 1점 차이임에도 불구하고 유의수준 5%에서는 차이가 없다고 결론 내렸다. 그러나 유의수준을 10%로 하면 통계적으로 차이가 있다고 결론 내릴 수 있다.

④ 단측검정일 때 귀무가설에 대하여 대립가설이 $H_1 : \theta < \theta_0$라면 귀무가설이 $H_0 : \theta \geq \theta_0$은 아닌가? 1종 오류는 $\alpha = \max_{\theta \in \omega_0} P_\theta(t(X_1, X_2, \ldots, X_n) \in CR)$에 해당한다. 그러므로 경계값이 θ_0에서 최대화되므로 $H_0 : \theta = \theta_0$이 적절하다. 그리고 우리의 관심은 귀무가설이 아니므로 귀무가설이 채택된다면 우리는 헛수고한 것이다.

8 가설검정과 신뢰수준

유의수준 α의 양측 가설검정과 $100(1-\alpha)\%$ 신뢰구간은 일대일 대응관계에 있다. 모집단 $f(x;\theta = \mu)$, 확률표본 $(X_1, X_2, \ldots, X_n)$, 추정량 $\hat{\theta} = \overline{X}$, 표본분산 S^2, 귀무가설 $H_0 : \theta = \theta_0$인 경우 대표본 이론에 의해 $T = \dfrac{\hat{\theta} - \theta_0}{S/\sqrt{n}}$는 $N(0,1)$을 따르므로 다음이 성립한다.

$100(1-\alpha)\%$ 신뢰구간: $\theta \pm z_{\left(1-\frac{\alpha}{2}\right)} \dfrac{s}{\sqrt{n}}$

유의수준 α인 경우 기각역: $RR = \left\{ \left| \dfrac{\hat{\theta} - \theta}{s/\sqrt{n}} \right| > z_{\left(1-\frac{\alpha}{2}\right)} \right\}$

유의수준 α인 경우 채택역: $RR^C = \left\{ \left| \dfrac{\hat{\theta} - \theta}{s/\sqrt{n}} \right| \leq z_{\left(1-\frac{\alpha}{2}\right)} \right\}$

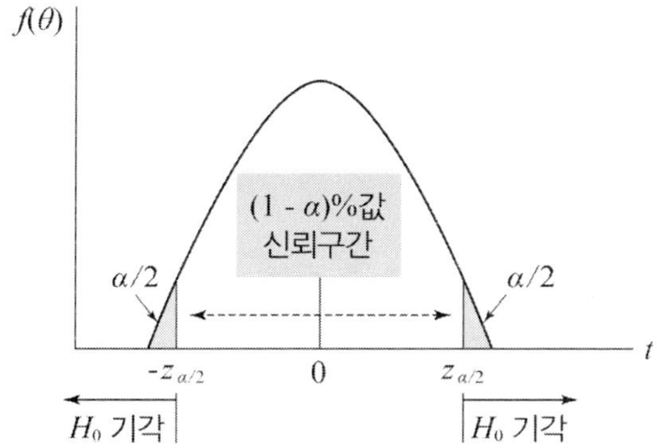

즉, 신뢰구간과 채택역은 동일함을 알 수 있다. 신뢰구간에 속한 모수 값이 귀무가설에 설정되면 그 귀무가설은 기각되지 않는다. 표본으로부터 통계량이 계산되면 신뢰구간의 식에 의해 모수에 대한 구간이 결정된다. 그 부분이 회색 영역 부분이다. 귀무가설에 회색 영역 안에 있는 모수 값이 설정되면 귀무가설을 기각하지 못한다.

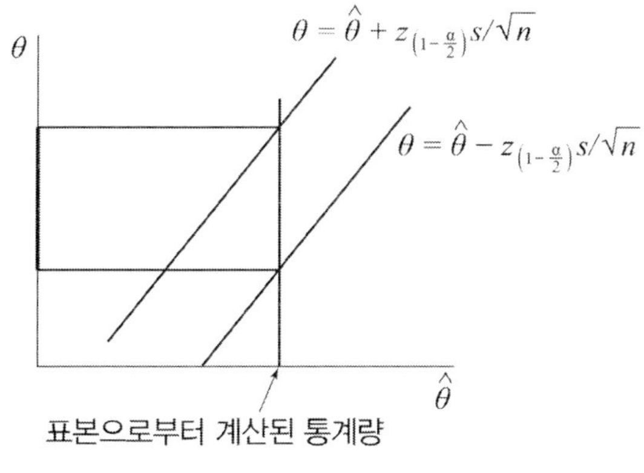

단측가설검정과 상한(혹은 하한) 신뢰구간도 일대일 관계가 있다. $100(1-\alpha)\%$ 하한 신뢰구간은 유의수준 α, 귀무가설 $H_0 : \theta = \theta_0$, 대립가설: $H_0 : \theta_1 > \theta_0$의 채택역과 동일하다. 또한 상한 신뢰구간 대립가설 $H_0 : \theta_1 < \theta_0$의 채택역과 동일하다.

example

정부는 PC 구입 가격이 900$라고 발표했다. 이를 알아보기 위하여 소비자 55명을 임의 조사하였더니 평균 885$, 표준편차는 50$이었다.

(1) 모집단 평균에 대한 99%(양측) 신뢰구간을 구하라.

(2) 정부의 발표가 진실이라고 할 수 있는가? 유의수준은 1%로 하라. (1)의 결과가 있다면 이 가설검정을 할 필요가 있는가?

풀이

99% 신뢰구간: $\left(\bar{X} \pm Z_{0.995}\dfrac{S}{\sqrt{n}}\right) \rightarrow \left(885 \pm 2.58\dfrac{50}{\sqrt{25}}\right) \rightarrow (859.2, 910.8)$

유의수준 1% 검정 통계량: $\dfrac{\bar{X}-\mu_0}{S/\sqrt{n}} = \dfrac{885-900}{50/\sqrt{25}} = -0.5$

기각역: $RR = \{t;\ |t| < 2.58\}$ 검정 통계량 값이 기각역에 속하지 않으므로 귀무가설을 채택한다.

유의수준 1%에서 귀무가설 값이 99% 신뢰구간에 속하므로 귀무가설 채택하게 되므로 신뢰구간을 계산한 경우에는 가설검정을 할 필요가 없다.

9 랜덤화 검정

가설검정에서 설정한 유의수준에 의해 기각역이 설정되는데 이산형 확률분포의 경우 설정된 유의수준 정확한 값에 대응하는 기각역을 설정하지 못하는 경우가 발생하는 경우 랜덤화 검정을 실시한다. 예제로 이 개념을 설명하기로 한다.

example

$f(x;\theta=\lambda) \sim Poisson(\theta)$의 모수 θ에 대한 가설검정을 위하여 표본 크기 $n=10$인 확률표본 $(X_1, X_2, \ldots, X_{10})$을 추출하였다. 귀무가설 $\theta = 0.1$, 귀무가설 $\theta > 0.1$을 유의

수준 5%에서 검정하려고 할 때 기각역을 구하라.

풀이

검정 통계량: $T=\sum_i^{10} X_i \sim Poisson(\lambda=10\theta)$

기각역: $P_{\theta_0=0.1}(T\geq 3)=0.08, P_{\theta_0=0.1}(T\geq 4)=0.019$ 이처럼 유의수준 5%에 해당하는 기각역을 얻을 수 없다. 보간법에 의해 $\frac{0.05-0.019}{0.08-0.019}=\frac{31}{61}$ 이다. 그러므로 유의수준 5% 기각역은 다음과 같다.

만약 $(T\geq 4)$ 귀무가설을 기각하고 $(T=3)$이면 $\frac{31}{61}$ 확률로 기각한다.

02 가설검정 방법

가설검정은 확률표본 데이터의 통계량 범위를 결정하는 절차를 따른다.

(1) 귀무가설 채택하는 범위 결정: 채택역

(2) 귀무가설 기각하고 대립가설을 선택하는 범위 결정: 기각역

1 최강 검정법

검정방법의 정도는 1종 오류와 2종 오류로 판단하는데, 가설검정 시작 시 1종 오류는 유의수준으로 설정되므로 좋은 검정 방법이란 2종 오류를 최소화하는 것이다. 즉 (1-2종 오류), 검정력을 최대화하는 것이다. 이를 최강 검정법(most powerful test)이라 한다.

모집단 확률변수는 $X \sim f(x;\theta), \theta \in \Omega = \{\omega_0 \cup \omega_1\}$ 이고 다음 2개의 단일 귀무가설과 대립가설을 가정하자.

- 귀무가설: $H_0 : \theta \in \omega_o$
- 대립가설: $H_1 : \theta \in \omega_1$

모집단 확률변수 $X \sim f(x;\theta)$에서 확률표본 $\underline{X}' = (X_1, X_2, \dots, X_n)$이라 하고 S를 확률표본 영역이라 하자.

definition

확률표본의 영역을 S, 확률표본 영역의 부분집합 $RR \in S$이라 하자. 다음 α를 1종 오류, 유의수준이라 한다.

$$\alpha = \max_{\theta \in \omega_0} P_\theta(T(X_1, X_2, \dots, X_n) \in RR)$$

definition

다음을 검정력이라 정의한다.

$$P(\theta) = \gamma_{RR}(\theta) = P_\theta(T(X_1, X_2, \dots, X_n) \in RR;\ \theta \in \omega_1)$$

example

표본크기 5인 확률표본 $(X_1, X_2, \dots, X_5) \sim B(p)$을 이용하여 $H_0 : p = 0.5\ vs.\ H_1 : p > 0.5$의 가설을 검정한다고 하자.

(1) 기각역을 $RR = \{\sum x_i = 5\}$

- 1종 오류: $\alpha = P(\sum x_i = 5 \mid \sum x_i \sim B(5, p = 0.5)) = (p)^5 = 0.0321$
- 2종 오류: $\beta(p) = P(\sum x_i \leq 4 \mid \sum x_i \sim B(5, p > 0.5)) = 1 - (p > 0.5)^5$
- 검정력: $P(p) = 1 - \beta(p) = p^5, p = 0.5$에서 멀어질수록 검정력은 커진다. $p = 1$일 때 검정력은 0이다.

(2) 기각역을 $RR = \{\sum x_i \geq 3\}$

- 1종 오류: $\alpha = P(\sum x_i \geq 3 \mid \sum x_i \sim B(5, p = 0.5)) = 0.5$
- 2종 오류: $\beta(p) = \binom{5}{3} p^3 (1-p)^2 + \binom{5}{4} p^4 (1-p)^1 + \binom{5}{5} p^5 (1-p)^0$
- $RR = \{\sum x_i = 5\}$에 비해 1종 오류는 늘었으나 2종 오류는 줄었고, 검정력은 커졌다. 즉, 1종 오류와 2종 오류를 동시에 줄이는 검정 방법은 존재하지 않는다.

definition

확률표본의 영역을 S, 확률표본 영역의 부분집합을 $RR \in S$이라 하자. 다음 조건을 만족하는 RR은 검정 크기 α에서 귀무가설 $H_0 : \theta = \theta_0$, 대립가설 $H_1 : \theta = \theta_1$을 검정하는 최량 기각역(best critical region)이다.

(1) $\max_{\theta \in \omega_0} P_\theta(T(X_1, X_2, \ldots, X_n) \in RR) = \alpha$

(2) 임의의 부분집합 $A \in D$에 대하여 다음이 성립한다.

$P_{\theta_0}(T(X_1, X_2, \ldots, X_n) \in A)$

$\rightarrow P_{\theta_1}(T(X_1, X_2, \ldots, X_n) \in RR) \geq P_{\theta_1}(T(X_1, X_2, \ldots, X_n) \in A)$

example

모집단 $X \sim B(p = \theta)$에서 귀무가설 $H_0 : p = 0.1$, 대립가설 $H_0 : p = 0.2$ 가설을 검정하기 위하여 표본 크기가 3인 확률표본을 추출한 결과는 $(1,0,0)$이다. 기각역을 $RR = \{T(\underline{x}); \sum X_i \geq 1\}$이라 하자. $\sum X_i \sim B(n = 3, p)$ 분포를 따른다.

풀이

유의수준: $P_{p=0.1}(T(X_1, X_2, \ldots, X_n) \in RR) = 0.243 + 0.027 + 0.001 = 0.271$

2종 오류: $P_{p=0.2}(T(X_1, X_2, \ldots, X_n) \in RR^C) = 0.5121$

검정력: $1 - 0.5121 = 0.4879$

$\sum x$	0	1	2	3
$f(x;p=0.1)$	0.729	0.243	0.027	0.001
$f(x;p=0.2)$	0.512	0.384	0.096	0.008
$\frac{f(x;p=0.1)}{f(x;p=0.2)}$	1.424	0.633	0.281	0.125

python

```
import scipy.stats as st
x=[0,1,2,3]
p0=st.binom.pmf(x,n=3,p=0.1)
p0=st.binom.pmf(x,n=3,p=0.1)
p1=st.binom.pmf(x,n=3,p=0.2)
p0,p1,p0/p1
```

```
(array([0.729, 0.243, 0.027, 0.001]),
array([0.512, 0.384, 0.096, 0.008]),
array([1.42382812, 0.6328125 ,
0.28125 , 0.125 ]))
```

만약 대립가설의 모수 하나의 값(대립가설은 귀무가설과는 달리 모수의 영역이다)을 θ_1라 한다면 검정력은 $P(\theta)=P_\theta(T(X_1,X_2,\ldots,X_n)\in RR|\theta=\theta_1)$이고 2종 오류는 $\beta(\theta)=1-P(\theta)$이다.

$H_0:\theta=\theta_0\ vs.\ H_1:\theta=\theta_1\neq\theta_0$ 가설검정의 경우 전형적인 검정력 함수는 다음과 같다.

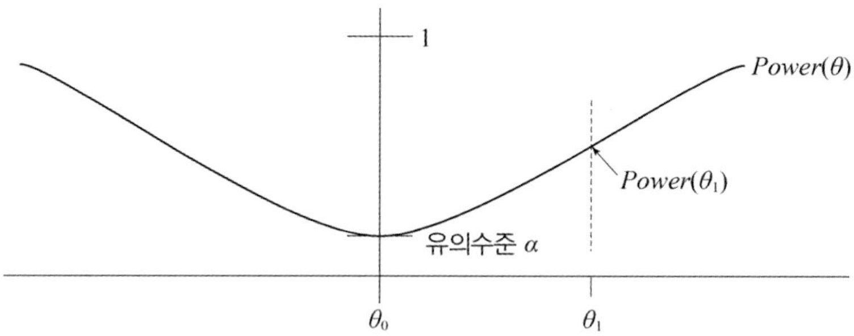

검정력은 귀무가설 단일설정값 θ_0에서 최저였다가 멀어질수록 증가한다. 그러므로 유의수준 α을 설정하고 2종 오류를 최소화할 수 있는 검정 방법(기각역 찾음)을 찾는다.

definition

가설에 설정된 모수 값이 하나인 경우 이를 단순가설(simple hypothesis)이라 하고 설정된 모수가 영역인 경우 이를 복합가설(composite hypothesis)이라 한다. 단순 귀무가설 $H_0 : \theta = \theta_0$와 단순 대립가설 $H_1 : \theta = \theta_1$을 검정한다고 하자. 모수 영역은 $\Omega = \{\theta;\theta_0,\theta_1\}$이고 $P(\theta) = \alpha$인 기각역을 설정하며 $\beta(\theta) = 1 - p(\theta)$을 최소화하는 기각역을 구한다. 이는 $P(\theta_1)$을 최대화하는 최대검정력검정을 찾는 것과 동일하다.

• Neyman-Pearson Lemma

단순 귀무가설 $H_0 : \theta = \theta_0$와 단순 대립가설 $H_1 : \theta = \theta_1$을 검정한다고 하자. 가설검정을 확률표본 $\underline{X} = (X_1, X_2, \ldots, X_n)$으로부터 구한 통계량을 이용한다. 이 통계량의 확률밀도함수(샘플링 분포)는 모수 θ의 함수이며 이를 우도함수 $L(\underline{x};\theta)$라 한다. 유의수준 α 하에서 검정력을 최대화하는 기각역 RR은 다음에 의해 정해진다. 이렇게 얻은 검정 방법(기각역)을 최강력검정법이라 한다.

(1) $\dfrac{L(\underline{x};\theta_0)}{L(\underline{x};\theta_1)} \le k$, for $\underline{x} \in RR$

(2) $\dfrac{L(\underline{x};\theta_0)}{L(\underline{x};\theta_1)} \ge k$, for $\underline{x} \in RR^C$

(3) $\alpha = P_{H_0}(\underline{x} \in RR)$

definition

모집단 $X \sim f(x;\theta), \theta \in \Omega$에서 확률표본 $\underline{X} = (X_1, X_2, \ldots, X_n)$, 기각역을 $\alpha = P_{H_0}$ $(\underline{x} \in RR)$이라 하면 다음은 불편 검정방법이다.

$$P_\theta(\underline{X} \in RR) \ge \alpha, \text{ for } all\ \theta \in \omega_1$$

example

확률표본 $\underline{X}=(X_1,X_2,\ldots,X_n)\sim f(x;\theta=\mu)\ N(\mu,1)$이고 귀무가설 $H_0:\mu=0$, 대립가설 $H_0:\mu=1$ 검정하는 최강 기각역을 구하라.

풀이

N-P Lemma에 의한 최강 기각역:

$$\frac{L(\underline{x};\theta_0=0)}{L(\underline{x};\theta_1=1)}=\frac{N(0,1)}{N(1,1)}=\exp\left(-\sum x_i+\frac{n}{2}\right)\le k\leftrightarrow-\sum x_i+\frac{n}{2}\le\ln(k)$$

$$\leftrightarrow\sum x_i>-\frac{n}{2}-\ln(k)\leftrightarrow\frac{\sum x_i}{n}>c$$

그러므로 최강 기각역은 $RR=\left\{(x_1,x_2,\ldots,x_n);\bar{x}\ge c\right\},\bar{x}\sim N(0,\frac{1}{n})$이다.

유의수준 α, 임계값, c_1 결정:

$P_{H_0}(\bar{x}\ge c\mid\mu=0)=\int_c^\infty\frac{1}{\sqrt{2\pi}\sqrt{1/n}}\exp\left(-\frac{(\bar{x}-0)^2}{2(1/n)}\right)d\bar{x}=\alpha$을 만족하는 c 값은 기각역의 시작 값인 임계값 c_1이다.

검정력: $P_{H_1}(\bar{x}\ge c_1\mid\mu=1)=\int_{c_1}^\infty\frac{1}{\sqrt{2\pi}\sqrt{1/n}}\exp\left(-\frac{(\bar{x}-1)^2}{2(1/n)}\right)d\bar{x}$

example

확률표본 $\underline{X}=(X_1,X_2,\ldots,X_n)\sim f(x)$이고 귀무가설, 대립가설이 확률분포함수인 경우 최강 기각역을 구하라.

귀무가설: $H_0:f_0(x)=\frac{e^{-1}}{x!}\sim Poisson(\lambda=1),x=0,1,2,\ldots$

대립가설: $H_1:f_1(x)=\left(\frac{1}{2}\right)^{x+1},x=0,1,2,\ldots$

풀이

우도비: $\frac{f_0(x)}{f_1(x)}=\frac{(2e^{-1})^n2^{\Sigma x_i}}{\Pi x_i!}$

최강 기각역:

$$\frac{(2e^{-1})^n2^{\Sigma x_i}}{\Pi x_i!}\le k\leftrightarrow(\Sigma x_i)\ln(2)-\ln(\Pi x_i!)\le\ln(k)-n\ln(2e^{-1})=c$$

example

모집단 $f(x;\theta)=\theta x^{\theta-1}, 0<x<1$에서 모수 θ에 대한 가설검정을 위하여 표본 크기 1인 확률표본 X_1을 뽑았다고 하자. 귀무가설 $H_0:\theta=\theta_0=2$ 대립가설 $H_1:\theta=\theta_1=1$을 유의수준 0.05에서 검정하는 최강 검정방법을 찾아라.

풀이

N-P Lemma에 의한 최강 기각역: $\dfrac{L(x_1;\theta_0=2)}{L(x_1;\theta_1=1)}=2x_1\le k \leftrightarrow x_1\le c$

그러므로 최강 기각역은 $RR=\{(x_1);x_1\le c\}$이다.

임계값: $P_{H_0}(x_1\ge c \mid \theta=2)=\int_0^c 2x^{2-1}dx=c^2=0.05 \leftrightarrow c=\sqrt{0.05}$

유의수준 5%에서 최강 기각역: $RR=\left\{(x_1);x_1\le \sqrt{0.05}\right\}$

검정력: $P_{H_1}(x_1\ge c \mid \theta=1)=\int_0^{\sqrt{0.05}}1x^{1-1}dx=\sqrt{0.05}$

기각역 $\{x_1\le c\}$은 귀무가설 $H_0:\theta=\theta_0=2$ 대립가설 $H_1:\theta=\theta_1=1$ 검정에 대한 최강력 검정을 제공한다. 기각역 $\{x_1\le c\}$은 복합 대립가설 $H_1:\theta=\theta_1=1<\theta_0$에 대해서도 최강력 검정을 제공하므로 이를 일양 최강력 검정법(uniformly most powerful test, UMPT)이라 한다.

검정 통계량과 기각역의 형태는 귀무가설과 대립가설에 의존한다. 만약 위의 예제에서 대립가설이 $H_1:\theta=\theta_1=3>\theta_0$이면 $\dfrac{L(x_1;\theta_0=2)}{L(x_1;\theta_1=3)}=\dfrac{2}{3x_1}\le k \leftrightarrow x_1\ge c$가 최강 검정기각역이다.

example

모집단 $f(x;\theta)\sim B(p), x=0,1$에서 모수 $\theta=p$에 대한 가설검정을 위하여 표본 크기 n인 확률표본 $\underline{X}=(X_1,X_2,\ldots,X_n)$을 추출하였다. 귀무가설 $H_0:p_0=0.5$ 대립가설 $H_1:p_1=0.1$을 유의수준 0.05에서 검정하는 최강 검정방법을 찾아라.

풀이

N-P Lemma에 의해 $\dfrac{L(\underline{x};\theta_0)}{L(\underline{x};\theta_1)}=\dfrac{0.5^{\Sigma x_i}0.5^{n-\Sigma x_i}}{0.2^{\Sigma x_i}0.8^{n-\Sigma x_i}}\le k \leftrightarrow \Sigma x_i\le c$이 일양 최강

기각역이다.

$\sum x_i \sim B(n,p)$이므로 $0.05 = P(\sum x_i \le c | \sum x_i \sim B(n,0.5))$을 만족하는 정수 c를 찾을 수 없다. 앞에서 예제로 살펴본 랜덤화 검정을 이용하여 검정하면 된다.

2 일양 최강 검정법

definition

귀무가설 $H_0 : \theta = \theta_0$, 단순 대립가설 $H_1 : \theta = \theta_1 < \theta_0$의 최강 검정 기각역 RR이 모든 복합 대립가설 $H_1 : \theta = \theta_1 < \theta_0$의 최강 기각역이면 RR에 의한 검정방법을 일양 최강 검정법이라 한다.

example

모집단 $f(x;\theta) = \frac{1}{\theta} e^{-x/\theta}, x > 0$에서 모수 θ에 대한 가설검정을 위하여 표본 크기 n인 확률표본 $\underline{X} = (X_1, X_2, \ldots, X_n)$을 추출하였다. 귀무가설 $H_0 : \theta = \theta_0$ 대립가설 $H_1 : \theta = \theta_1 < \theta_0$을 유의수준 α에서 검정하는 일양 최강 검정법을 찾아라.

풀이

N-P Lemma에 의해 $\frac{L(\underline{x};\theta_0)}{L(\underline{x};\theta_1)} = \frac{\frac{1}{\theta_0^n} e^{-\frac{\sum x}{\theta_0}}}{\frac{1}{\theta_1^n} e^{-\frac{\sum x}{\theta_1}}} \le k \leftrightarrow \sum x_i \le c$이 일양 최강 기각역이다.

$RR = \{\sum x_i \le c\}$이 UMPT 기각역이다. 기각역에 사용되는 통계량의 분포는 항상

알려져 있어야 가능하다. $\sum x_i \sim Gamma(n,\theta)$. 임계값은 $0.05 = P(\sum x_i \geq c | \sum x_i \sim Gamma(n,\theta_0))$을 만족하는 c 값이다.

동일한 방법으로 귀무가설 $H_0 : \theta = \theta_0$, 대립가설 $H_1 : \theta = \theta_1 > \theta_0$을 유의수준 α에서 검정하는 일양 최강 검정력은 $RR = \{\sum x_i \geq c | \sum x_i \sim Gamma(n,\theta)\}$이다.

그러나 대립가설 $H_0 : \theta = \theta_1 \neq \theta_0$이면 일양 최강 검정법은 존재하지 않는다.

example

모집단 $f(x;\theta) \sim N(0,\theta)$에서 모수 θ(분산)에 대한 가설검정을 위하여 표본 크기 n인 확률표본 $\underline{X} = (X_1, X_2, \ldots, X_n)$을 추출하였다. 귀무가설 $H_0 : \theta = \theta_0$ 대립가설 $H_1 : \theta = \theta_1 > \theta_0$을 유의수준 α에서 검정하는 일양 최강 검정법을 찾아라.

풀이

N-P Lemma에 의해 $$\frac{L(\underline{x};\theta_0)}{L(\underline{x};\theta_1)} = \frac{\left(\frac{1}{2\pi\theta_0}\right)^{n/2} \exp\left(-\frac{1}{2\theta_0}\sum x_i^2\right)}{\left(\frac{1}{2\pi\theta_1}\right)^{n/2} \exp\left(-\frac{1}{2\theta_1}\sum x_i^2\right)} \leq k \leftrightarrow \sum x_i^2 \geq c$$

이 일양 최강 기각역이다.

그러나 $\sum x_i^2$의 확률밀도함수는 알 수 없으므로 기각역에 사용되는 검정 통계량은 $\frac{\sum x_i^2}{\theta_0} \sim \chi^2(n-1)$ 분포를 따르므로 $\frac{\sum x_i^2}{\theta_0}$을 이용하는데 이 통계량을 주축 검정 통계량이라 한다.

definition

만약 우도비 $\frac{L(\underline{x};\theta_0)}{L(\underline{x};\theta_1)}$, for $\theta_0 < \theta_1$가 $y = u(x)$의 단조함수이면 우도함수 $L(\underline{x};\theta)$은 통계량 $y = u(x)$의 단조우도비(monotone likelihood ratio, mlr)를 갖는다.

$\frac{L(\underline{x};\theta_0)}{L(\underline{x};\theta_1)} \le k \leftrightarrow t(x_1, x_2, ..., x_n) \in RR$. $\alpha = P_{\theta_0}(t(x_1, x_2, ..., x_n) \in RR)$을 만족하는 k가 임계값이다.

$\frac{L(\underline{x};\theta_0)}{L(\underline{x};\theta_1)} = g(Y) \le k \leftrightarrow Y \ge g^{-1}(k)$. $g^{-1}(k)$는 $\alpha = P_{\theta_0}(Y \ge g^{-1}(k))$을 만족한다.

example

모집단 $f(x;\theta) \sim B(\theta = p), 0 < \theta < 1$에서 모수 θ에 대한 가설검정을 위하여 표본 크기 n인 확률표본 $\underline{X} = (X_1, X_2, ..., X_n)$을 추출하였다. 귀무가설 $H_0 : \theta = \theta_0$, 대립가설 $H_1 : \theta = \theta_1 > \theta_0$을 유의수준 α에서 검정하는 일양 최강 검정법을 찾아라.

풀이

$\frac{L(\underline{x};\theta_0)}{L(\underline{x};\theta_1)} = \frac{\theta_0^{\Sigma x_i} \theta_0^{n - \Sigma x_i}}{\theta_1^{\Sigma x_i} \theta_1^{n - \Sigma x_i}} = \left(\frac{\theta_0(1-\theta_1)}{\theta_1(1-\theta_0)}\right)^{\Sigma x_i} \left(\frac{1-\theta_0}{1-\theta_1}\right)^n$ 이므로 우도비는 $y = \Sigma x_i$의 단조함수이다.

그러므로 UMPT 기각역은 $RR = \{\Sigma x_i \ge c\}$이다.

• **지수족 UMPT**

모집단 $f(x;\theta) = \exp(p(\theta)K(x) + H(x) + q(\theta))$ 확률밀도함수가 지수족이면 다음 가설의 일양 최강 검정 기각역은 $RR = \{y = \Sigma K(x_i) \ge c\}$이다.

$$\text{귀무가설: } H_0 : \theta = \theta_0 \text{ vs. 대립가설: } H_1 : \theta = \theta_1 > \theta_0$$

만약 대립가설: $H_1 : \theta = \theta_1 < \theta_0$이면 일양 최강 검정 기각역은 $RR = \{y = \Sigma K(x_i) \le c\}$이다.

3 우도비 검정

단순 귀무가설과 단순 대립가설에 대한 최대검정력검정을 얻으려면 Neyman-Pearson 정리를 이용하면 된다. 물론 대립가설이 단측가설(한쪽 방향)에 최대검정력검정을 얻을 수 있지만, 양측 검정이나 부수적인 매개변수가 있는 경우에는 N-P 정리를 사용할 수 없다.

모수 θ 영역을 Ω라 하자. 귀무가설에 설정된 모수 값은 단일 값으로 $\Omega_0 = \{\theta_0\}$이고 대립가설의 모수 공간은 $\Omega_1 = \Omega_0^C$이다.

전체 모수 공간 Ω에서 우도함수를 $L(\underline{x};\Omega)$라 정의하고 모수에 대한 MLE(최대우도추정량)를 추정치로 사용한 우도함수를 $L(\underline{x};\hat{\Omega})$라 하자.

definition

귀무가설 $H_0 : \theta \in \Omega_0$, 대립가설 $H_1 : \theta \in \Omega_0^C$을 검정하는 우도통계량은 $\lambda(\underline{x}) = \dfrac{\max_{\Omega_0} L(\underline{x};\Omega_0)}{\max_{\Omega} L(\underline{x};\Omega)}$이다. 우도비 검정(likelihood ratio test) 기각역은 $\{\lambda(\underline{x}) \le c\}$이다. c는 $0 < c < 1$의 값을 갖는다.

만약 $\lambda \to 0$이면 귀무가설 하의 우도함수 값이 매우 작다는 것을 의미하므로 대립가설에 비해 귀무가설을 기각하는 것이 적절하다. 만약 $\lambda \to 1$이면 귀무가설이 진실일 가능성이 높다. 그러므로 기각역이 $\lambda \le c$이다.

example

모집단 $f(x;\theta) \sim N(\mu, \sigma^2)$에서 표본 크기 n인 확률표본 $\underline{X} = (X_1, X_2, \ldots, X_n)$을 추출하였다. 모분산 σ^2을 알지 못할 때 부수적인 매개변수 귀무가설 $H_0 : \mu = \mu_0$와 대립가설 $H_1 : \mu = \mu_1 > \mu_0$을 유의수준 α에서 우도비 검정방법을 찾으시오.

풀이

귀무가설하 모수 공간은 $\Omega_0 = \{\mu, \sigma_0; \mu = \mu_0, \sigma^2 > 0\}$, 대립가설하에서 모수 공간은

$\Omega_1 = \{\mu, \sigma_1; \mu > \mu_0, \sigma_1^2 > 0\}$이므로 모수 전체 공간은 $\Omega = \{\mu, \sigma; \mu \geq \mu_0, \sigma^2 > 0\}$이다.

$L(\underline{x};\Omega_0) = \Pi \frac{1}{\sqrt{2\pi}\,\sigma} \exp\left(-\frac{(x_i - \mu_0)^2}{2\sigma^2}\right)$이고 귀무가설 모평균은 μ_0로 주어져 있으니 모분산에 대한 MLE 추정치를 구하면 $\widehat{\sigma_0^2} = \frac{1}{n}\sum(x_i - \mu_0)^2$이다.

$L(\underline{x};\Omega)$에서 μ의 MLE는 $\hat{\mu} = \max(\bar{x}, \mu_0)$이다. 왜냐하면 모수 공간 Ω의 $\mu \geq \mu_0$이기 때문이다. 모분산에 대한 MLE 추정치는 $\hat{\sigma} = \frac{1}{n}\sum(x_i - \hat{\mu})^2$이다.

$$\lambda = \frac{L(\widehat{\Omega}_0)}{L(\widehat{\Omega})} = \left(\frac{\widehat{\sigma_0^2}}{\widehat{\sigma^2}}\right)^{n/2} = \begin{cases} \left(\frac{\sum(x_i - \bar{x})^2}{\sum(x_i - \mu_0)^2}\right)^{n/2} & \text{, if } \bar{x} > \mu_0 \\ 1, \text{ if } \bar{x} \leq \mu_0 \end{cases}$$

$\sum(x_i - \mu_0)^2 = \sum(x_i - \bar{x})^2 + \sum(\bar{x} - \mu_0)^2$이므로 정리하면

$$\lambda = \left(\frac{\sum(x_i - \bar{x})^2}{\sum(x_i - \mu_0)^2}\right)^{n/2} \leq k \leftrightarrow \frac{\sum(x_i - \bar{x})^2}{\sum(x_i - \mu_0)^2} \leq k^{2/n}$$

$$\leftrightarrow \frac{\sum(x_i - \bar{x})^2}{\sum(x_i - \bar{x})^2 + \sum(\bar{x} - \mu_0)^2} \leq k^{2/n}$$

$$\rightarrow \frac{\sqrt{n}(\bar{x} - \mu_0)}{S} > c, \; where \; S^2 = \sum(x_i - \bar{x})^2/(n-1)$$

$\frac{\sqrt{n}(\bar{x} - \mu_0)}{S}$은 t-분포를 따르므로 우도비 검정은 t-검정과 일치한다.

example

모집단 $f(x;\theta) = e^{-(x-\theta)}, x \geq 0$에서 표본 크기 n인 확률표본 $\underline{X} = (X_1, X_2, \ldots, X_n)$을 추출하였다. 귀무가설 $H_0 : \theta = \theta_0$와 대립가설 $H_1 : \theta > \theta_0$을 유의수준 α에서 우도비 검정 방법을 찾으라.

풀이

우도함수는 $L(\underline{x};\theta) = \Pi e^{-(x-\theta)} = e^{-\sum(x_i - \theta)}, \theta \leq x_1$이므로 우도함수는 모수 θ의 증가함수이다.

$$\lambda = \frac{L(\widehat{\Omega_0})}{L(\widehat{\Omega})} = \frac{e^{-\Sigma(x_i-\theta_0)}}{e^{-\Sigma(x_i-x_1)}} = \begin{cases} e^{-n(x_1-\theta_0)}, \text{ if } x_1 > \theta_0 \\ 1, \text{ if } x_1 \le \theta_0 \end{cases}$$

기각역 $\{\lambda \le k\} \leftrightarrow \left\{\underline{x}; x_1 \ge \theta_0 - \frac{\ln(c)}{n}\right\}$

일반적으로 우도비 검정의 경우 검정 통계량의 분포를 아는 것은 쉽지 않다. 이런 경우 다음 정리를 이용하여 검정하게 된다.

theorem

$\lambda = \frac{L(\widehat{\Omega_0})}{L(\widehat{\Omega})}$ 라 정의하자. 표본의 크기 n이 충분히 크다면 귀무가설 $H_0 : \theta \in \Omega_0$, 대립가설 $H_1 : \theta \in \Omega_1$에 대한 우도비(LTR) 검정은 검정 통계량 λ에 대해 다음이 성립한다. $-2\ln(\lambda) \sim (app)\chi^2(r_0 - r)$, r은 모수 공간 Ω 하에서 설정된 모수의 개수이고 r_0은 모수 공간 Ω_0 하에서 설정된 모수의 개수이다.

example

2개의 작업라인이 있다. 일주일 단위로 생산된 제품에 대한 불량 개수를 조사하였더니 작업라인 1은 평균 20, 작업라인 2는 22개로 조사되었다(표본의 개수는 각각 100이다). 불량 개수는 포아송분포를 따르고 작업라인 1의 평균을 λ_1, 작업라인 2의 평균을 λ_2라 하자. 귀무가설 $H_0 : \lambda_1 = \lambda_2$와 대립가설 $H_a : \lambda_1 \ne \lambda_2$을 검정하는 우도비 검정을 유의수준 0.01에서 실시하자.

풀이

작업라인 1의 확률표본을 $(X_1, X_2, \ldots, X_m)$, 작업라인 2의 확률표본을 $(Y_1, Y_2, \ldots, Y_n)$라 하자.

귀무가설 모수 공간은 $\Omega_0 = \{\lambda_1 = \lambda_2 = \lambda\}$이고 전체 모수 공간은 $\Omega = \{\lambda_1, \lambda_2 > 0\}$이다.

전체 모수 공간 결합 우도비는

$L(\Omega; x_1, x_2, \ldots, x_n, y_1, y_2, \ldots, y_n) = \Pi \frac{e^{-\lambda_1}\lambda_1^{x_i}}{x_i!} \Pi \frac{e^{-\lambda_2}\lambda_2^{y_i}}{y_i!}$이고 귀무가설 모수 공간

결합 우도비는 $L(\Omega_0; x_1, x_2, \ldots, x_n, y_1, y_2, \ldots, y_n) = \Pi \frac{e^{-2\lambda}\lambda^{x_i + y_i}}{x_i! y_i!}$이다.

$L(\Omega; x_1, x_2, \ldots, x_n, y_1, y_2, \ldots, y_n) = \frac{1}{\Pi x_i! y_i!} \lambda_1^{\Sigma x_i} \lambda_2^{\Sigma y_i} e^{-n(\lambda_1 + \lambda_2)}$

➔ MLE는 $\hat{\lambda}_1 = \overline{X}$, $\hat{\lambda}_2 = \overline{Y}$

$L(\Omega_0; x_1, x_2, \ldots, x_n, y_1, y_2, \ldots, y_n) = \frac{1}{\Pi x_i! y_i!} \lambda^{\Sigma x_i + \Sigma y_i} e^{-n(2\lambda)}$

➔ MLE는 $\hat{\lambda} = \frac{\overline{X} + \overline{Y}}{2} = \frac{20 + 22}{2} = 21$

그러므로 $\lambda = \frac{L(\widehat{\Omega_0})}{L(\widehat{\Omega})} = \frac{\hat{\lambda}^{n\overline{X} + n\overline{Y}}}{(\overline{X})^{n\overline{X}} (\overline{Y})^{n\overline{Y}}}$이고, $-2\ln\lambda = 9.53$이다.

귀무가설에서 설정된 귀무가설의 수는 1이고 전체 모수의 수는 2이다.

따라서 $-2\ln\lambda \sim \chi^2(2-1=1)$이 성립한다. 자유도 1이고 유의수준이 0.01인 경우 기각치(임계치)는 χ^2-분포표에 의해 6.635이다. 9.53이 기각역에 속하므로 귀무가설은 기각된다.

03 신뢰구간

앞에서는 모수 θ의 점추정에 대해 논의했는데, 이는 θ의 값을 하나의 추정치로 추측하는 것이다. 여기서는 구간추정 및 더 일반적인 집합추정에 대해 논의한다. 집합추정 문제에서의 추론은 θ가 구간 $C(\underline{x})$에 속한다고 추정된다. 즉, $P(\hat{\theta} = \theta) = 0$(점추정치와 모수가 같을 확률은 0이지만 $P(\theta \in C(\underline{x}))$는 0보다 큰 확률을 가지게 되는데 이를 신뢰수준이라 한다.

definition

모집단 $f(x;\theta), \underline{x} \in S$에서 모수 θ 추론을 위하여 표본 크기 n인 확률표본 $\underline{X}=(X_1, X_2, \ldots, X_n)$을 추출하였다. 확률표본의 함수, 통계량 $L(\underline{x}) \le U(\underline{x})$을 정의하자. $(L(\underline{x}) \le U(\underline{x}))$을 모수 θ 구간 추정량이라 한다.

그리고 $\min_{\theta} P_{\theta}(\theta \in (L(\underline{x}), U(\underline{x})))$을 신뢰수준이라 한다. 좌우 대칭인 분포의 경우에는 양쪽 꼬리 부분에 동일한 확률값을 배분해야 동일 신뢰수준 하에서 신뢰구간 폭이 가장 작아진다(정도는 높아진다).

example

모집단 $f(x;\theta) \sim N(\mu, 1)$에서 모수 θ 추론을 위하여 표본 크기 2인 확률표본 $\underline{X}=(X_1, X_2)$을 추출하였다. 모수 θ에 대한 신뢰구간을 구하라.

풀이

모수 θ의 MVUE가 $\overline{X}$이므로 $(\bar{X}-1, \bar{X}+2)$ 신뢰구간 중 하나이다.

신뢰수준: $P\left(\bar{X}-1 \le \mu \le \bar{X}+2 \mid \bar{X} \sim N\left(\mu, \frac{1}{2}\right)\right)$

$$= P\left(-\frac{2}{\sqrt{1/2}} \le z = \frac{\bar{X}-\mu}{\sqrt{1/2}} \le \frac{1}{\sqrt{1/2}}\right)$$

$$= P(-2\sqrt{2} \le z \le \sqrt{2}) = 0.921 - 0.002 = 0.919, 91.9\%, \ 91.9\%$$

• comment

(1) 유의수준 α의 양측대립가설검정 방법과 신뢰수준 $100(1-\alpha)\%$ 구간 추정은 동일하다.

(2) 앞에서 설명하였듯이 신뢰수준 $100(1-\alpha)\%$ 구간의 의미는 신뢰수준 $100(1-\alpha)\%$ 구간 내에 모수 θ가 있을 확률이 $100(1-\alpha)\%$이 아니라 100번의 신뢰구간을 구했을 때 $100(1-\alpha)\%$개 신뢰구간이 모수를 포함하고 있다는 것으로 신뢰구간의 모수 커버리지 확률이다.

example

모집단 $f(x;\theta) \sim U(0,\theta)$에서 표본 크기 n인 확률표본 $\underline{X}=(X_1,X_2,\ldots,X_n)$을 추출하였다. 모수 θ에 대한 신뢰구간으로 다음 2개를 생각해보자. 모수 θ의 MLE는 $Y=x_{(n)}$이다.

풀이

$Y=x_{(n)}$ 확률밀도함수는 $f(y)=ny^{n-1}\left(\frac{1}{\theta}\right)^n, 0<y<\theta$이다.

그러므로 변수 변환 $T=\frac{Y}{\theta}$ 확률밀도함수는 $f(t)=nt^{n-1}, 0<y<1$이다.

(1) 신뢰구간 (aY,bY)의 신뢰수준: $P_\theta(aY\le\theta\le bY)=P_\theta\left(\frac{1}{a}\le T=\frac{Y}{\theta}\le\frac{1}{b}\right)$

$=\int_{1/a}^{1/b}nt^{n-1}dt=\left(\frac{1}{a}\right)^n-\left(\frac{1}{b}\right)^n$ - 신뢰구간은 모수에 의존하지 않는다.

(2) 신뢰구간 $(Y+c, Y+d)$의 신뢰수준: $P_\theta(Y+c\le\theta\le Y+d)=P_\theta(1-\frac{d}{\theta}$

$\le T=\frac{Y}{\theta}\le 1-\frac{c}{\theta})=\left(1-\frac{c}{\theta}\right)^n-\left(1-\frac{d}{\theta}\right)^n$ - 신뢰구간은 모수에 의존한다.

유의수준 α 가설검정과 $100(1-\alpha)\%$ 신뢰구간은 동일하다.

모집단 $f(x;\theta)\sim N(\mu,\sigma^2)$에서 표본 크기 n인 확률표본 $\underline{X}=(X_1,X_2,\ldots,X_n)$을 추출하였다. 귀무가설 $H_0:\mu=\mu_0$, 대립가설 $H_0:\mu\neq\mu_0$, UMPT 기각역은 $RR=\left\{\underline{x};|\overline{x}-\mu_0|>z_{1-\frac{\alpha}{2}}\frac{\sigma}{\sqrt{n}}\right\}$(유의수준 α)이다. 그러므로 채택역은 $|\overline{x}-\mu_0|\le z_{1-\frac{\alpha}{2}}\frac{\sigma}{\sqrt{n}}$이다. 이것은 모수 θ에 대한 $100(1-\alpha)\%$ 신뢰구간과 동일하다.

$$P\left(\overline{x}-z_{1-\frac{\alpha}{2}}\frac{\sigma}{\sqrt{n}}\le\mu\le\overline{x}+z_{1-\frac{\alpha}{2}}\frac{\sigma}{\sqrt{n}}\right)=1-\alpha$$

결론적으로 $100(1-\alpha)\%$ 신뢰구간이 포함된 모수 값(유의수준 α)을 설정한 귀무가설을 채택하게 된다. 신뢰구간 밖의 모수를 설정한 귀무가설은 기각된다.

theorem

귀무가설 $H_0 : \theta = \theta_0$에 대한 유의수준 α의 검정의 채택역을 $A(\theta_0)$이라 하자. 모수 공간 $C(\underline{x}) = \{\theta_{0\,:}\,\underline{x} \in A(\theta_0)\}$은 $(1-\alpha)$ 신뢰구간이다.

example

모집단 $f(x;\theta) \sim exponetial(\theta = \lambda)$에서 표본 크기 n인 확률표본 $\underline{X}= (X_1, X_2, \ldots, X_n)$을 추출하였다. 모수 λ(평균)에 대한 $100(1-\alpha)\%$ 신뢰구간을 구하라.

풀이

귀무가설: $H_0 : \lambda = \lambda_0$ vs. 대립가설: $H_0 : \lambda \neq \lambda_0$

우도함수: $L(\underline{x};\Omega) = \Pi \frac{1}{\lambda}\exp\left(-\frac{x_i}{\lambda}\right) = \frac{1}{\lambda^n}\exp\left(-\frac{\sum x_i}{\lambda}\right)$

우도비: $\lambda = \frac{L(\widehat{\Omega_0})}{L(\widehat{\Omega})} = \frac{\frac{1}{\lambda_0^n}\exp\left(-\frac{\sum x_i}{\lambda_0}\right)}{\frac{1}{(\sum x_i/n)^n}\exp^{-n}} = \left(\frac{\sum x_i}{n\lambda_0}\right)^n e^n e^{-\sum x_i/\lambda_0}$ (모수 λ의 MLE는 $\overline{x}$이기 때문)

기각역: $\lambda = \left(\frac{\sum x_i}{n\lambda_0}\right)^n e^n e^{-\sum x_i/\lambda_0} \le k \leftrightarrow \lambda = \left(\frac{\sum x_i}{\lambda_0}\right)^n e^{-\frac{\sum x_i}{\lambda_0}} \le k^*$,

$RR(\underline{x}) = \left\{\underline{x};\left(\frac{\sum x_i}{\lambda_0}\right)^n e^{-\frac{\sum x_i}{\lambda_0}} \le c\right\}$

그러므로 채택역은 $A(\theta) = \left\{\underline{x};\left(\frac{\sum x_i}{\lambda}\right)^n e^{-\frac{\sum x_i}{\lambda}} \ge c\right\}$이고 충분 통계량 $\sum x_i$의 함수이므로 신뢰구간은 다음과 같다.

$C(\sum x_i) = \{\lambda; L(\sum x_i) < \lambda < U(\sum x_i)\}$

$\left(\frac{\sum x_i}{L(\sum x_i)}\right)^n e^{\frac{\sum x_i}{L(\sum x_i)}}, \left(\frac{\sum x_i}{U(\sum x_i)}\right)^n e^{-\frac{\sum x_i}{U(\sum x_i)}}$ → 만약 $a = \frac{\sum x_i}{L(\sum x_i)}, b = \frac{\sum x_i}{U(\sum x_i)}$ 라 놓으면 $a^n e^{-a}, be^{-b}$이다.

$\Sigma x_i \sim Gamma(n,\lambda)$이므로 $\frac{\Sigma x_i}{\lambda} \sim Gamma(n,1)$ 다음을 만족하는 (a,b)를 찾으면 $100(1-\alpha)\%$ 신뢰구간이다.

$$P_\lambda\left(\frac{\Sigma x_i}{a} \le \lambda \le \frac{\Sigma x_i}{b}\right) = P_\lambda\left(b \le \frac{\Sigma x_i}{\lambda} \le a\right) = 1-\alpha$$

definition

통계량 $Q(\underline{x},\theta)$의 분포가 모수와 독립이면 이를 주축 통계량이라 한다. 즉, $X \sim F(x)$이면 $Q(\underline{x},\theta)$ 확률밀도함수는 모수 θ에 상관없이 동일하다. 일반적으로 주축 통계량은 충분 통계량의 함수이다.

확률분포 형식	타입	주축 통계량
$f(x-\mu)$	위치	$\bar{x}-\mu$
$\frac{1}{\sigma}f\left(\frac{x}{\sigma}\right)$	크기	$\frac{\bar{x}}{S}$
$\frac{1}{\sigma}f\left(\frac{x-\mu}{\sigma}\right)$	위치-크기	$\frac{\bar{x}-\mu}{S}$

example

모집단 $f(x;\theta) \sim exponetial(\theta=\lambda)$에서 표본 크기 n인 확률표본 $\underline{X}=(X_1, X_2, \ldots, X_n)$ 추출하였다. 모수 λ(평균)에 대한 $100(1-\alpha)\%$ 신뢰구간을 구하라.

풀이

지수분포는 지수족이므로 $T=\Sigma x_i$는 충분 통계량이고 $T=\Sigma x_i \sim Gamma(n,\lambda)$이다.

$\Sigma x_i/\lambda \sim Gamma(1,\lambda)$)이 주축 통계량이다. 그러므로 $100(1-\alpha)\%$ 신뢰구간은 다음을 만족하는 (a,b)이다.

$$P_\lambda\left(a \le \frac{\Sigma x_i}{\lambda} \le b\right) = 1-\alpha$$

example

모집단 $f(x;\theta) \sim N(\theta=\mu,\sigma^2)$, $where\ \sigma^2\ is\ known$에서 표본 크기 n인 확률표본 $(X_1,X_2,\dots,X_n)$을 추출하였다. 모수 μ(평균)에 대한 $100(1-\alpha)\%$ 신뢰구간을 구하라.

풀이

정규분포는 위치-크기 모수 타입이므로 주축 통계량은 $\dfrac{\bar{x}-\mu}{S}$ 형태이다.

만약 분산 σ^2을 알고 있다면

$$P\left(a \le \frac{\bar{x}-\mu}{\frac{\sigma}{\sqrt{n}}} \sim N(0,1) \le b\right) = 1-\alpha \rightarrow \left(\bar{x}-z_{1-\frac{\alpha}{2}}\frac{\sigma}{\sqrt{n}}, \bar{x}+z_{1-\frac{\alpha}{2}}\frac{\sigma}{\sqrt{n}}\right)$$

만약 분산 σ^2을 모른다면

$$P\left(a \le \frac{\bar{x}-\mu}{\frac{s}{\sqrt{n}}} \sim t(n-1) \le b\right) = 1-\alpha$$

$$\rightarrow \left(\bar{x}-t_{1-\frac{\alpha}{2},n-1}\frac{s}{\sqrt{n}}, \bar{x}+t_{1-\frac{\alpha}{2},n-1}\frac{s}{\sqrt{n}}\right)$$

04 정규분포 관련 추론

모집단 $f(x;\theta)$에서 확률표본 $\underline{X}=(X_1,X_2,\dots,X_n)$의 제곱 변환 X_i^2의 확률분포함수에 대하여 살펴보자. 모집단 $f(x;\theta) \sim N(0,1)$이면 X^2의 분포는 $\chi^2(1)$을 따른다.

- **Cochran 정리**

모집단 $f(x;\theta) \sim N(\mu,\sigma^2)$에서의 확률표본 $\underline{X}=(X_1,X_2,\dots,X_n)$의 제곱 형태(이차형

식, quadratic form) Q_i^2, for $i=1,2,\dots,k$ 확률변수와 $Q=\sum Q_i^2$ 확률변수에 대하여 다음이 성립한다.

(1) $Q_1, Q_2, \dots, Q_k$는 서로 독립이다.

(2) $\dfrac{Q_k}{\sigma^2} \sim \chi^2(r_k)$을 갖는다.

(3) $\dfrac{Q}{\sigma^2} \sim \chi^2(\sum r_i)$을 갖는다.

example

모집단 $f(x;\theta) \sim N(\mu, \sigma^2)$에서 확률표본 $(X_1, X_2, \dots, X_n)$의 분산 σ^2의 MVUE 표본분산 $S^2 = \dfrac{\sum(x_i - \bar{x})^2}{n-1}$은 이차형식이다.

$(n-1)S^2 = \sum(x_i - \bar{x})^2 \leftrightarrow \dfrac{(n-1)S^2}{\sigma^2} = \dfrac{\sum(x_i-\bar{x})^2}{\sigma^2} = \dfrac{\sum(x_i-\mu)^2}{\sigma^2} - \dfrac{\sum(\bar{x}-\mu)^2}{\sigma^2}$

$X_i \sim N(\mu, \sigma^2)$이므로 $Q_i = \dfrac{(X_i-\mu)^2}{\sigma^2} \sim \chi^2(1) \rightarrow \sum Q_i = \dfrac{\sum(X_i-\mu)^2}{\sigma^2} \sim \chi^2(n)$ 이다.

$\bar{X} \sim N\left(\mu, \dfrac{\sigma^2}{n}\right)$이므로 $Q_1 = \dfrac{n(\bar{X}-\mu)^2}{\sigma^2} \sim \chi^2(1)$이다.

그러므로 코크란 정리에 의해 $\dfrac{(n-1)S^2}{\sigma^2} \sim \chi^2(n-1)$이다.

1 일원분산분석

모델: $X_{ij} = \mu_i + e_{ij}; i = 1,2,\dots,a, j = 1,2,\dots,n$

가정: $e_{ij} \sim (iid)N(0, \sigma^2)$

모수: $\Omega = (\mu_1, \mu_2, \dots, \mu_a, \sigma^2); -\infty < \mu_j < \infty, 0 < \sigma^2 < \infty$

귀무가설: $H_0 : \mu_1 = \mu_2 = \cdots = \mu_a = \mu$

귀무가설 모수:

$$\Omega_0 = (\mu_1, \mu_2, \ldots, \mu_a, \sigma^2); -\infty < \mu_1 = \mu_2 = \cdots = \mu_a = \mu < \infty, 0 < \sigma^2 < \infty$$

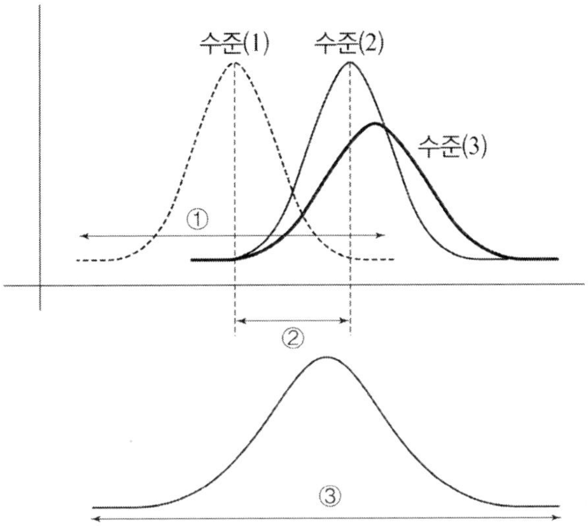

example

분산분석 모형에서 표본 분산 $S^2 = \frac{1}{(an-1)} \Sigma_i \Sigma_j (x_{ij} - \bar{x}_{..})^2$을 이차형식으로 분할하라.

단, $\bar{x}_{..} = \frac{\Sigma_i \Sigma_j x_{ij}}{an}, \bar{x}_{i.} = \frac{\Sigma_j x_{ij}}{n}, \bar{x}_{.j} = \frac{\Sigma_i x_{ij}}{a}$이다.

풀이

$$(an-1)S^2 = \Sigma_i \Sigma_j (x_{ij} - \bar{x}_{..})^2 = \Sigma_i \Sigma_j (x_{ij} - \bar{x}_{i.})^2 + \Sigma_i \Sigma_j (\bar{x}_{i.} - \bar{x}_{..})^2$$
$$= \Sigma_i \Sigma_j (x_{ij} - \bar{x}_{i.})^2 + n \Sigma_i (\bar{x}_{i.} - \bar{x}_{..})^2 = Q_1 + Q_2$$
$$(an-1)S^2 = \Sigma_i \Sigma_j (x_{ij} - \bar{x}_{..})^2 = \Sigma_i \Sigma_j (x_{ij} - \bar{x}_{.j})^2 + \Sigma_i \Sigma_j (\bar{x}_{.j} - \bar{x}_{..})^2$$
$$= \Sigma_i \Sigma_j (x_{ij} - \bar{x}_{.j})^2 + a \Sigma_j (\bar{x}_{.j} - \bar{x}_{..})^2 = Q_3 + Q_4$$
$$(an-1)S^2 = a \Sigma_j (\bar{x}_{.j} - \bar{x}_{..})^2 + n \Sigma_i (\bar{x}_{i.} - \bar{x}_{..})^2 + \Sigma_i \Sigma_j (x_{ij} - \bar{x}_{i.} - \bar{x}_{.j} + \bar{x}_{..})^2$$
$$= Q_2 + Q_3 + Q_4$$

• **우도비 검정**

분자 우도함수: $L(\Omega_0)=\left(\frac{1}{2\pi\sigma}\right)^{an/2}\exp\left(-\frac{1}{2\sigma^2}\Sigma_i\Sigma_j(x_{ij}-\mu)^2\right)$

μ MLE: $\frac{\partial L(\Omega_0)}{\partial\mu}=0 \to \hat{\mu}=\frac{1}{an}\Sigma_i\Sigma_j x_{ij}=\bar{x}_{..}$

σ^2 MLE: $\frac{\partial L(\Omega_0)}{\partial\sigma^2}=0 \to \widehat{\sigma^2}=\frac{1}{an}\Sigma_i\Sigma_j(x_{ij}-\bar{x}_{..})^2=v$

분모 우도함수: $L(\Omega)=\left(\frac{1}{2\pi\sigma}\right)^{an/2}\exp\left(-\frac{1}{2\sigma^2}\Sigma_i\Sigma_j(x_{ij}-\mu_i)^2\right)$

μ_i MLE: $\frac{\partial L(\Omega)}{\partial\mu_i}=0 \to \widehat{\mu_i}=\frac{1}{n}\Sigma_j x_{ij}=\bar{x}_{i.}$

σ^2 MLE: $\frac{\partial L(\Omega)}{\partial\sigma^2}=0 \to \widehat{\sigma^2}=\frac{1}{an}\Sigma_i\Sigma_j(x_{ij}-\bar{x}_{..})^2=w$

우도비: $\lambda=\frac{L(\widehat{\Omega_0})}{L(\widehat{\Omega})}=\left(\frac{\Sigma_i\Sigma_j(x_{ij}-\bar{x}_{i.})^2}{\Sigma_i\Sigma_j(x_{ij}-\bar{x}_{..})^2}\right)^{an/2}$

가정 $e_{ij}\sim(iid)N(0,\sigma^2)$에 의해 $X_{ij}\sim(iid)N(\mu_i,\sigma^2)$이다.

그러므로 $V=\frac{1}{an}\Sigma_i\Sigma_j(x_{ij}-\bar{x}_{..})^2=\frac{Q}{an}$이고 $W=\frac{1}{an}\Sigma_i\Sigma_j(x_{ij}-\bar{x}_{i.})^2=\frac{Q_3}{an}$ 이다.

우도비: $\lambda^{2/an}=\frac{Q_3}{Q_3+Q_4}=\frac{1}{1+Q_4/Q_3}$

귀무가설검정 유의수준 α: $\alpha=P_{H_0}\left(\frac{1}{1+\frac{Q_4}{Q_3}}\le\lambda^{\frac{2}{an}}\right)=P_{H_0}\left(\frac{Q_4/(a-1)}{Q_3/a(n-1)}\le c\right)$

$\frac{Q_4/(\sigma^2(a-1))}{Q_3/(\sigma^2 a(n-1))}\sim F(a-1,a(n-1))$이다.

• **ANOVA table**

변동	제곱합	자유도	평균제곱합	F-통계량
집단 간 변동	$SSB=\Sigma_i\Sigma_j(\bar{x}_i-\bar{x}_{..})^2$	$a-1$	$MSB=\frac{SSB}{a-1}$	$F=\frac{MSB}{MSE}$
오차변동	$SSE=\Sigma_i\Sigma_j(x_{ij}-\bar{x}_i)^2$	$a(n-1)$	$MSE=\frac{SSE}{a(n-1)}$	
총변동	$SST=\Sigma_i\Sigma_j(x_{ij}-\bar{x}_{..})^2$	$an-1$		

2 회귀분석

모델: $Y_i = a + bx_i + e_i; i = 1, 2, \ldots, n$

가정: $e_i \sim (iid) N(0, \sigma^2)$

귀무가설 $H_0 : \alpha = \beta = 0$

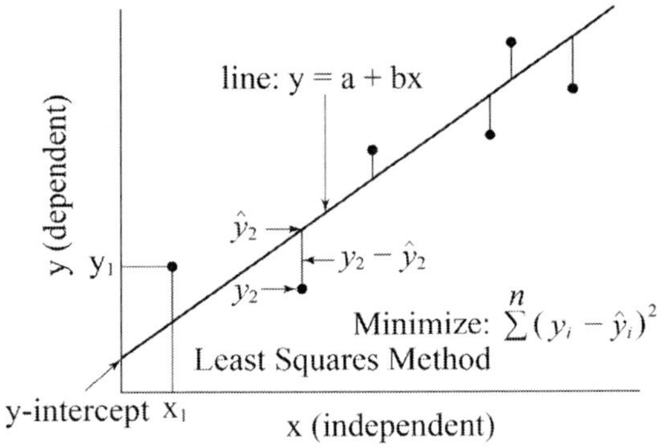

• OLS

관측점들을 가장 대표하는 직선(best fit)을 어떻게 구할 것인가? 데이터 (x_i, y_i)를 활용하여 점들에 가장 적합한 직선의 회귀계수 (a, b)를 추정하고 이를 이용하여 목표변수 추정값을 $\hat{y_i} = \hat{a} + \hat{b}x_i$ fitted value 구한다. 오차항에 대한 추정값으로 $\hat{e}_i = y_i - \hat{y_i}$을 사용하여 직선의 유의성을 검증한다.

$$\min_{(a,b)} Q = \Sigma_i (y_i - a - bx_i)^2$$

$$\frac{\partial Q}{\partial a} = -2\Sigma(y_i - a - bx_i) = 0,\ \frac{\partial Q}{\partial b} = -2\Sigma x_i (y_i - a - bx_i) = 0$$

$$\hat{b} = \frac{\Sigma(x_i - \bar{x})(y_i - \bar{y})}{\Sigma(x_i - \bar{x})^2} = \frac{S_{XY}}{S_{XX}},\ \hat{a} = \bar{y} - \hat{b}\bar{x}$$

• MLE

$e_i \sim (iid) N(0, \sigma^2)$이므로 $y_i \sim (iid) N(a + bx_i, \sigma^2)$이다.

우도함수: $L(\underline{x};a,b) = \left(\frac{1}{2\pi\sigma}\right)^{n/2} \exp\left(-\frac{\sum_i (y_i - a - bx_i)^2}{2\sigma^2}\right) \propto \sum_i (y_i - a - bx_i)^2$

우도함수를 최대화하는 것이나 $\sum_i (y_i - a - bx_i)^2$을 최소화하는 OLS와 동일하다.

- **OLS is blue: Markov theorem**

회귀계수에 대한 OLS 추정치는 BLUE(best linear unbiased estimator)이다. 즉 모든 선형, 불편 추정량 중 최소분산(minimum variance)을 갖는다. 분포함수가 지수족이므로 MLE는 CSS이고 불편 추정량이므로 Rao-Blackwell 정리에 의해 MVUE이다.

$\hat{\beta} = \frac{\Sigma(X_i - \overline{X})(Y_i - \overline{Y})}{\Sigma(X_i - \overline{X})^2}$가 Y_i선형추정량이며 불편 추정량 $E(\hat{\beta}) = \beta$임을 증명하였다. 이제 선형추정량 중 최소 분산을 가짐을 증명하면 된다. β의 선형추정량을 $\hat{\beta}^* = \Sigma c_i Y_i$라 하면 불편 추정량이 되기 위해서는 $\Sigma c_i = 0$, $\Sigma c_i X_i = 1$을 만족해야 한다. 추정량 $\hat{\beta}^* = \Sigma c_i Y_i$의 분산은 $\sigma^2(\hat{\beta}^*) = \sigma^2 \Sigma c_i^2$이다. 만약 $c_i = k_i + d_i$이라 하면 (OLS 추정량의 계수 $k_i = \frac{(X_i - \overline{X})}{\Sigma(X_i - \overline{X})^2}$ $\sigma^2(\hat{\beta}^*) = \sigma^2(\hat{\beta}) + \sigma^2 \Sigma d_i^2$(왜냐하면 $\Sigma k_i d_i = 0$)이므로 $\sigma^2(\hat{\beta}^*)$의 분산은 Σd_i^2가 0인 경우이므로 모든 d_i가 0이어야 한다. 그러므로 OLS는 최소 분산을 갖는 선형불편 추정량이다.

- **오차 분산 MVUE 추정량**

$\widehat{\sigma^2} = \frac{1}{n-2} \Sigma (y_i - \hat{a} - \hat{b} x_i)^2 = MSE$

- **$\hat{b}$ 샘플링 분포**

$\hat{b} = \frac{\sum (x_i - \bar{x})(y_i - \bar{y})}{\sum (x_i - \bar{x})^2}$이므로 $k_i = \frac{(y_i - \bar{y})}{\sum (x_i - \bar{x})^2}$이라 하면 $\hat{b} = \sum k_i y_i$이다.

그리고 $\sum k_i = 0, \sum k_i x_i = 1, \sum k_i^2 = \frac{1}{\sum (x_i - \bar{x})^2}$이다.

$y_i \sim (iid) N(a + bx_i, \sigma^2)$이므로 선형 결합 $\hat{b} = \sum k_i y_i$도 정규분포를 따른다.

$$E(\hat{b}) = E(\sum k_i y_i) = \sum k_i E(y_i) = \sum k_i (a + bx_i) = b$$

$$V(\hat{b}) = V(\sum k_i y_i) = \sum k_i^2 V(y_i) = \sum k_i^2 (\sigma^2) = \frac{\sigma^2}{\sum (x_i - \bar{x})^2}$$

$\hat{b} \sim N\left(b, \frac{\sigma^2}{\sum(x_i-\bar{x})^2}\right)$. 만약 σ^2을 MVUE 추정량 $\frac{(n-2)\widehat{\sigma^2}}{\sigma^2} = \frac{\sum(y_i-\hat{a}-\hat{b}x_i)^2}{\sigma^2} \sim$ $\chi^2(n-2)$가 성립한다.

그러므로 $\frac{\hat{b}-b}{s(\hat{b})} \sim t(n-2)$, $s^2(\hat{b}) = \frac{MSE}{\sum(x_i-\bar{x})^2}$이다.

- **기울기 b에 대한 $100(1-\alpha)\%$ 신뢰구간**

$$\hat{b}-t_{1-\frac{\alpha}{2},(n-1)}s(\hat{b}),\ \hat{b}+t_{1-\frac{\alpha}{2},(n-1)}s(\hat{b}),\ s^2(\hat{b}) = \frac{MSE}{\sum(x_i-\bar{x})^2}$$

- **절편 a에 대한 $100(1-\alpha)\%$ 신뢰구간**

$$\hat{a}-t_{1-\frac{\alpha}{2},(n-1)}s(\hat{a}),\ \hat{a}+t_{1-\frac{\alpha}{2},(n-1)}s(\hat{a}),\ s^2(\hat{a}) = MSE\left(\frac{1}{n}+\frac{\bar{x}^2}{\sum(x_i-\bar{x})^2}\right)$$

부 록

연습문제풀이

연습문제풀이

01 공정한 동전의 앞면이 나올 확률은 0.5이므로 10번 던져 1번 앞면이 나올 확률은 $0.0097(\binom{10}{1}0.5^1 0.5^9)$로 매우 작다. 즉, 동전은 공정하지 않다.

02 확률의 공리에 의해 $\sum P(e_i) = 0.15 + 0.15 + + 0.4 + 2P(e_5) + P(e_5) = 1$이므로 $P(e_5) = 0.1$이다.

03 $\dfrac{\binom{1}{1}\binom{3}{1}}{\binom{4}{2}}$

04 (1) $\dfrac{(365 \times 364 \times ... \times 346)}{\binom{365}{20}}$

(2) $10 \times 9 \times 8 \times 7,\ \ 9 \times 8 \times 7 \times 6$

(3) $\binom{5}{2},\ \binom{5}{3}$

(4) $\dfrac{\binom{3}{1}\binom{3}{1}\binom{3}{1}}{\binom{9}{3}}$

(5) $\dfrac{5 \times 4 \times 3 \times 2 \times 1}{6^5}$

(6) 당첨 확률은 언제나 1/10로 동일하다.

05 (2) 상호배반이면 $A \cap B = \varnothing$ 이므로 $P(A \cap B) = P(\varnothing) = 0 \neq P(A)P(B)$ 독립이 아니다.

(3) $P(A) < \dfrac{P(AB)}{P(B)}$ 이므로 $P(A)P(B) < P(AB)$이다.

$$P(B) < \frac{P(AB)}{P(A)} = P(B|A)$$

(4) $P(A \cap B) = P(B) \neq P(A)P(B)$ 독립이 아니다.

(5) 독립이면 $P(AB) = P(A)P(B)$이므로

$$P(AB^c) = P(AB)(= P(A)P(B)) - P(A) = P(A)(1 - P(B)) = P(A)P(B^2)$$

06 $P(A \cup B|C) = \dfrac{P((A \cup B) \cap C)}{P(C)} = \dfrac{P(AC) \cup (BC)}{P(C)}$

$= \dfrac{P(AC) + (BC) - P(ABC)}{P(C)}$

07 합이 3이 나오는 경우: (1, 2), (2,1)

합이 7이 나오는 경우: (1, 6), (2, 5), (3, 4), (4, 3), (5, 2), (6, 1)

그러므로 3이 먼저 나올 확률은 1/4

08 A={범죄자}, B={거짓말 탐지가가 거짓말이라고 탐지}

$$P(B \mid A) = 0.95, P(B^C \mid A^C) = 0.9$$

(1) 두 사람 모두 거짓으로 판단:

$$P(BB) = P(B \mid A)P(B \mid A^c) = 0.95 \times 0.9 = 0.8555$$

(2) 거짓말 탐지가가 잘못 판단: $P(B|A^c) = 1 - 0.9 = 0.1$

09 A={혼자 여행}, T=기차, B=버스, F=비행기

(1) $0.6 \times 0.6 + 0.3 \times 0.5 + 0.1 \times 0.9 = 0.6$

(2) $P(T \mid A) = \dfrac{P(AT)}{P(A)} = \dfrac{P(AT)}{P(AT) + P(AB) + P(AF)} = \dfrac{0.6 \times 0.9}{0.6}$

10. A={석유 매장}, B={석유 발견}

$Given P(A)=0.3,\ P(B|A)=0.7,\ P(B|\overline{A})=0.1$

$P(A|B)=P(AB)/P(B)=0.3\times 0.7/0.28=21/28$

$P(B)=P(AB)+P(\overline{A}B)=0.3\times 0.7+0.7\times 0.1$

11.

y	2	3	4	5
$p(y)$	1/10	1/5	3/10	2/5

y	3	4	5	6	7	8	9
$p(y)$	1/10	1/10	1/5	1/5	1/5	1/10	1/10

12.

y	1	2	3
$p(y)$	$0.1\times 0.1\times 0.9$	$0.1\times 0.9\times 0.9$	$0.9\times 0.9\times 0.9$

$p(w)=\frac{1}{12}, w=0,1,2,\dots,11$

13. $P(W=w)=1/12,\ w=0,1,2,\dots,11$

14.

x	0	1	2	sum
$p(x)$	1/5	3/5	1/5	1
$E(X)=\sum xp(x)$	0	3/5	2/5	1
$E\left(\frac{1}{X}\right)=\frac{\sum p(x)}{x}$	0	3/5	1/10	7/10
$E(X^2-1)=\sum(x^2-1)p(x)$	−1/5	0	3/5	2/5
$V(X)=\sum(x-E(X))^2p(x)$	1/5	0	1/5	2/5

15. $E(C_A)=E(10t+30X^2)=10t+30(V(X_1)+E(X_1)^2)=13t+0.3t^2|_{t=10}=160$

비용 최소화

$E(C_B)=E(8t+30X_2^2)=11t+0.3t^2|_{t=20}=340$

16. $E(Z) = E\left(\frac{X-\mu}{\sigma}\right) = \frac{1}{\sigma}(E(X)-\mu) = 0$

$V(Z) = V\left(\frac{X-\mu}{\sigma}\right) = \frac{1}{\sigma^2}V(X-\mu) = \frac{1}{\sigma^2}V(X) = 1$

17. 판매 0명(1명 만나 실패+2명 만나 실패, $\frac{1}{3}\times 0.1 + \frac{2}{3}\times 0.1^2$), 0원

판매 1명(1-판매 0명, 판매 2명), 50만 원

판매 2명(두 명 만나고 모두 성공 $\frac{2}{3}\times 0.1^2$), 100만 원

18 $p(y) = \left(\frac{1}{4}\right)^{\sqrt[3]{y}}, y = 1, 2^3, 3^3, \ldots$

19. $p(y) = \begin{cases} \frac{1}{3}, x = 0 \\ \frac{2}{3}, x = 1 \end{cases}$

20. (1) $P = (X \geqq 1 | X \sim B(5, 0.8) = 0.99968)$

(2) $P = (X \leqq 4 | X \sim B(5, 0.8) = 0.67232)$

21. (1) $P(X = 3 \mid X \sim G(0.1)) = 0.081$

(2) $P(X \geq 3 \mid X \sim G(0.1)) = 1 - P(X \leq 2 \mid X \sim G(0.1)) = 0.81$

(3) 10초

22. $P(X \geq a+b \mid X \geq a) = \frac{P(X \geq a, X \geq a+b)}{P(X \geq a)}$

$= \frac{P(X \geq a+b)}{P(X \geq a)} = \frac{(1-p)^{a+b}}{(1-p)^a} = (1-p)^b = P(X \geq b)$

23. (1) $P(X=1|X \sim NB(1,0.1)) = 0.09$

(2) $P(X=2|X \sim NB(3,0.1)) = 0.005$

(3) $P(X \leqq 2|X \sim NB(3,0.1)) = 0.009$

24. (1) $P(X \geq 1 \mid X \sim HG(N=20, M=4, n=5))$

$= 1 - P(X=0 \mid X \sim HG(20,4,5)) = 0.718$

(2) $E(X) = n\frac{M}{N} = 5\frac{4}{20} = 1$(개)

25. (1) $P(X=0 \backslash X \sim P(\lambda=1)) = 0.368$

(2) $E(50-2X-X^2) = 50-2E(X)-E(X^2) = 50-4-(2+4) = 40$

26. 앞서 다룬 평균 증명식과 동일하게 적용하면

$E(X(X-1)) = E(X^2) - E(X) = \lambda(\lambda-1)$이므로 $E(X^2) = \lambda^2 + \lambda$

27. $\frac{e^{-\lambda}\lambda^1}{1!} = \frac{e^{-\lambda}\lambda^2}{2!}$이므로 $\lambda = 2$이다. $P(X=4) = \frac{e^{-2}2^4}{4!} = \frac{e^{-2}}{3}$

28. 베르누이 확률변수 $(X \sim B(p))$의 적률 생성함수는 $M_X(t) = (pe^t + (1-p))$이므로 이항분포 확률변수 $\Sigma X \sim B(n,p)$의 적률생성함수는 $M_{\Sigma X}(t) = (pe^t + (1-p))^n$ 이다.

$E(X) = M_{\Sigma X}(t)'|_{t=0} = n(pe^t + (1-p))^{n-1}pe^t|_{t=0} = np$

29. (1) $M'_X(t)|_{t=0} = n(pe^t+q)^{n-1}\, pe^t|_{t=0} = np$ $(\because p+q=1)$

(2) $M_X(t) = \Sigma_{x=0}^{\infty}(1-p)^x pe^{tx} = \frac{p}{1-(1-p)e^t}$ (∵ 등비수열합)

(3) 음이항분포는 서로 독립인 기하분포의 합이므로 적률생성함수 성질

$M_{\Sigma X_i}(t) = \Pi\, M_{X_i}(t)$

30. (1) $\int_0^2 cxdx = c\left(\frac{x^2}{2}\right)\Big|_0^2 = c(4-1) = 1$이므로 $c = \frac{1}{4}$

(2) $F(x) = \int_0^x \frac{x}{4}dx = \frac{x^2}{2}, 0 \le x \le 2$

(3) $F(2) - F(1) = \frac{1}{2}$

31.

(1) $f(x) = \begin{cases} \frac{1}{8}, 0 < x < 2 \\ \frac{x}{8}, 2 \le x < 4 \end{cases}$

(2) $P(X > 1.5) = 1 - P(X \le 1.5) = 1 - \frac{1.5}{8} = \frac{13}{16}$

(3) $P(X \ge 1 \mid X \le 3) = \frac{P(1 \le X \le 3)}{P(X \le 3)} = \frac{F(3) - F(1)}{F(3)} = \frac{\frac{9}{16} - \frac{1}{8}}{9/16} = \frac{7}{9}$

32. (1) $E(X) = \int_0^1 x2xdx = \frac{2}{3}x^3|_0^1 = \frac{2}{3}$

$E(X^2) = \int_0^1 x^2 2xdx = \frac{1}{2}x^4|_0^1 = \frac{1}{2}$이므로 $V(X) = \frac{1}{2} - \left(\frac{2}{3}\right)^2 = \frac{5}{18}$

(2) $E(W = 200X - 60) = 200E(X) - 60 = \frac{220}{3}$

$V(W = 200X - 60) = 40000\,V(X) = 40000 \times \frac{5}{18} = \frac{100000}{9}$

33. (1) 확률변수 Y 범위: $0 \le y \le 1$

(2) $F(y) = P(Y \le y) = P(X^2 \le y) = P(X \le \sqrt{y})$
$= \int_0^{\sqrt{y}} 2(1-x)dx = 2x - x^2|_0^{\sqrt{y}} = 2\sqrt{y} - y$

(3) $f(y) = F'(y) = \frac{1}{\sqrt{y}} - 1, 0 \le y \le 1$

34. (1) $Y = X^2$는 비감소함수, $X = \sqrt{Y}, \frac{dx}{dy} = \frac{1}{2\sqrt{y}}$

(2) Y의 영역: $0 \le y \le 1$

(3) $f_Y(y) = 2(1 - \sqrt{y})\frac{1}{2\sqrt{y}} = \frac{1}{\sqrt{y}} - 1, 0 \le y \le 1$

(1) $Y=1-2X$는 비증가함수, $X=\frac{1}{2}(1-Y), \frac{dx}{dy}=-\frac{1}{2}$

(2) Y의 영역: $-1 \le y \le 1$

(3) $f_Y(y)=2\left(1-\frac{1}{2}(1-y)\right)\left|\frac{1}{2}\right|=\frac{y+1}{2}, -1 \le y \le 1$

35. (1) Y의 영역: $0 < y < \infty$

(2) $M_{X^2}(t)=E(e^{tX^2})=\int e^{tx^2}f(x)dx=(1-2t)^{-\frac{1}{2}} \sim \chi^2(1)$

36. $V(X)=\int_a^b\left(x-\frac{a+b}{2}\right)^2\frac{b-a}{2}dx=\frac{1}{12}(b-a)^2$

37. (1) $\frac{1}{2}$

(2) $\frac{1}{4}$

(3) $\binom{3}{1}\left(\frac{1}{2}\right)^2\left(\frac{1}{2}\right)=\frac{3}{8}$

38. (1) 1.1

(2) 1.645

(3) 2.58

39. (1) 0.406

(2) 962.8

40. $E(X^2)=\int x^2\frac{\beta^\alpha}{\Gamma(\alpha)}x^{\alpha-1}e^{-\beta x}dx=\frac{\beta^\alpha}{\Gamma(\alpha)}\int x^{\alpha+1}e^{-\beta x}dx$

$=\frac{\beta^\alpha}{\Gamma(\alpha)}\frac{\Gamma(\alpha+2)}{\beta^{\alpha+2}}=\frac{\alpha(\alpha+1)}{\beta^2}$

$V(X)=E(X^2)-E(X)^2=\frac{\alpha(\alpha+1)}{\beta^2}-\left(\frac{\alpha}{\beta}\right)^2=\frac{\alpha^2}{\beta}$

41. $X_t > x \equiv (Y_t = Y_{t+x})$, X_t: 어떤 사람이 t 시각에 도착한 후 그 다음 사람이 도착할 때까지 걸리는 시간, Y_t: t 시간 동안 도착한 사람 수~모수가 λ인 포아송분포

$P(X_t \le x) = 1 - P(X_t > x) = 1 - P(Y_{t+x} - Y_t = 0)$이므로

$$P(Y_{t+x} - Y_t = 0) = P(Y_x = 0) = \frac{(\lambda x)^0 e^{-\lambda x}}{0!} = e^{-\lambda x}$$

그러므로 X는 지수분포를 따른다.

42. 평균 증명을 이용하면 $E(X^2) = \dfrac{B(\alpha+2,\beta)}{B(\alpha,\beta)} = \dfrac{(\alpha+\beta+2)(\alpha+\beta+1)}{\alpha(\alpha)}$을 이용한다.

43. (1) 감마분포와 동일한 형태이므로 $c = \dfrac{1}{B(\alpha=3,\beta=5)} = \dfrac{1}{56}$

(2) $\dfrac{\alpha}{\alpha+\beta} = \dfrac{3}{8}$

44. $p(x,y) = \dfrac{1}{30}, x = 1,2,\ldots,5, y = 2,3,..,6$

45. $$p_{X,Y}(x,y) = \frac{\binom{4}{x}\binom{3}{y}\binom{2}{3-x-y}}{\binom{9}{3}},\ x = 0,1,2,3,\ y = 0,1,2,3,\ x+y \le 3.$$

46. $F(x,y) = \int_0^y \int_0^x 1 dxdy = xy$이다.

(1) $F(0.2, 0.4) = 0.08$

(2) $F(0.3,1) - F(0.1,0) = 0.3$

47. $P(y \le \frac{1}{4}, x \le \frac{1}{2}) = P(0 \le y \le \frac{1}{4}, \frac{1}{4} \le x \le \frac{1}{2}) + P(0 \le y \le x, x \le \frac{1}{4})$이다.

$\int_0^{1/2}\int_0^{1/4} 3x dydx + \int_0^{1/4}\int_0^{x} 3x dydx = \frac{5}{128}$

48. (1) $P(X < \frac{1}{2}, Y > \frac{1}{4}) = \int_0^{1/2}\int_{1/4}^{1}(x+y)dydx = 37/64$

(2) $P(Y+Y \le 1) = \int_0^1\int_0^{1-x}(x+y)dydx = \int_0^1 1 - x^2 dx = \frac{2}{3}$

49. (1) 확률공간: $T = \{(u,v); v = -1,0,1, u = 0,1,2\}$

(2) $p(u,v) = \left(\frac{2}{3}\right)^u \left(\frac{1}{3}\right)^{2-u}, S = \{(x,y); (0,0),(1,1),(1,-1),(2,0)\}$

50. $F(u) = P(U \le u) = P(X+Y \le u) = \int_0^u\int_0^{u-x} e^{-(x+y)}dydx = 1 - e^{-u}$.

그러므로 $f(x) = e^{-u}, 0 < u$

51. (1) $U = XY, V = Y$ 변환: $X = U/V, Y = V$

(2) $S = \{(x,y); 0 \le x, y \le 1\} \rightarrow T = \{(u,v); 0 \le u < v \le 1, 0 < u \le 1\}$

(3) $J = \begin{vmatrix} 1/V & -U/V^2 \\ 0 & 1 \end{vmatrix} = 1/V$

(4) $f_{U,V}(u,v) = f_{X,Y}\left(\frac{U}{V}, Y\right)\left| J = \frac{1}{V} \right| = 2\left(1 - \frac{U}{V}\right)\left(\frac{1}{V}\right), (u,v) \in T$

(5) $f_U(u) = \int_u^1 2\left(\frac{1}{V} - \frac{U}{V^2}\right)dv = 2(u - \ln(u) - 1), 0 \le u \le 1$

52. $p_X(x) = \frac{4}{9}, x = 0, \frac{4}{9}, x = 1, \frac{1}{9}, x = 2$

$p_Y(y) = \frac{4}{9}, y = 0, \frac{4}{9}, y = 1, \frac{1}{9}, y = 2$

53. $P(X=2, Y=1) = \dfrac{P(X=2, Y=1)}{P(Y=1)} = \dfrac{0}{4/9} = 0$

54. $P(X \geq \frac{1}{2} \mid Y \geq \frac{1}{2}) = \dfrac{P(X \geq \frac{1}{2}, y \geq \frac{1}{2})}{P(Y \geq \frac{1}{2})} = \dfrac{\int_{1/2}^{1}\int_{1/2}^{1}(x+y)dxdy}{\int_{0}^{1}\int_{1/2}^{1}(x+y)dxdy}$

$= \dfrac{4/16}{10/16} = 0.4$

55. $P(X \geq \frac{1}{2} \mid Y \leq \frac{3}{2}) = \dfrac{P(X \geq \frac{1}{2}, y \leq \frac{3}{4})}{P(Y \leq \frac{3}{4})} = \dfrac{\int_{1/2}^{1}\int_{0}^{3/4}6(1-y)dxdy}{\int_{0}^{1}\int_{0}^{3/4}6(1-y)dxdy} = 0.5$

56. 확률공간 $0 < y < x < 1$(종속)이므로 독립이 아니다.

57. 확률공간 $0 < x,\ y < 1$ 독립이고 결합밀도함수 $f(x,y) = 12x \times y(1-y)$도 확률변수의 곱으로 표현하므로 독립이다.

58. $E(XY) = \int_0^1\int_0^1 xy2(1-x)dydx = \int_0^1 2x(1-x) \times \left(\frac{1}{2}\right)dx = \frac{1}{6}$

59. $E(X+Y) = \int_0^1\int_0^y (x+y)15x^2ydxdy = \frac{35}{24}$

60. $E(X-3Y) = \int_0^1\int_0^y (x-3y)6(1-y)dxdy = \int_0^1\left(\frac{5y^3}{2} - \frac{5y^2}{2}\right)dy = -\frac{10}{48}$

61. $E(2X+3Y) = \int_0^1\int_0^1 (2x+3y)(x+y)dxdy = \int_0^1\left(\frac{1}{2} + \frac{5y}{2} + 3y^2\right)dy = 6.5$

62. $f_X(x) = \int_x^\infty 2e^{-(x+y)}dy = 2e^{-2x}, 0 < x$

그러므로 $f(y \mid x) = \dfrac{2e^{-(x+y)}}{2e^{-2x}} = e^{x-y}, 0 < x < y < \infty$

$E(Y \mid x) = \int_x^\infty ye^{x-y}dy = e^{-x}(e^{-y} - ye^{-y}), 0 < x$

63. $f(x) = \dfrac{1}{100}e^{-\frac{x}{100}}$, $F(x) = 1 - e^{-\frac{x}{100}}$이고 병렬 연결 시 수명은

$X_{(1)} = \min(x_1, x_2)$이다.

$f_{X_{(1)}} = 2[1 - F(x)]^{2-1}f(x) = 2e^{-\frac{x}{100}} \times \dfrac{1}{100}e^{-\frac{x}{100}} = 50e^{-\frac{x}{50}}$, $0 < x : \beta = 50$

인 지수분포를 따른다.

64. 모집단 적률: $\mu_1' = \dfrac{3\theta}{2}$

표본적률: $m_1' = \overline{X}$

그러므로 $\dfrac{3\theta}{2} = \overline{X}$라 놓으면 $\hat{\dfrac{1}{\theta}} = \dfrac{3}{2\overline{X}}$이다.

찾아보기

저자 소개

권세혁

성균관대학교 통계학과 대학원 석사
North Carolina State University 통계학 박사
전자통신연구원, 선임 연구원
현) 한남대학교 창의융합학부 빅데이터전공 교수

데이터 사이언스 전공자를 위한

파이썬을 이용한 수리통계학

저　　자　권세혁
발 행 인　김지영
발 행 처　자유아카데미
주　　소　경기도 파주시 회동길 37-42
　　　　　파주출판도시
전　　화　031-955-1321
팩　　스　031-955-1322
홈페이지　www.freeaca.com
전자우편　main@freeaca.com (대표)
　　　　　editor@freeaca.com (편집)
　　　　　crm@freeaca.com (영업)
등　　록　제406-2003-017호, 1980. 7. 12
제1판1쇄　2023년 12월 28일 발행

저자와의
협의하에
인지생략

ISBN 979-11-5808-549-0 93310